U0400701

新生物学丛书

第二代测序信息处理

Next-Generation DNA Sequencing Informatics

〔美〕Stuart M. Brown 等　编著

吴佳妍　肖景发　于　军　主译

科学出版社

北　京

图字: 01-2013-7494

内 容 简 介

本书几乎涵盖了NGS技术在生命科学领域的全部应用，包括从头测序（含基因组注释）、针对稀有变异检测和元基因组研究的扩增子测序、染色质免疫共沉淀测序（ChIP-seq）、RNA测序（RNA-seq）和肿瘤体细胞变异检测（包括单碱基替换、插入、缺失和易位）等。通过广泛使用的一线软件充分讨论数据分析方法，详述最优工作流程（包括部分学习指南），实用性强、可靠性强、专业指导性强。

本书非常适用于从事生命科学研究的研究生和青年学者。他们不仅可以在这里了解到不同软件的详细使用方法和参数设置，还可以在作者提供的软件评估和优化流程的基础上找到自身研究项目所需的第二代测序信息处理的最佳解决方案。

图书在版编目(CIP)数据

第二代测序信息处理 / (美)布朗(Brown, S. M.)等编著；吴佳妍等主译.
—北京：科学出版社, 2014.6
(新生物学丛书)
书名原文：Next-Generation DNA Sequencing Informatics
ISBN 978-7-03-040673-6

I. ①第… Ⅱ.①布… ②吴… Ⅲ. ①人类基因–基因组–序列–测试–数据处理 Ⅳ.①Q78

中国版本图书馆CIP数据核字(2014)第107676号

责任编辑：罗 静 白 雪／责任校对：鲁 素
责任印制：徐晓晨／封面设计：美光制版

科学出版社 出版
北京东黄城根北街16号
邮政编码：100717
http://www.sciencep.com
北京凌奇印刷有限责任公司 印刷
科学出版社发行 各地新华书店经销
*
2014年6月第 一 版 开本：787×1092 1/16
2020年11月第七次印刷 印张：12 3/4
字数：303 000

定价：86.00元

(如有印装质量问题，我社负责调换)

《新生物学丛书》专家委员会成员名单

译 者 名 单

主　　译　吴佳妍　肖景发　于　军

翻译人员（按姓氏汉语拼音排序）

李茹姣　刘晶星　苏明明

孙世翔　张若思　张玉玉

《新生物学丛书》丛书序

当前，一场新的生物学革命正在展开。为此，美国国家科学院研究理事会于 2009 年发布了一份战略研究报告，提出一个“新生物学”（New Biology）时代即将来临。这个“新生物学”，一方面是生物学内部各种分支学科的重组与融合，另一方面是化学、物理、信息科学、材料科学等众多非生命学科与生物学的紧密交叉与整合。

在这样一个全球生命科学发展变革的时代，我国的生命科学研究也正在高速发展，并进入了一个充满机遇和挑战的黄金期。在这个时期，将会产生许多具有影响力、推动力的科研成果。因此，有必要通过系统性集成和出版相关主题的国内外优秀图书，为后人留下一笔宝贵的“新生物学”时代精神财富。

科学出版社联合国内一批有志于推进生命科学发展的专家与学者，联合打造了一个 21 世纪中国生命科学的传播平台——《新生物学丛书》。希望通过这套丛书的出版，记录生命科学的进步，传递对生物技术发展的梦想。

《新生物学丛书》下设三个子系列：科学风向标，着重收集科学发展战略和态势分析报告，为科学管理者和科研人员展示科学的最新动向；科学百家园，重点收录国内外专家与学者的科研专著，为专业工作者提供新思想和新方法；科学新视窗，主要发表高级科普著作，为不同领域的研究人员和科学爱好者普及生命科学的前沿知识。

如果说科学出版社是一个“支点”，这套丛书就像一根“杠杆”，那么读者就能够借助这根“杠杆”成为撬动“地球”的人。编委会相信，不同类型的读者都能够从这套丛书中得到新的知识信息，获得思考与启迪。

《新生物学丛书》专家委员会
主　任：蒲慕明
副主任：吴家睿
2012 年 3 月

译者前言

第二代DNA测序（next-generation DNA sequencing，NGS）技术的应用普及极大地刺激了生物学新假说的提出和已有假说的验证，并驱动了当代基础生物医学和临床转化科学的迅猛发展。各种专为NGS技术开发或改进的新颖精致的生物信息学工具层出不穷，一方面使得NGS技术被广泛应用，每种主流NGS技术都对应很多不同的软件包；另一方面各种软件多以命令行用户界面和简约文档形式发布，却少有标志性研究指导用户选择最佳解决方案。作为国内最早一批接触使用NGS技术的生物信息学研究者，我们在科研实践中走过弯路但也积累了经验，深知现在迫切需要一部科学严谨、前沿、实用的专著，在生物信息学科的所有主流方向上指导研究人员，使其能够成功操作并充分应用NGS技术。《第二代测序信息处理》一书几乎涵盖了NGS技术在生命科学领域的全部应用，包括从头测序（含基因组注释）、针对稀有变异检测和元基因组研究的扩增子测序、染色质免疫共沉淀测序（ChIP-seq）、RNA测序（RNA-seq）和肿瘤体细胞变异检测（包括单碱基替换、插入、缺失和易位）等，并通过广泛使用的软件讨论数据分析方法，详述最优工作流程（包括部分学习指南）。

本书非常适用于从事生命科学研究的研究生和青年学者。他们不仅可以在这里了解到不同软件的详细使用方法和参数设置，还可以掌握软件背后的相关算法和原理，在作者提供的软件评估和优化流程的基础上找到自身研究项目所需的第二代测序信息处理的最佳解决方案。

衷心感谢科技部973计划项目“重要热带作物木薯品种改良的基础研究”的“木薯基因组注释和信息整合”（课题号：2010CB126604）课题对于本书翻译工作的支持。

在译校过程中，虽力求忠于原文、通顺信达，但限于水平，谬误之处在所难免，敬希读者批评指正。

吴佳妍　肖景发　于　军

2014年5月13日

前　言

第二代 DNA 测序（next-generation DNA sequencing, NGS）技术极大地刺激了生物学新假说的提出和验证，也提供了创新且广阔的视角去重新审视已有假说。毫不夸张地说，NGS 技术驱动了当代基础生物医学和临床转化科学的迅猛发展。

专为 NGS 技术开发或改进的各种新颖精致的生物信息学工具使得 NGS 技术得以广泛应用。为各种类型的数据处理和创新应用而开发的新软件陆续诞生，为解决序列比对和从头组装等原有问题的新算法也层出不穷，所有这一切都是为了应对新测序仪所产生的海量数据。

软件开发过程的持续加速主要是由于供应商不断升级测序仪器，不同研究组争相发表新方法以满足科研人员的需要。如此紧锣密鼓的开发流程导致 NGS 数据分析软件多数以命令行用户界面和简约文档形式发布。更为复杂的是，每种主流 NGS 技术都对应很多不同的软件包，却少有标志性研究指导用户选择最佳解决方案。所以，现在迫切需要一部科学严谨、前沿、实用的专著，在生物信息学科的所有主流方向上指导研究人员，使其能够成功操作并充分应用 NGS 技术。

作为纽约大学 Langone 医学中心的成员，我们感到十分荣幸。该中心很早就开始在 NGS 实验技术和信息处理及人力资源建设上进行了大量投入。特别是 2008 年，Langone 医学中心成立了基因组技术中心，让基础科研人员和临床转化科学家在微阵列芯片和实时定量聚合酶链反应（qPCR）等早期技术的基础上接触最新的 DNA 测序技术。与此同时，Langone 医学中心的信息学中心组建了测序信息学小组，为 Langone 医学中心和其他所有测序用户提供研究方案及上游数据处理、数据管理和数据分析服务。

我们研究小组在实践中持续积累经验，评估过很多不同的软件包，为很多不同类型的 NGS 项目建立了最优工作流程，涵盖了从头测序（包括基因组注释）、针对稀有变异检测和元基因组研究的扩增子测序、染色质免疫共沉淀测序（ChIP-seq）、RNA 测序（RNA-seq）和肿瘤体细胞变异检测（包括单碱基替换、插入、缺失和易位）。

在本书中，我们以 30 多个美国国立卫生研究院（National Institutes of Health, NIH）资助项目的大量经验为基础，综合本领域著作并去粗取精，为读者提供了多种 NGS 研究的全景展示，通过广泛使用的软件讨论数据分析方法，详述最优工作流程（包括部分学习指南）。我们也提出一些建议，希望能帮助生物信息学家更好地实施他们自己的数据分析方法，也希望能帮助实验室和临床研究人员利用 NGS 方法来落实他们自己的研究课题。

NGS 技术和生物信息学的蓬勃发展非常鼓舞人心，我们为本书能对这个领域的发展做出贡献而感到欣慰。

Stuart M. Brown

致　　谢

全体作者向纽约大学 Langone 医学中心的高层领导、院长和首席执行官 Robert Grossman 博士及整个行政和科研领导团队表达诚挚的谢意。感谢他们提供了舒适的环境与和谐的氛围，鼓励我们坚持不懈地进行 NGS 信息学的科学研究。

我们由衷感谢纽约大学 Langone 医学中心所有同仁，他们将 NGS 项目的成功经验与我们分享，支持我们通过广泛的基础科学和临床转化研究去研发、测试、总结大量高质量而具创新性的信息学问题解决方案。

我们深深感谢冷泉港实验室出版社（Cold Spring Harbor Laboratory Press, CSHLP）的 John Inglis 发现本书的价值。感谢 CSHLP 员工极大的耐心，感谢你们对我们不规律日程的迁就，以及在出版过程中始终如一的卓越品质。我们特别感谢 Inez Sialiano 在本书写作各阶段给予的编辑指导，感谢 Kathleen Bubbeo 对高质量图表的坚持及对全书的勘误。

纽约大学测序信息学小组成员：

Alexander Alekseyenko
Constantin Aliferis
Silvia Argimón （附属机构）
Stuart M. Brown
Efstratios Efstathiadis
Frank Hsu（附属机构）
Kranti Konganti
Eric R. Peskin
Christina Schweikert（附属机构）
Steven Shen
Phillip Ross Smith
Alexander Statnikov
Zuojian Tang
Jinhua Wang

关于作者

Alexander Alekseyenko 是纽约大学医学院医学系助理教授、卫生信息学和生物信息学中心生物信息学咨询小组营运副总监。Alekseyenko 博士在洛杉矶的加利福尼亚大学获得生物数学博士学位。他先后在英国剑桥的欧洲生物信息研究所和斯坦福大学完成博士后培训。Alekseyenko 博士是纽约大学第一批信息学教职人员，研究领域是元基因组学，主要通过第二代测序技术，利用进化和生态统计模型研究人体内微生物多样性。

Silvia Argimón 是纽约大学牙医学院龋病学和口腔综合治疗系副研究科学家。她的研究内容包括口腔细菌多样性和毒性。Argimón 博士在苏格兰阿伯丁大学获得分子生物学博士学位。

Stuart M. Brown 是纽约大学医学院细胞生物学系助理教授、卫生信息学和生物信息学中心高级教职人员，同时是生物信息学咨询小组营运总监，也是序列信息学小组组长。他在纽约大学教授了 12 年生物信息学研究生课程，是生物信息学和医学基因组学教材的作者。Brown 博士在康奈尔大学获得分子生物学博士学位。

Efstratios Efstathiadis 是纽约大学 Langone 医学中心助理教授和高性能计算设施技术总监。他曾作为技术架构师供职于布鲁克海文国家实验室的计算机科学中心。Efstathiadis 博士于 1996 年在纽约城市大学获得核物理博士学位。

Jeremy Goecks 是埃默里大学生物学和数学计算机科学系的博士后。他是被广泛使用的基于网络的计算生物医学研究平台 Galaxy 开发团队的核心成员。Goecks 博士在佐治亚理工学院获得计算机科学博士学位。

D. Frank Hsu 是佛罕大学克拉维斯特聘科学教授和计算与信息科学教授。他是佛罕大学计算机科学系前任主任，《互联网络杂志》前任主编。Hsu 博士在密歇根大学获得博士学位。

Kranti Konganti 是纽约大学医学院卫生信息学和生物信息学中心的程序员/生物信息学研究人员，主要负责 Roche 454 测序数据的分析和 GBrowse 系统的基因组数据可视化。他在美国东北大学获得生物信息学硕士学位。

Eric R. Peskin 是纽约大学医学院卫生信息学和生物信息学中心高性能计算设施的技术副总监。Peskin 博士在犹他大学获得计算机科学博士学位。他曾作为逻辑技术开发的高级软件工程师供职于英特尔，也曾在罗彻斯特理工学院担任电气工程助理教授。

Christina Schweikert 是佛罕大学计算机与信息科学系助理教授。Schweikert 博士在纽约城市大学获得计算机科学博士学位。

Steven Shen 是纽约大学医学院卫生信息学和生物信息学中心与生物化学系副教授。他的工作重点是开发用来探索蚂蚁类物种基因组表观遗传变化的第二代测序相关技术和计算方法。Shen 博士曾经是波士顿大学医学院助理教授、麻省理工学院研究科学家。他还曾供职于 Helicos 生物科学公司，参与开发单分子测序技术。

Phillip Ross Smith 是纽约大学医学院细胞生物学系副教授、卫生信息学和生物信息学中心高级教职人员。他是纽约大学医学院前任首席信息官、《结构生物学杂志》前任编辑。Smith 博士在英国剑桥大学获得高能物理博士学位，在纽约大学医学院获得医学博士学位。

Zuojian Tang 是纽约大学医学院卫生信息学和生物信息学中心的副研究科学家，负责 Illumina 第二代测序的计算支持。她在麦吉尔大学获得计算机科学和生物信息学硕士学位。

James Taylor 是埃默里大学生物学和数学计算机科学系的助理教授，是被广泛使用的基于网络的计算生物医学研究平台 Galaxy 最初的开发者之一。Taylor 博士在宾夕法尼亚州立大学获得计算机科学博士学位，并在那里参与了几个脊椎动物基因组项目和 ENCODE 项目。

Jinhua Wang 是纽约大学医学院助理教授、纽约大学肿瘤研究所成员。Wang 博士在中国科学院获得计算生物学和基因组学博士学位。他曾作为生物信息学研究经理供职于中国国家人类基因组南方研究中心。他曾在冷泉港实验室进行博士后研究，主要开发识别真核生物基因组功能元件的数学和统计方法，特别是针对调控基因转录和 mRNA 前体剪切的序列元件。他还曾作为生物信息学科学家供职于圣犹达儿童研究医院。

目　　录

1

DNA 测序简介

Stuart M. Brown

DNA 测序简史

人类基因组计划（Human Genome Project，HGP，1995~2003）中所有 DNA 测序工作都是通过 Frederick Sanger 在 1975 年发明的测序法加以改进而完成的（Sanger and Coulson 1975）。在 Sanger 的工作之前，部分核苷酸序列通过 RNA 合成和酶消化的点对点（ad hoc）方法测定。1971 年康奈尔大学的 Ray Wu 发表过类似 Sanger 法的测序法（Wu and Taylor 1971），他通过 DNA 聚合酶向单链末端增加带有放射性标记的互补核苷酸，用酶切反应和色谱法等一系列方法，成功测定了噬菌体 λDNA 单链末端的 12 个碱基。1973 年，Walter Gilbert 和 Allan Maxam 发表了大肠杆菌（*Escherichia coli*）基因组中乳糖操纵子（转录阻遏物结合位点）的 24 个碱基序列（Gilbert and Maxam 1973）。他们使用了一系列复杂的混合方法，包括部分酶切消化的嘧啶指纹、色谱法和体外转录 RNA 分子的酶切反应等。比利时根特大学的 Walter Fiers 和同事测定了噬菌体 MS2 外壳蛋白的所有序列（Min Jou et al. 1972）。该方法基于噬菌体 RNA 的核酸酶消化作用，部分依赖于通过 RNA 聚合酶和不完整核苷酸混合物在体外合成 RNA，并对 RNA 片段进行化学测定。Fiers 使用已知蛋白质序列信息来限制可能的密码子，并且组装重叠片段。

Sanger 在 1975 年发明的测序法通过 DNA 聚合酶使人工合成的短寡聚核苷酸引物延伸，与单链 DNA 模板杂交，合成新的 **DNA 片段**。Sanger 测序法的第一个版本使用双阶段 DNA 合成反应。在第一阶段，**测序引物**利用 4 种三磷酸脱氧核苷酸（dATP、dCTP、dGTP 和 dTTP）的混合物进行部分延伸，生成一批新合成的 DNA 片段，它们全部以引物为起始，延伸至“随机”长度。在第二阶段，部分延伸的模板被分成 4 个平行的 DNA 合成反应，每个反应只包括 4 种三磷酸脱氧核苷酸中的 3 种。“合成并尽可能在每条链上持续延伸：因此，如果 dATP 是未加入的那个三磷酸盐，每条链都会在 3′端终止于 A 残基前的位置”（Sanger and Coulson 1975）。接着，新合成的 DNA 片段从模板链变性分离，通过丙烯酰胺凝胶电泳在相邻泳道根据片段大小进行分离。“理想的情况下，能够通过放射自显影图像读取 DNA 序列”（Sanger and Coulson 1975）（图 1.1）。

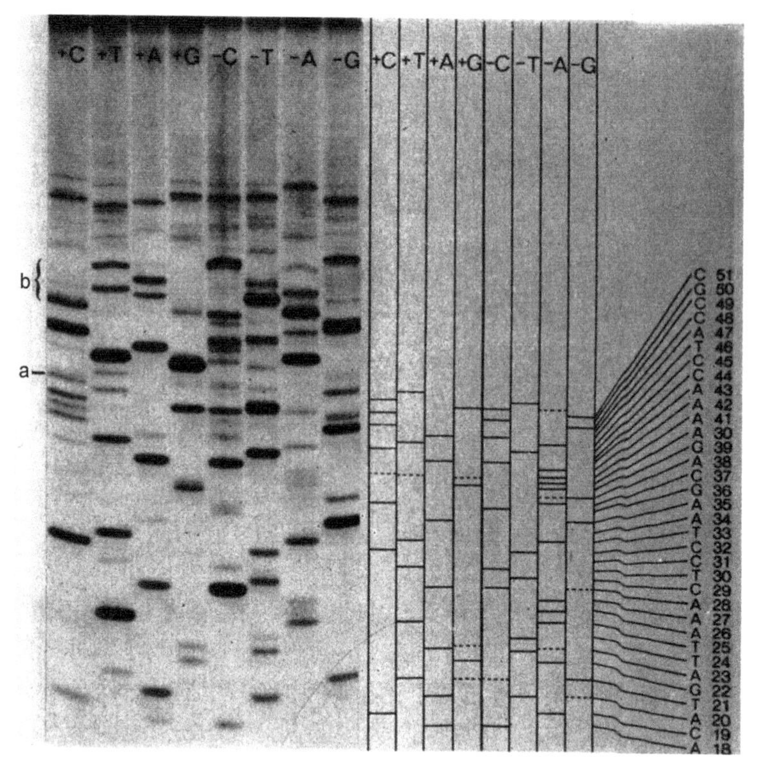

图 1.1 “DNA 聚合酶通过引物合成”的 DNA 测序法所产生的放射自显影图像

来自 1975 年 Sanger 和 Coulson 在 *Journal of Molecular Biology*（94:441-448）发表的文章

从各个角度来看，**Sanger 测序法**都是具有革命性意义的。其中最重要的是，它能对任何 DNA 分子进行测序，它可以用来检测长 DNA 序列。然而，这个系统在首次提出时有两个严重局限，导致它并未立刻被广泛采用。第一，对于寡聚核苷酸引物的需求意味着必须有一段与待测 DNA 序列区域直接相邻的 DNA 序列是已知的；第二，引物的“随机延伸”未必能生成平均分布的所有理论长度片段。

在 Sanger 的“引物延伸”测序法发表短短两年后，Allan Maxam 和 Walter Gilbert 发明了一种基于 DNA 化学裂解的测序方法（Maxam and Gilbert 1977）。Maxam-Gilbert 测序与 Sanger 法类似，将 DNA 模板分成 4 个反应。在每个反应中，先在模板的 5′端进行放射性标记，再加入能特异性在其中一种碱基处切开 DNA 的化学试剂。反应进行时，平均一个 DNA 分子只在随机位点产生一次裂解。接着，和 Sanger 法一样将 4 个反应的产物加在丙烯酰胺凝胶的相邻泳道，通过电泳根据片段大小进行分离。最后，通过对丙烯酰胺凝胶的放射自显影图像读取 DNA 序列。起初，Maxam 和 Gilbert 测序相对于 Sanger 测序更受欢迎，因为它能直接通过纯化后的 DNA 片段进行测序，而不需要单链模板和互补寡聚核苷酸引物。

Sanger 随即改进了他在 1975 年提出的方法，他在引物延伸反应中使用双脱氧核苷酸作为“链终止子”代替复杂的双阶段反应（Sanger et al. 1977）。改进后的测序法仍以单链 DNA 模板和短互补寡聚核苷酸引物的杂交为起始。将杂交后的模板分成 4 组反应混合物，每组包括 DNA 聚合酶、4 种三磷酸脱氧核苷酸（其中一种用放射性同位素标记）和一种双脱氧核苷酸。当引物在 DNA 聚合酶作用下延伸时，一旦连接上双脱氧核苷酸反应就会停止，随即生成不同长度的、以同样引物为起始、以同一碱基终止的短片段混合物。最后，将 4 个反应生成物加在丙烯酰胺凝胶上，通过电泳分离大小不同的片段，通过放射自显影图像读取 DNA 序列。Sanger 表示在一次电泳中能读取最多 300 个碱基的长度。

很多年来，Sanger 的双脱氧核苷酸末端终止测序法和 Maxam-Gilbert 的化学降解测序法一直被互相比较。也许是由于 Maxam-Gilbert 法步骤烦琐并使用了有毒试剂，Sanger 法越来越受欢迎。很多细化完善 Sanger 法的研究方法被开发出来，包括多种跨待测基因（或整个基因组）的单链模板克隆方法和进行试剂准备流水作业的商业试剂盒。一项对 Sanger 技术非常重要的改进是荧光染料取代了新合成 DNA 片段上的放射性同位素标记（Smith et al. 1986）。由此促使 Leroy Hood、Michael Hunkapiler 等开发出半自动 DNA 测序仪，并且由美国应用生物系统公司（Applied Biosystems Inc.，ABI）投入商业化生产。ABI 测序仪的重要创新包括将 4 种不同颜色的荧光标记连接在 4 种双脱氧核苷酸链终止子上，使 4 个碱基终止的片段都在同一个反应管中生成，并且在同一块丙烯酰胺凝胶上进行电泳，通过电脑监控进行实时荧光检测，这样在凝胶电泳进行时序列数据就能被自动收集。人类基因组计划数据基本上都是由这些 ABI 测序仪获得的。ABI 自动荧光测序仪的另一处改进是用毛细管取代两个玻璃盘之间又大又薄的平板来盛放丙烯酰胺凝胶。这为测序实验室的技术人员节省了准备工作，保证了电泳结果的持续稳定并且提高了电泳速度，也使测序仪能够同时处理更多的样本（图 1.2）。

测 序 克 隆

Sanger 测序反应需要单链 DNA 模板、与模板互补的短单链寡聚核苷酸引物、DNA 聚合酶及链延伸和链终止的核苷酸混合物。准备测序 DNA 的常规策略是将 DNA 的目标片段**克隆**到质粒载体上，质粒载体在可以被单链 DNA 聚合酶Ⅱ使用的标准测序引物结合位点之间提供克隆位点。由此任何 DNA 目标片段都可以通过标准寡聚核苷酸引物从两个方向被测序，因此不需要提前知道目标 DNA 分子的序列（图 1.3）。

用 Sanger 法进行 DNA 测序一次能读取 500~800 个碱基，这个界限受两个因素影响，一是 Sanger 引物延伸/链终止反应，二是通过单碱基分辨率用电泳准确区分 DNA 片段的能力。由于多数研究人员感兴趣的生物学核酸分子（如基因、mRNA 转录物、质粒和基因组）都远比 800 bp 长，DNA 测序项目一般先将 DNA 分子打成短片段，对短片段进行测序，再用生物信息学工具将数据组装成目标分子的完整序列。

对于较小的测序目标，基于限制性消化片段的策略颇为有效，但是却难以追踪所有序列组成片段的大小和方向。Henikoff 在 1984 年提出的策略包括通过核酸外切酶III的有向消化生成逐级变小的 DNA 片段，再将这些巢式序列通过重叠 read 组装被构建成为**重叠群（contig）**的邻接序列。由于所有 DNA 测序法都会产生少量错误，逐渐形成的标准流程是将全部目标区域中重叠的 **read** 结合起来，在理想状态下 read 来自 DNA 分子的两个方向。将全部来自两个方向的重叠 read 组装成为共有序列的方法成为 20 世纪八九十年代软件开发的焦点。一篇发表于 1994 年的综述（Miller and Powell 1994）比较了 11 个不同 DNA **序列组装**软件的性能。

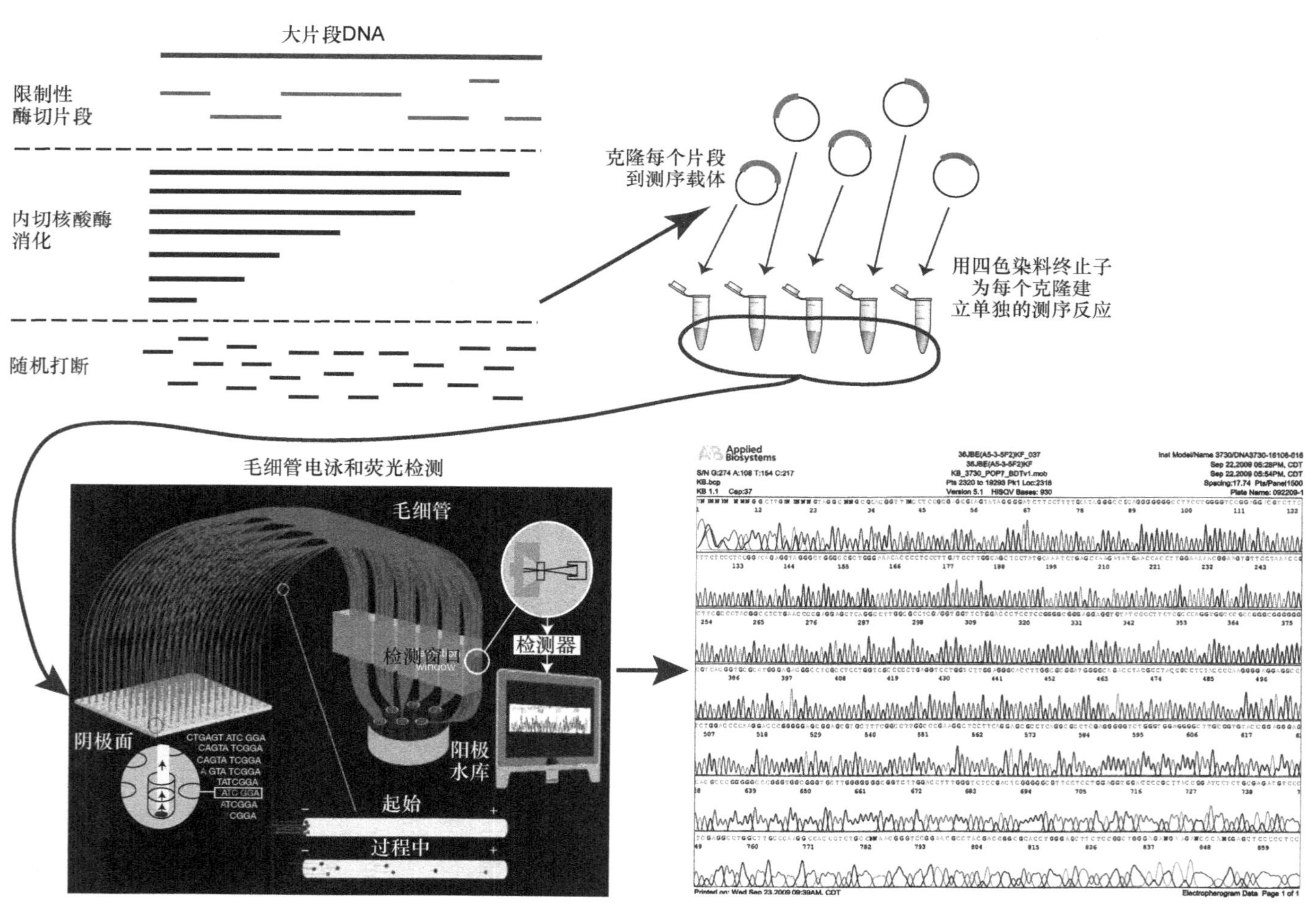

图1.2 毛细管DNA测序流程包括DNA片段化、子片段克隆、为每个片段建立单独的测序反应、把每个反应装载到单个毛细管纤维并对每个染料标记的终止碱基进行电泳和荧光检测

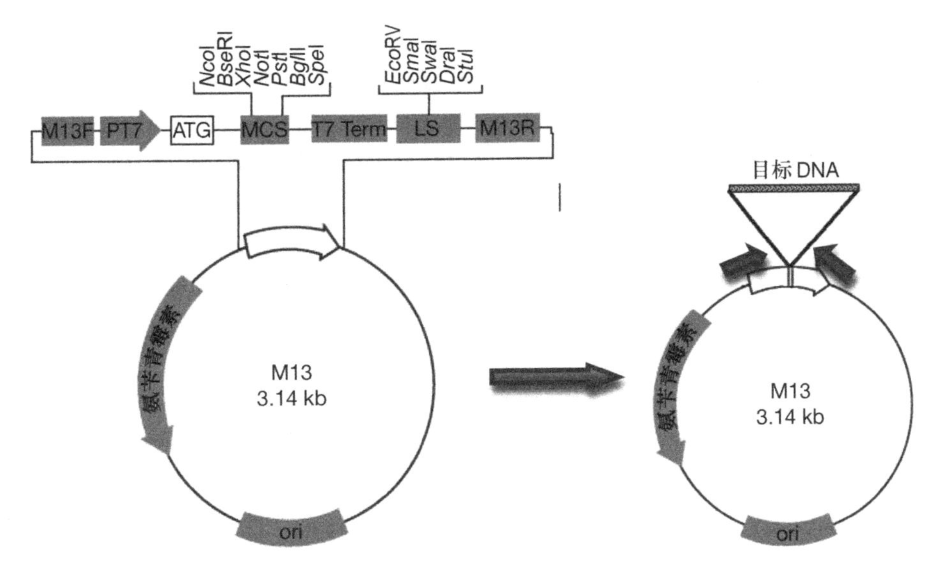

图 1.3 把 DNA 片段克隆到 M13 测序载体的多克隆位点上

测序项目的**片段组装**在算法上和**序列比对**相似，但也有其独特之处。首先，由于每一个 read 都由克隆到质粒（或病毒）载体上的 DNA 片段产生，读到的前几个碱基经常包含测序载体的序列。当克隆片段的长度比 read 短时，read 结尾也常包含载体。而当整个测序区域只包括载体 DNA 时，有可能会造成克隆干扰。所以，在将 read 组装成 contig 之前，从原始序列数据中识别和移除所有载体序列是很有必要的。

其次，通过 Sanger 法获得的 DNA 序列质量不稳定。由于电泳造成的不均匀分离、游离引物所引起的噪声，以及引物二聚体干扰，read 的前 50 个碱基质量较低。read 的末端（超过 500 个碱基）质量也较低，这是因为长片段 read 数量减少会导致信号减弱和扩散，以及电泳时微小的迁移率差异所导致的片段分离不明显。在理想状态下，序列组装软件应当具有识别低质量区域的能力，并且提供将低质量区域从高质量序列中分离出来的工具。

随着序列组装软件的发展，为大型测序项目开发的新策略应运而生。研究人员认识到 DNA 可以被随机打断成一系列无序片段，而无需小心翼翼地克隆限制性片段或使用核酸酶消化成巢式缺失片段。然后将这些无序片段克隆并测序，再通过软件组装，寻找其中重叠的部分（见第 5 章）。这整个过程被称为**鸟枪法测序**（Anderson et al. 1982）。用鸟枪法测得的 **DNA 片段**在目标 DNA 分子上呈**泊松分布**，所以需要对足够多的 DNA 片段进行测序，才能使原分子的每个碱基都有足够的**覆盖度**，进而拼出完整的 contig。例如，一个 10 000 个碱基的 DNA 目标片段（10 kb），需要对相当于全长 8~10 倍数量的片段进行测序。鸟枪法策略与需要大量人力进行限制性片段和巢式缺失克隆的测序方法相比，每一轮测序费用更加低廉，这使得鸟枪法策略越来越受欢迎。

对于非常大型的测序项目（全基因组），一种分而治之（divide-and-conquer）的策略经常被采用。把从 10 万~100 万个碱基不等的大片段 DNA 克隆到被称为细菌人工染色体（bacterial artificial chromosome，BAC）的载体上，再用鸟枪法对这些片段逐个测序。

即使具有较高的覆盖度（8×~10×），用鸟枪法组装的重叠的 **read** 也会在目标基因区域的序列中留下一些空位。可能是片段的泊松分布导致的随机低覆盖度区域，也可能是序列特异效应在克隆或测序过程中影响了目标区域的某些部位。空位可以用“引物步移策略”（primer walking strategy）来填补，该策略首先需要设计特异性测序引物，通过这些引物使测序反应从 contig 末端开始进行，并将序列延伸直至覆盖空位区域。随着每条 read 被添加到 contig 上，继续设计新的引物，直到和另一 contig 相遇。在相反方向进行延伸的引物能提供双链覆盖。引物步移策略在覆盖 DNA 片段的测序中所需反应数量很少，但是十分耗时，因为只有在得到上一个引物的测序数据时，才能设计和合成下一个引物（图 1.4）。

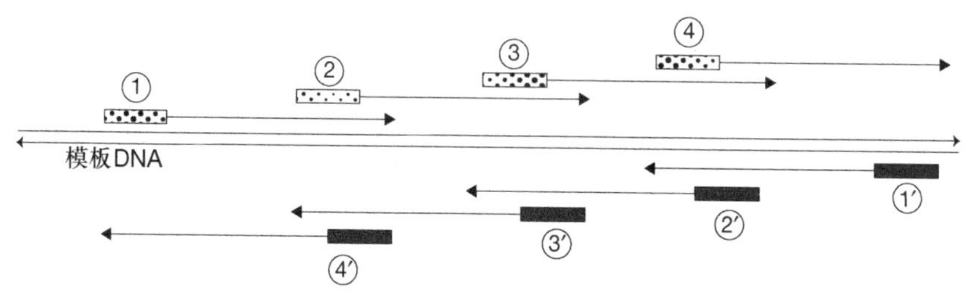

图 1.4 测序的引物步移策略

第二代测序

一些历史学家（Goldstein 1978；Kuhn 1996；Gladwell 2008）发现，当现有知识或新兴技术积累到足够充裕的程度时，会有很多不同的研究者同时钻研一个科学问题并同时产生新发现。其中比较成功的理论或方法会继续相互竞争，直到其中一个占据优胜地位，成为标准方法或主导范例。很明显 20 世纪 70 年代就是一个 DNA 测序的革命性时代。而另一场围绕**第二代 DNA 测序**（next-generation DNA sequcencing，NGS）的革命则正在进行。2004~2012 年，由于测序仪器的通量每年都会加倍，而平均到每个碱基的测序费用每年都会减半，新的 DNA 测序标准显然尚未确立。NGS 技术通常具有几个特征，即高数据通量、短序列读长及低于 Sanger 测序法的准确度。NGS 数据为生物信息学带来很多关键性挑战，包括将大量 read 定位到**参考基因组**上、从头组装新基因组、海量 read 的**多序列比对**、**扩增子**测序项目的稀有**变异检测**，以及高效存储的文件格式和运算工具、多千兆字节序列数据文件的操作等。

另一个有趣的方面是，NGS 影响了测序技术在科学界的地位。在 20 世纪 80 年代，多数 DNA 测序是在小型实验室完成的，全靠科研人员手工向大玻璃盘灌注聚丙烯酰胺凝胶，再耐心地将 X 射线胶片上的每个碱基逐个读出。在昂贵的自动化高通量 DNA 测序仪诞生后，大型测序计划都交由大型专业测序实验室、核心设备中心和专门进行 DNA 测序的承包商来完成。NGS 可能会通过降低仪器成本使 DNA 测序重新回归小型实验室，也可能利用昂贵的机器建立类似医药诊断实验室的永久性测序外包服务。即使 NGS 仪器的价格变得非常低廉，或者小型实验室可以签约测序公司以获得 NGS 数据，分析测序所得的大量复杂数据集仍然需要计算基础设施和生物信息技能，而这些条件是多数小型临床机构或分子生物研究实验室不具备的。

由于多家不同公司都在生产高通量 DNA 测序仪，这些测序仪在技术原理及输出序列信息的类型和数量上都有很大的区别，所以有必要对“第二代 DNA 测序”（NGS）进行定义。在本书中，NGS 指的是能在单次生化反应中同时检测来自数千（或数百万）DNA 模板上碱基序列的 DNA 测序技术。每个 DNA 模板分子附着在空间独立位点的固定表面，通过克隆扩增来增加信号强度。克隆扩增单分子模板可以用来定性和定量检测包含稀有变异序列的混合样本。这些测序系统未使用细菌克隆步骤，因为细菌克隆可能带来测序偏差或完全遗漏某些 DNA 区域。此外，用于快速测序单个长 DNA 模板的单分子测序（single molecule sequencing）技术正在开发中，但这种方法需要用到完全不同的实验设计和信息科学方法，不在本书讨论的范围。

DNA 测序仪器的内部工作原理基本属于工程学范畴，包括流控、纳米材料、化学、光学和图像处理等领域的特有技术。测序仪器的生产厂家拥有 DNA 测序仪器生成序列数据的信息学方法专利，并且对它们进行无外界科学评议的快速开发和改良。生物信息学通常被定义为进行同行评议的开放式学科，研究分析的对象是如 DNA 和蛋白质序列、基因表达值、基因型等由多种技术产生的分子生物学数据。可以认为“序列就是序列”，生物信息学研究者可以通过从头组装、基因组比对、变异检测、基因表达测量、蛋白质结合检测等方法进行 NGS 数据分析，而不用过多考虑收集数据的设备。然而，由技术决定的误差模式是不同类型 DNA 测序技术输出数据的特征，并且对下游分析产生重要影响。每一种技术都会产生特定类型的误差。例如，PCR 产物或光学产物造成的不同种类的 read 重复对很多 NGS 技术造成影响，**焦磷酸测序**往往会在同聚物序列（只有一种碱基的测序道）中造成插入、缺失误差，而在 Sanger 测序中，高 GC 含量的区域往往准确度较低。因此，有必要对目前常用的每个 NGS 技术进行详细阐述，才能充分理解 NGS 数据带来的重要信息学问题。

454

2005 年，454 生命科学公司发表在《自然》杂志上的学术论文标志了 NGS 技术革命的开端。454 公司用他们全新的平行模板焦磷酸测序仪对生殖支原体（*Mycoplasma genitalium*）和肺炎链球菌（*Streptococcus pneumoniae*）进行了全基因组测序，测序结果覆盖了全基因组的 96%，准确率达到 99.96%（Margulies et al. 2005）。其实在 2003 年 454 公司就发布了新闻稿，宣布开发出新型“大规模平行”DNA 测序技术，用这种技术对 3 万个碱基的腺病毒全基因组进行测序，包括样本准备在内只需要一天时间（Pollack 2003）。2005 年 454 推出首台商品化基因组测序仪（Genome Sequencer 20，GS20），每轮反应可以测得约 2500 万个碱基的高质量 DNA 序列，其中每条 read 长度为 80~120 个碱基。ABI 基于 Sanger 系统的最先进的 3730xl 96-毛细管测序仪每天最多产出 280 万个碱基（72 轮反应×96 个样本×400 bp read），GS20 的测序效率高达它的 10 倍。此外，454 方法不需要克隆单独的 DNA 片段。2007 年，454 推出了全新的商业化 454 测序仪 GS FLX，它能够在一轮反应中测得一亿个碱基，输出读长为 250 个碱基的 read。通过这个改进的系统，Rothberg 和同事发表了完全采用 454 测序仪测得的 James Waston 的全基因组序列

（Wheeler 2008）。2010 年，454 发布 GS FLX 系统的升级版 Titanium，新版本使平均读长增加到 400 个碱基，read 数量增加到 100 万以上，每轮反应能产生总共 4 亿~6 亿个碱基的高质量测序结果。

454 测序系统的样本准备遵循鸟枪法策略：将基因组 DNA 随机打断成小片段，在小片段末端添加接头序列，然后将 DNA 片段和表面覆盖着与接头互补的寡聚核苷酸的磁珠（直径约为 28μm）相连。此时 DNA 和过量磁珠混合，多数磁珠只和一个模板分子相连。接着将这些连接上 DNA 的磁珠进行乳化 PCR（emulsion PCR），这个过程将 DNA 模板从单拷贝扩增到每个磁珠近 1000 万拷贝。再将富集后的、带有模板序列的磁珠放入排列在 60×60 mm^2 光纤板（PicoTiter Plate，PTP）表面的小孔中。每个小孔只能容纳一个磁珠，全板有近 200 万个小孔。将试剂加在 PTP 上，采用改进的焦磷酸测序法（Ronaghi et al. 1996）进行连续循环的**合成测序**。每个模板分子在 454 PTP 上的小孔有唯一位置，所以碱基能够被记录，也可以同时进行所有模板序列的运算组装。虽然图像处理方法不在测序信息学讨论范围内，但值得关注的是，454 GS20 测序仪最初的商业化版本带有内置电脑，其中包含一个 600 万门的辅助处理器，使得信号处理得以实时进行。

1996 年，瑞典皇家理工学院的 Nyrén 和同事开发了焦磷酸测序法（Ronaghi et al. 1996; Nyrén 2007），瑞典 Pyrosequencing AB 公司对其进行了商业化生产，并从 QIAGEN 公司得到 454 的生产许可。和 Sanger 测序相似，焦磷酸测序用 DNA 聚合酶合成单链模板的互补链，但它在每轮反应中只提供一种三磷酸脱氧核苷酸碱基。当向增长的拷贝链添加一个新核苷酸时，伴有焦磷酸基团的释放，释放的焦磷酸基团通过 ATP 硫酸化酶-荧光素酶-荧光素通路发出荧光，再由光学仪器检测测序反应产生的荧光信号。由于在一个 DNA 合成循环中只加入一种核苷酸碱基，焦磷酸测序化学反应的碱基识别误差率很低。然而，由于使用焦磷酸测序，**454 测序**方法有一个关键缺陷。当一个模板分子包含几个相同碱基，像出现 AAAA（同聚物）时，这几个碱基会同时加入增长链，造成一个强荧光信号的出现。如果同聚物的碱基数目超过 8 个或者 9 个，系统就很难精确分辨加入碱基的数量。由于 PTP 上不同小孔内的不同模板分子被同时测序，不同长度的同聚物也是随机产生的，所以新合成的 DNA 拷贝链长度也不同。含有许多同聚物的 DNA 模板会生成比只含有单个碱基的 DNA 模板更长的拷贝链。所以，454 测序过程会产生一系列不同长度的 read（图 1.5）。

通过对生殖支原体和肺炎链球菌的完整测序（Margulies et al. 2005），454 生命科学公司奠定了在 NGS 领域的领先地位。454 研究团队继续与知名基因组学科学家合作，进行了不少备受瞩目的研究。2006 年，454 与 Svante Pääbo 合作，测得了尼安德特人化石基因组 DNA 序列的 100 万个碱基（Green et al. 2006）。454 系统非常适合古代 DNA 的研究，因为它不需进行克隆；模板分子单独进行扩增和测序，相互竞争被最小化；同时，大量 100~200 个核苷酸的短 read 输出与化石中还原的已降解 DNA 片段长度相匹配。454 测序也很适合通过对特异靶基因进行“深度测序”来发现稀有变异，如异质性肿瘤样本中的体细胞突变（Thomas et al. 2005），或者患者血液中低比例的耐药 HIV **序列变异**（Wang et al. 2007）。截至 2007 年底，454 技术已经用于 100 余篇经过同行评议发表的文章中，包括蜂群衰竭失调症相关病毒的识别研究（Cox-Foster et al. 2007）、长毛猛犸象的线粒体 DNA 序列研究（Gilbert et al. 2007）和黑比诺葡萄的全基因组测序。454 系统

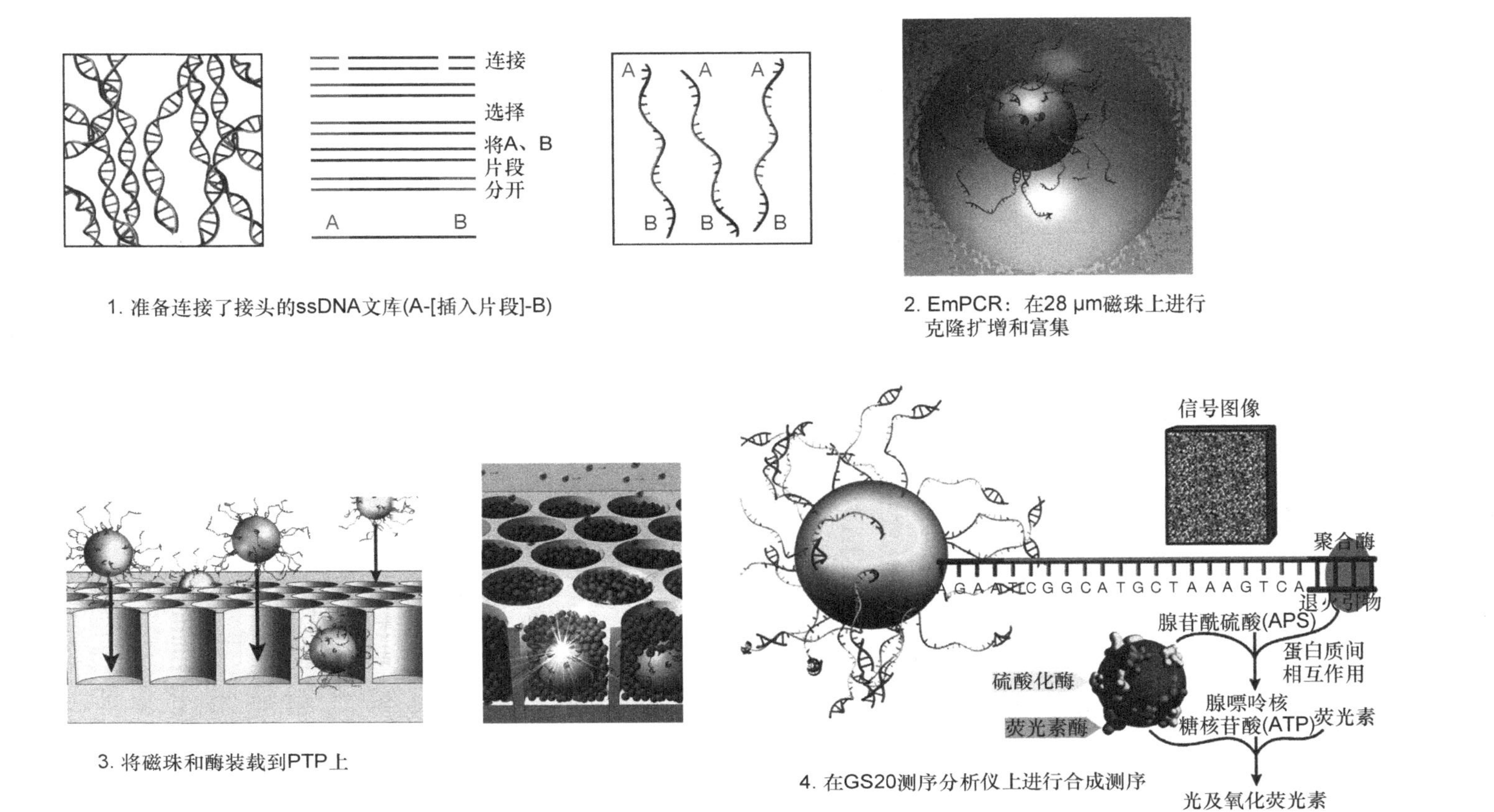

图 1.5　454 测序系统概览

将 DNA 随机打断成小片段并添加接头序列　将片段和磁珠连接并将磁珠混入乳化液。通过乳化 PCR 扩增 DNA 片段，再放入 PTP 的小孔内，用焦磷酸测序确定 DNA 序列

在与**人类微生物菌落项目（Human Microbiome Project，HMP）**相关的**元基因组学**研究中也被广泛应用（Nossa et al. 2010）（见第 11 章）。

454 测序仪的输出文件为二进制的.SFF（Standard Flowgram Format，标准 Flowgram 格式），其中包括读取的碱基、每个碱基的 **Phred** 格式质量分值（见第 2 章）和荧光密度信息。**SFF 文件**包含的内容可以是单个样本的序列、454 板上单个区域的多个样本（用测序条形码分隔）及板上不同区域或不同反应产生的数据。SFF 文件是具有最优数据存储性能的二进制格式，因此数据压缩软件不需保留文件存储空间。SFF 格式最初由 454 公司开发，后来美国国家生物技术信息中心（NCBI）跟踪档案（NCBI Trace Archive）、Whitehead 生物医学研究所和 Sanger 研究所联合推出了 SFF 格式的公开标准。详见 http://www.ncbi.nlm.nih.gov/Traces/trace.cgi?cmd=show&f=format&m=doc&s=format#sff。

454 向客户免费提供读取 SFF 文件的软件工具，但这些软件无法在网络公开下载。Flower 是一个用 Haskell 语言（http://hackage.haskell.org/package/flower）编写的免费工具，能够读取 SFF 文件，并将数据提取为 **FASTA** 格式或同时带有序列和质量的 **FASTQ** 格式，Flowgram 信息也可以作为流体强度被提取出来（Malde 2011）。SFF Workbench（http://www.dnabaser.com/download/SFF%20tools/index.html）是一个用来读取 SFF 文件的免费图形化工具，由 Heracle 生物软件公司开发，是他们开发的 DNA BASER 软件包的一部分。这两个工具都能用 FASTA 格式提取 read，用.qual 格式提取质量分值。尽管 454 仪器在测序过程中能生成每一个核苷酸流的原始图像数据，但当机器中每轮反应的初始质量控制（quality control，QC）过程完成后，将不为再次分析而留存这些超大图像文件。

Illumina 基因组分析仪

剑桥大学的 Shankar Balasubramanian 和 David Klenerman 开发了 Illumina 基因组分析仪的合成测序技术（Furey et al. 1998）。1998 年他们创立了 Solexa 公司，将其测序方法商业化。Solexa 公司在 2006 年发布了第一台商业化基因组分析仪。这台机器每轮反应约 4 天，能产生 10 亿个碱基的 DNA 序列。2007 年，Illumina 公司收购了 Solexa 公司，并对基因组分析仪技术进行快速更新。2011 年，HiSeq 2000 的一轮测序反应能测得接近 10 亿个模板 DNA 分子，通过 2×100-bp **双末端**（pair-end）**read** 输出 200 GB 数据，相当于每天测序 25 GB。HiSeq 也能测得 50 bp 或 100 bp 的单末端 read。2012 年，Illumina 开发了小型单道测序仪 MiSeq。MiSeq 误差率较低，能输出较长的 read。Illumina 在 2012 年推出了能够测得 150-bp 双末端 read 的实验流程，也发布了检测备用流程的实验室报告称能测得更长的 read。

从概念上讲，Solexa/**Illumina 测序**流程相当简便（图 1.6）。Sanger 测序流程用 DNA 聚合酶添加三磷酸脱氧核苷酸（dNTP）混合物和低浓度的链终止双脱氧核苷酸复制单链 DNA 模板。Solexa 方法的创新之处在于对阻止拷贝链延伸的终止子 dNTP 进行修饰，因此 DNA 拷贝链每轮只能加入一种碱基。另外，Solexa 反应由大量不同的模板分子在固定平面上平铺进行。链终止子带有能被光学设备检测的荧光信号。Solexa 系统使用单荧光色，所以必须在每一个独立的 DNA 合成/成像循环中分别加入 4 种 dNTP。在已经加入 4 种 dNTP 并记录图像后，终止子被酶移除，这在化学上被称为“可逆终止子”。接着再重新开始另一轮添加 4 种 dNTP 的循环。由于单个碱基通过统一方式加入模板进行合成，Solexa 测序流程产生的 DNA read 均为相同长度，系统也能够对同聚物区域进行精确记录。Illumina 测序的平均误差率在 1%以下。

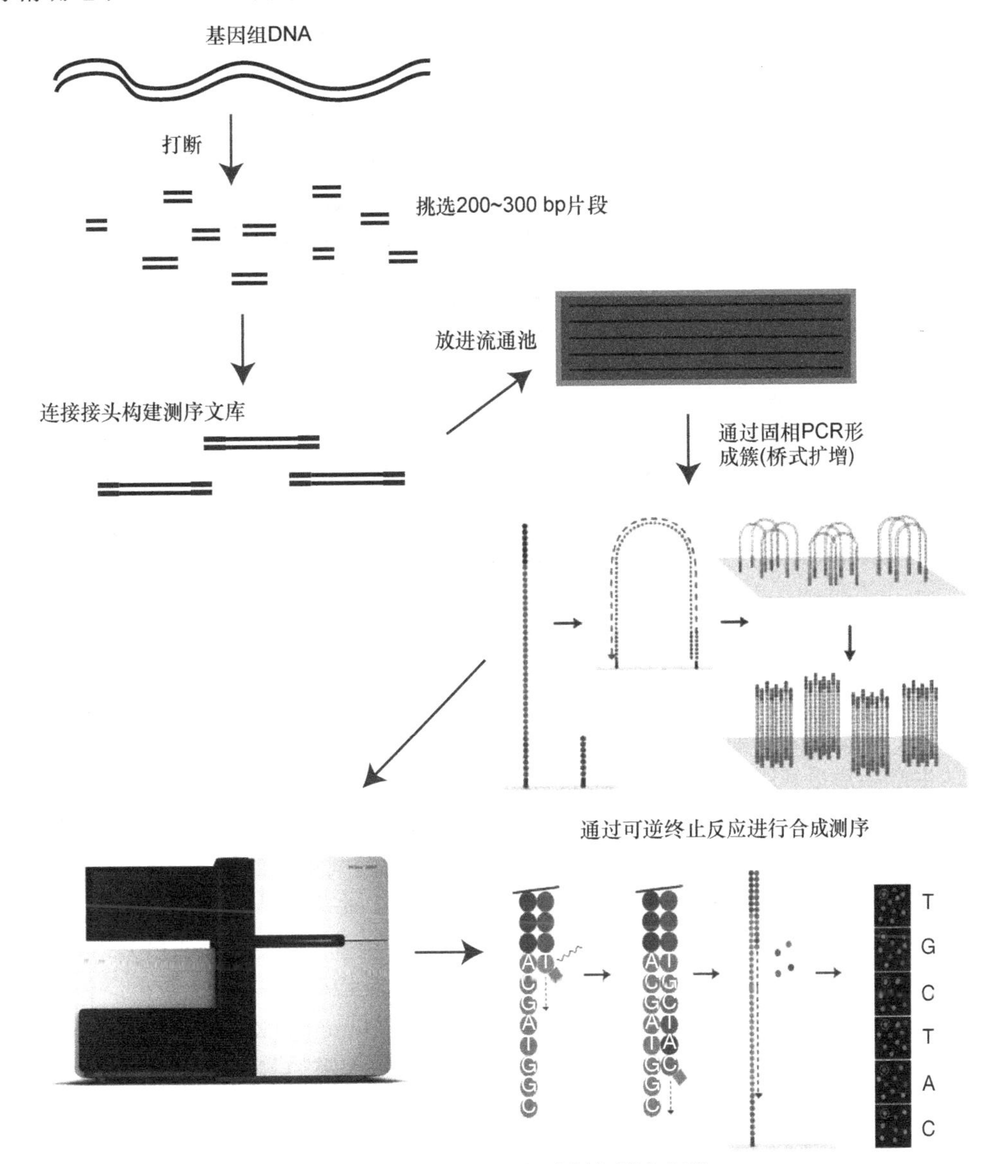

图 1.6 Illumina 基因组分析仪测序概览

将 DNA 打断成小片段，连接接头并将片段附着在流通池表面，通过 PCR 桥式扩增产生基因簇，最后通过可逆终止反应进行测序

Illumina GA（Illumina 基因组分析）系统使用荧光显像系统，其敏感度不足以检测单个模板分子信号。Solexa/Illumina 方法的另一创新之处是将模板分子在固定表面进行扩增。首先将 DNA 样本打断成 200 个碱基左右的片段，制成“测序文库”，接着将特定接头添加到片段两端。随后将文库附着在固定表面上，即“流通池”（flow cell），流通

池表面有与接头互补的寡聚核苷酸片段，所以能将模板片段固定于其上。然后通过固相“桥式扩增”过程（簇生成）使流通池表面的每个模板产生接近 100 万拷贝的基因簇。基因簇位置随机分布是流通池表面克隆扩增的重要特点，因此一些由不同单分子模板（序列不同）拷贝而来的基因簇间隔距离会很小，甚至有重叠（图 1.7）。Illumina GA 系统依靠成像分析技术分辨相邻基因簇。如果相邻两个基因簇太近导致无法分辨，那么它们产生的数据都将作废。Illumina 在首次发布商业化的 GA 测序仪后，成像分析技术有显著提升，可以识别越来越高的流通池表面基因簇密度。

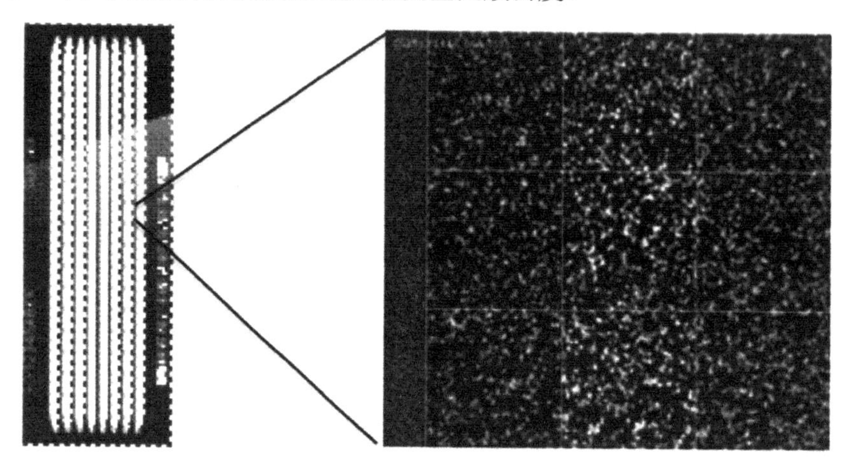

图 1.7　左图为 Illumina GA 流通池的图像；右图为流通池上的网格结构的放大图像，显示不同基因簇发出的荧光信号

Solexa 公司并未在科学出版物上宣传其开发测序技术的进展。而就在 Illumina 收购 Solexa 后，高影响因子期刊上出现了一系列文章，强调 Illumina 基因组分析仪具有前所未见的生产高质量基因组序列数据的能力。《自然》2008 年 11 月 6 日发表了 3 篇文章，记录用 Illumina 对人类全基因组进行的测序项目，其中包括一位非洲男性（Bentley et al. 2008）、一位中国男性（Wang et al. 2008）和一位急性髓细胞白血病（AML）患者的肿瘤细胞及正常皮肤组织样本的基因组（Ley et al. 2008）。在非洲人项目中，共测得 40 亿个 35 个碱基双末端 read，总共生成 135 GB 数据（人类基因组 30×覆盖度）。这些数据是使用 6 台 GA1 测序仪用 8 周时间测得的，平均每轮反应生成 3.3 GB 数据，总的试剂费用约 25 万美元。中国人测序项目由华大基因用 5 个 Illumina GA 测序仪完成，得到人类参考基因组 36×覆盖度的数据。AML 项目中，肿瘤基因组的测序覆盖度为 32×，正常皮肤组织的覆盖度为 14×。2008 年，耶鲁大学的 Mark Gerstein 和 Michael Snyder 实验室在《科学》杂志发表论文，介绍用 Illumina GA 进行 RNA 测序（Nagalakshmi et al. 2008）。

这些已发表的论文都强调与 ABI 基于 Sanger 原理的毛细管测序仪和 454 GS 仪器相比，Illumina GA 技术能对更多的基因组序列进行测序，而且费用更加低廉。同时，对于需要对已知基因组重测序的项目来说，高覆盖度的 36 个碱基短 read 能有效揭示序列多态性和结构变异。

由于测序数据量的持续增长，Illumina 测序仪的数据输出格式经历了快速变换。首台公开发布的测序仪直接使用测序生成的原始图像作为输出文件，需要外接 UNIX 计算系统进行分析。这造成了很多研究机构局域网的数据传输瓶颈，也给每台仪器的 IT 支持增加了大量负担。GA Ⅱ代测序仪能够在测序过程中的每个循环通过内置工作站对图像进行处理，生成保存有碱基和质量分值的 FASTQ 格式文件，可以选择是否存储图像文件。2011 年 HiSeq 机器默认在处理图像后删除图像文件；不过，将每轮反应中大量包含碱基信号和质量信息的文件转换成 FASTQ 或 BAM 等标准格式时，仍然需要外部数据处理流程。

ABI SOLiD

从 20 世纪 80 年代中期到 2006 年期间的 DNA 测序项目中，应用生物系统公司（Applied Biosystems Inc.，ABI，现在是 Life Technologies Inc.的子公司）一直在人类基因组项目及其他所有 DNA 测序工作的 DNA 测序仪供应商中占据统治地位。早期的 ABI 测序仪采用 Sanger 测序法化学原理，手工向大玻璃片间倒入大量聚丙烯酰胺凝胶进行电泳。和其他全手工测序系统相比，早期 ABI 测序仪的主要优势是四色链终止化学反应可以在单个反应通道和单个凝胶泳道同时分析 4 种碱基。该系统在碱基上添加荧光标记并通过自动数据收集系统检测荧光信号（Smith et al. 1986），将技术人员和学生从手动读取凝胶显色带和手工记录碱基字母的工作中解放出来。1998 年，ABI 开发了新测序仪 ABI 3700，它包含 96 个毛细管电泳道，对平板凝胶的通量、自动化程度和准确性都做出的重大改进。ABI 3700 被用于测定人类基因组计划的大部分数据及 Celera 基因组公司的全部数据。

454 基因组测序仪和 Illumina 基因组分析仪等 NGS 仪器成功的商业化应用挑战了 ABI 在 DNA 测序技术领域的主导地位。2006 年，ABI 通过收购 Agencourt 个人基因组生物科技公司获得一种新型测序技术——寡聚物连接检测测序（Supported Oligo Ligation Detection，SOLiD）。**SOLiD 测序**方法基于荧光标记寡聚核苷酸的连续连接反应，每个探针每次能同时检测两个碱基。2007 年，ABI 正式发布 SOLiD 商业 DNA 测序仪，并且迅速进行更新换代，于 2008 年 5 月推出 SOLiD 2，同年 10 月推出 SOLiD 3。总体看来，SOLiD 的测序能力和费用与 Illumina 基因组分析仪很相似，但是两种测序技术在化学原理上却有很大不同，这对后续分析数据的生物信息学方法也产生了很大的影响。

SOLiD 系统准备测序样本的过程与 454 很相似，基因组 DNA 被随机打断成约 200 bp 的短片段，并在两端连接寡聚核苷酸接头。将小分子模板连接在包被着互补寡聚核苷酸的磁珠上，模板分子在磁珠表面通过乳化 PCR 进行桥式扩增。接着将包被着单链模板分子的磁珠放入玻璃平板表面的流通池，再在其中加入和接头互补的测序寡聚核苷酸引物。这里，SOLiD 采用独特的基于连接的化学方法测序，而不是应用在 Sanger、454 和 Illumina 系统中的基于 DNA 聚合酶的化学方法。

SOLiD 连接法测序系统使用 16 种荧光标记的寡聚核苷酸混合物，每一种在 3′端包含两个特异的碱基，3 个非特异碱基（4 种碱基的任意组合）紧随其后。测序时必有一种寡聚核苷酸在引物旁边同模板序列上的双碱基互补杂交，再连接到引物上。因为寡聚物可以在模板的任何位置和互补序列杂交，所以连接步骤对于特异性检测引物 3′端相邻碱基十分重要。随即未连接的寡聚物被洗脱，再通过荧光标记识别流通池内每一个磁珠上的寡聚物。需要注意的是，由于只有4种荧光标记，所以在识别一组4个双碱基寡聚物时，其中每一个都可能与模板/磁珠进行了杂交。接着荧光标记和终止子序列（图1.8的“z-z-z”）同时被移除，随即再次连接另一组荧光标记过的寡聚物，用来检测图中第6和第7号碱基。这样的过程可以重复数个循环，每次加入5个碱基，检测与模板杂交的前两个双碱基寡聚物。

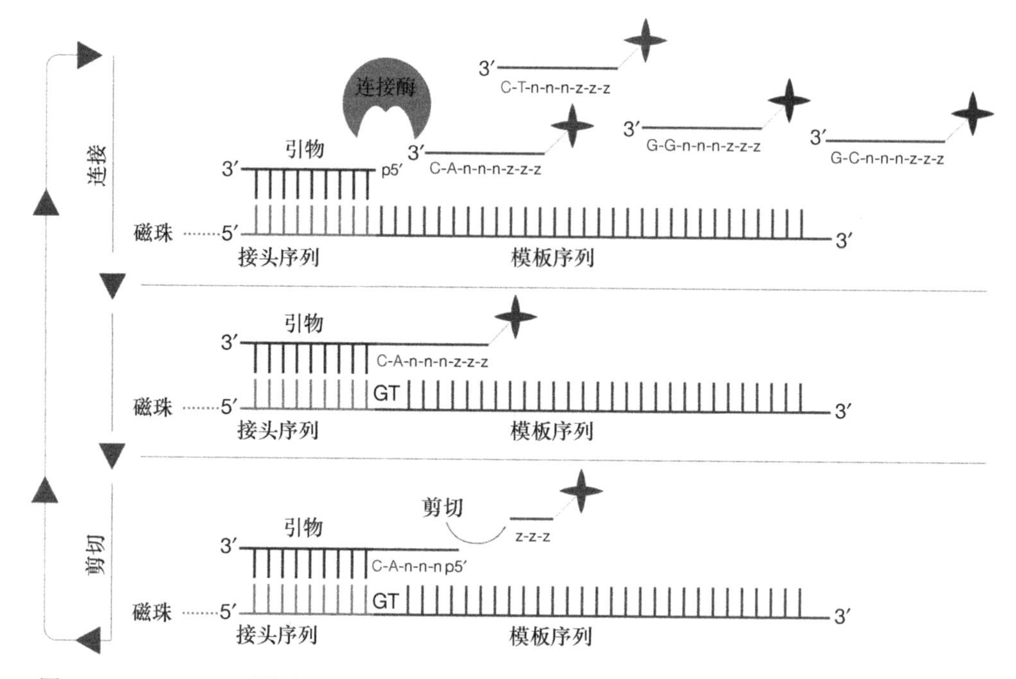

图1.8　ABI SOLiD系统中，通过寡聚物连接检测从接头序列开始延伸的特异性双碱基核苷酸

当测序达到预期的长度时，整套寡聚物被除去（ABI 称其为“重启”过程），接着将新的测序引物（*n*–1）与接头结合，结合位点在5′端位点1。使用新一组寡聚物和（*n*–1）引物杂交，同时对它们进行检测。将终止子移除、寡聚物杂交、连接、检测各位点重叠数据的过程重复数个循环后，位点1、6、11、16、…上都重叠了两个不同的双碱基寡聚物。在第二组（*n*–1）寡聚物完成杂交、连接和检测循环后，也将它们除去，并且再用另外3个测序引物（*n*–2、*n*–3和*n*–4）继续重复以上过程（图1.9）。最终模板序列中的每个碱基都有2个寡聚物的检测结果。

寡聚物上荧光标记的设计原则是在两个重叠的寡聚物中，不同的相邻颜色组合代表特定的碱基，所以由两个寡聚物检测所得的碱基是确定的。然而，在每个位点检测到的特异性寡聚物是未知的，只知道它的颜色（可能是4个寡聚物中的任意一个）。这种双碱基“颜色间隔”（color space）编码方案使后续的生物信息学分析方法十分独特。如果要读取整个read的序列，至少需要一个已知碱基。这个碱基可以从连接模板片段上游的引物序列得知。如果荧光检测中出现一个错误，在将寡聚物颜色结果与组装好的参考序列进行比较时，会产生一个不同的颜色。但如果是一个真的突变，在寡聚物中会连续产生两个不同的颜色（图1.10）。因此，这种双碱基编码系统带有误差校正功能，而且非常适合检测单碱基突变（single base mutations，SNP）。ABI宣称该系统的测序准确率达到 99.94%。ABI 生产的软件将 SOLiD 数据存储为一组寡聚物颜色信号，而不是 DNA 碱基序列。这种“颜色间隔”数据可以用来检测突变，如插入、缺失、多碱基核苷酸置换等，相比于标准 DNA 序列比对方法更具特异性（ABI 2010）。

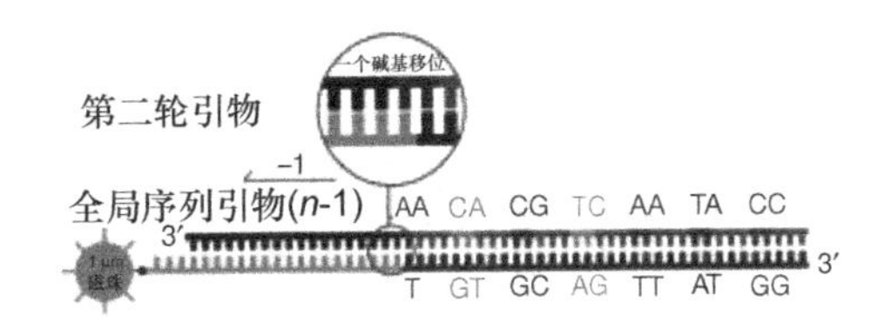

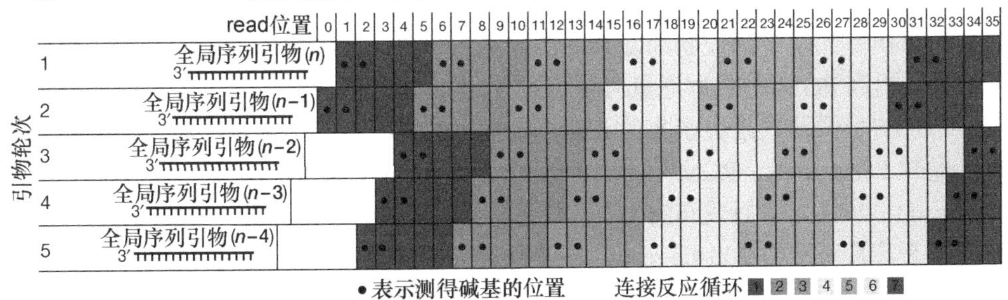

图 1.9 将多个 SOLiD 引物连接结果合并，检测编码 DNA 序列的特异性颜色间隔（印刷已获许可，ABI 2008）（另见彩图）

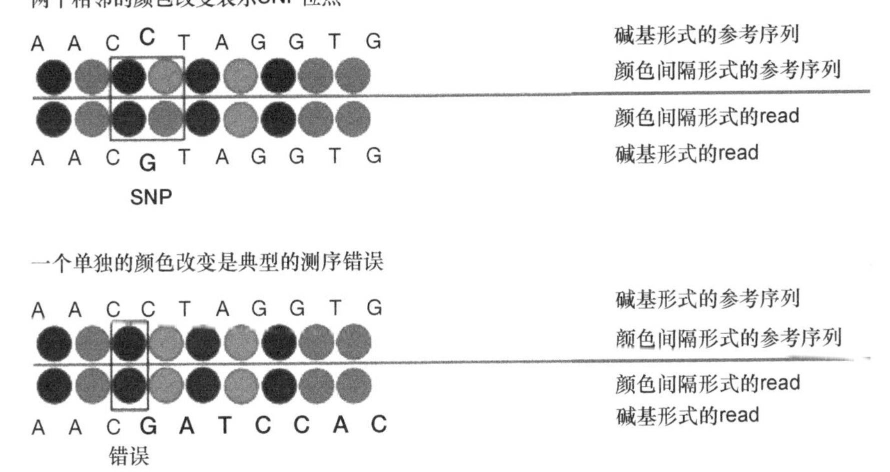

图 1.10 当颜色间隔数据出现两个连续改变时，SOLiD 系统能精确检测到 SNP（ABI 2008）（另见彩图）

Ion Torrent

Ion Torrent 个体化基因组测序平台（PGM）姗姗来迟，在 2010 年 12 月才进入 NGS 市场。但是由于其技术上的独特优势和母公司生命科技公司进攻性的市场战略，PGM 迅速在短期内占据了可观的市场份额。首先，Ion Torrent PGM 的价格相对于其他 NGS 平台非常低廉，PGM 价格低于一台 Illumina HiSeq 的 10%，单轮反应测序试剂的费用仅为 500 美元（比 Illumina Hiseq 单轮反应的 5%还低）。PGM 的价格在普通实验室的器材购买预算范围之内，像一台离心机或 PCR 仪一样，可以由单个科学家购买，不需达到研究所规模才买得起。其次是速度，PGM 每轮测序只需 2 h（在 8 h 的样本准备后）。

PGM 采用磁珠分离和扩增单个 DNA 模板分子技术。样本准备过程中需要进行和 454 测序仪类似的乳化 PCR。Ion Torrent 技术在固定表面（PTP）上对大量克隆扩增的单分子模板进行测序。与 454、Illumina 和 ABI SOLiD 有所不同的是，PGM 不通过荧光化学反应检测单个碱基，而是在 PTP 的每个小孔内嵌入一个微型半导体 pH 传感器，通过这个传感器直接检测增长的 DNA 链上的前一碱基与新碱基之间形成磷酸二酯键时释放的氢离子，所以称为“离子激流”（Ion Torrent）。4 个 DNA 碱基是逐个被加入增长模板的。PGM 不使用荧光化学反应，而是用价格低廉的天然核苷酸作为反应试剂，它也不需要高分辨率光学检测设备和复杂的图像处理软件，序列的每一个碱基被直接捕获为信号数据。提高 PGM 的数据通量可以通过使用更小的 PTP 孔来将更多的模板分子填装进测序芯片的表面及采用更密集的 pH 传感电路来实现。Ion Torrent 计划以每年 100 倍的速度提高 PGM 产量。PGM 在 2010 年 12 月发布的 314 芯片通量为 10 Mb（10 万条 100-bp read）。2011 年 4 月发布的 316 芯片通量为 100 Mb（100 万条 100-bp read）。2012 年发布的 318 芯片可测得 200-bp read，通量为 1 Gb。2012 年，Ion Torrent 发布了一台大型商用仪器 Ion Proton，Ion Proton 和 PGM 采用同样的化学反应原理，具有相同读长，而每一轮测序数据是 PGM 的 10 倍。

Ion Torrent 发布的示范数据显示 100-bp read 数据具有 99%的准确率。然而，和 454 一样，PGM 在测序的每轮循环添加一种碱基，所以当出现 8 个以上碱基的多聚物时，有可能出现插入/缺失测序错误。同样，PGM 在每轮反应中输出的读长随模板序列重复碱基的数量而变化。示范数据还显示，在测定大肠杆菌基因组时，测序结果并未受 GC 含量影响，具有完全一致的覆盖度。

2011 年 5~6 月，研究人员用 PGM 对欧洲食物中毒事件的毒性大肠杆菌菌株进行快速测序（*Lancet*，2011 年 6 月 11 日）。通过 10 个 314 芯片两天的运行，测得 18×覆盖度的毒性菌株基因组序列。综合基于参考序列和从头组装两种方法一起组装该菌株基因组，产生了 N_{50} 为 181 540 的 364 个 contig，总共产生长度为 5 Mb 的 contig（基因组）（Life Technologies 2011）。科学家通过基因组序列识别出具有入侵性的、带有剧毒和耐抗生素的新型大肠杆菌菌株，包括结合自名为 0104：H4 会导致严重痢疾的稀有非洲菌株和另一产志贺毒素的菌株（BGI 2011）的基因组。基因组序列的确定使研究人员能够对有毒菌株进行快速敏感的 qPCR 鉴定。在新病毒的爆发等紧急情况出现时，PGM 具有准备样本方便和反应时间极短的优势。PGM 也促使 NGS 成为能够“拍脑袋做决定”的研究工具，而不需要为做重大决议而进行数周计划和会议研讨。相对于其他 NGS 平台产出的超大量数据，PGM 快速低廉的测序对于做常规扩增子测序的实验室也更具有吸引力。

双末端（pair-end）测序和末端配对（mate-pair）测序

在将测序技术应用到从头组装新基因组等实际问题时，很多 NGS 平台产生的短 read 具有局限性。大重复片段、基因片段复制和低复杂度序列区域（常见于真核生物基因组）

导致很难用短 read 拼接成能覆盖整个基因组的 contig。即使是小基因组，组装每条染色体的 contig 都需要很深的覆盖度。**双末端测序**策略能够显著提高从头组装基因组的效率（见第 6 章）。标准 NGS 测序方法只测定 DNA 短片段的单末端（Illumina 和 SOLiD 系统的片段一般为 150~300 bp）。然而 DNA 短片段的两端都连接了测序接头。测序仪生产商通过巧妙的化学反应开发出一种方法，可以产生待测片段末端起始的单独 read，并且把来自同一 DNA 片段的成对 read 标记出来。通过生物信息学分析方法估算片段的大小，就能得知这一对 read 在原始基因组上的距离。可以用双末端 read 的距离信息来连接未重叠的 contig，并且当 DNA 片段一端为重复序列、另一端为唯一序列时，能找到 DNA 片段在基因组上的确切位置。

双末端 read 可以用来定位突变基因组上插入、缺失和易位等结构变异。如果一对双末端 read 定位到参考基因组上的距离和原有片段长度差异很大，那么很可能是出现了结构变异。

末端配对 read 和双末端 read 概念相似，但其构建过程更为复杂。构建末端配对 read 时，将基因组 DNA 打断成 2~10 kb 的大片段，而不是 200~300 bp 的小片段。把用生物素标记的接头添加到这些大片段的末端，再通过连接两端的接头将片段连成环状。接着把环状 DNA 随机打断成一组 200~300 bp 的片段，其中包括生物素标记过的接头片段。这些片段的左右两个末端是原始的 DNA 大片段，中间是接头序列。然后将新的测序接头添加到这些待测片段两端，用前述的双末端测序流程对该片段进行测序。需要注意的是，末端配对 read 在定位到原始基因组时，和**双末端序列**方向相反（双末端序列从两端向中间测序，而末端配对序列从中间向两端测序）（图 1.11）。**末端配对序列**可以在从头组装基因组时用来连接填补较大的空位，也可以在很多不同的测序应用中处理大重复片段。

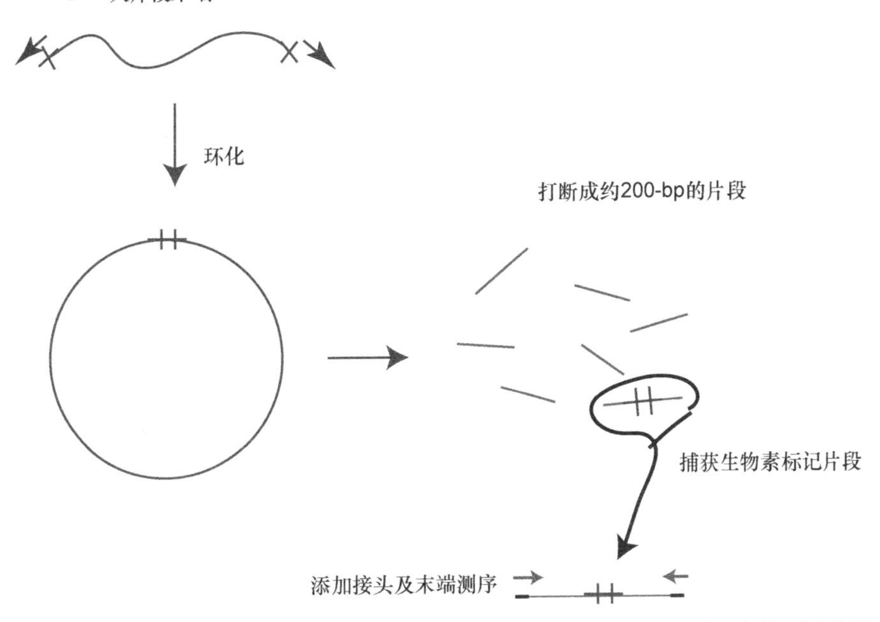

图 1.11 末端配对测序通过环化并随机打断环状 DNA 来捕获 DNA 大片段的两个末端

实 验 应 用

测序是一种灵活的数据收集技术，就像显微镜一样，能通过改变样本类型和样本准备方式应用于极其广泛的科研领域。传统 Sanger 测序可以回答与 DNA 序列直接相关的问题，如“这段 DNA 编码哪个蛋白质？”或者“基于这个保守基因序列，这组生物体间的系统发生关系是怎样的？”自动化荧光测序耗时耗力更多，也能解答更多的问题，如“这个物种的基因组都包含哪些基因，它们是如何排列的？”或是“该个体（或组织）都表达哪些基因？”

NGS 迅速扩大了测序技术的应用范围，已经能解决很多全新领域的实验问题。不仅能对新基因组进行测序，对同一物种不同个体的基因组序列也可以分别进行测序，用来识别所有变异（见第 8 章）。可以对肿瘤基因组（或癌前病变）进行测序，并且和同一个体的正常组织进行比较。NGS 替代其他技术成为很多不同实验数据收集工具的首选。NGS 可以代替**微阵列芯片**（microarray）用在 RNA 上，检测任何细胞样本的完整基因表达谱（**RNA 测序**），并且发现之前未注释的新基因及定量检测选择性剪切转录物（见第 10 章）。NGS 可以代替基因组分型芯片，提供更准确、分辨率更高的染色质免疫共沉淀测序（**ChIP-seq**）结果（见第 9 章）。NGS 也可以用来研究 DNA 甲基化和**组蛋白**修饰中的表观遗传变化。NGS 还可以对环境和医学样本中的全部 DNA 含量进行测序，来识别所有存在于其中的微生物及它们全部的遗传学组分（元基因组学，见第 11 章）。在 NGS 这个充满活力的领域，新的应用正在源源不断地涌现。

参 考 文 献

Anderson S, de Bruijn MH, Coulson AR, Eperon IC, Sanger F, Young IG. 1982. Complete sequence of bovine mitochondrial DNA. Conserved features of the mammalian mitochondrial genome. *J Mol Biol* **156:** 683–717.

Applied Biosystems Incorporated (ABI). 2008. Principles of di-base sequencing and the advantages of color space analysis in the SOLiD system. Available at: http://seqinformatics.com.

Applied Biosystems Incorporated (ABI). 2010. A theoretical understanding of 2 base color codes and its application to annotation, error detection, and error correction. Available at: http://www3.appliedbiosystems.com/cms/groups/mcb_marketing/documents/generaldocuments/cms_058265.pdf (last accessed April 15, 2011).

Beijing Genomics Institute (BGI). 2011. BGI sequences genome of the deadly *E. coli* in Germany and reveals new super-toxic strain. BGI, Shenzhen, China, June 2, 2011. Available at: http://www.eurekalert.org/pub_releases/2011-06/bgia-bsg060211.php.

Bentley DR, Balasubramanian S, Swerdlow HP, Smith GP, Milton J, Brown CG, Hall KP, Evers DJ, Barnes CL, Smith AJ, et al. 2008. Accurate whole human genome sequencing using reversible terminator chemistry. *Nature* **456:** 53–59.

Cox-Foster DL, Conlan S, Holmes EC, Palacios G, Evans JD, Moran NA, Quan PL, Briese T, Hornig M, Lipkin WI, et al. 2007. A metagenomic survey of microbes in honey bee colony collapse disorder. *Science* **318:** 283–287.

Furey WS, Joyce CM, Osborne MA, Klenerman D, Peliska JA, Balasubramanian S. 1998. Use of fluorescence resonance energy transfer to investigate the conformation of DNA substrates

bound to the Klenow fragment. *Biochemistry* **37:** 2979–2990.
Gilbert W, Maxam A. 1973. The nucleotide sequence of the *lac* operator. *Proc Natl Acad Sci* **70:** 3581–3584.
Gilbert MT, Tomsho LP, Rendulic S, Packard M, Drautz DI, Sher A, Tikhonov A, Dalén L, Kuznetsova T, Schuster SC, et al. 2007. Whole-genome shotgun sequencing of mitochondria from ancient hair shafts. *Science* **317:** 1927–1930.
Gladwell M. 2008. Nathan Myhrvold and collective genius in science. *The New Yorker* (12 May).
Goldstein IF, Goldstein M. 1978. *How we know: An exploration of the scientific process.* Plenum Press, New York.
Green RE, Krause J, Ptak SE, Briggs AW, Ronan MT, Simons JF, Du L, Egholm M, Rothberg JM, Paunovic M, Pääbo S. 2006. Analysis of one million base pairs of Neanderthal DNA. *Nature* **444:** 330–336.
Henikoff S. 1984. Unidirectional digestion with exonuclease III creates targeted breakpoints for DNA sequencing. *Gene* **28:** 351–359.
Hyde R. 2011. Germany reels in the wake of *E. coli* outbreak. *Lancet* **377:** 1991.
Kuhn TS. 1996. *The structure of scientific revolutions*, 3rd ed. University of Chicago Press, Chicago.
Ley TJ, Mardis ER, Ding L, Fulton B, McLellan MD, Chen K, Dooling D, Dunford-Shore BH, McGrath S, Wilson RK, et al. 2008. DNA sequencing of a cytogenetically normal acute myeloid leukaemia genome. *Nature* **456:** 66–72.
Life Technologies. 2011. Shiga toxin–producing *Escherichia coli.* Application Note. Life Technologies, Carlsbad, CA. Available at: http://www.iontorrent.com/lib/images/PDFs/co23298_e coli.pdf (last accessed April 15, 2011).
Malde K. 2011. Flower: Extracting information from pyrosequencing data. *Bioinformatics* **27:** 1041–1042.
Margulies M, Egholm M, Altman WE, Attiya S, Bader JS, Bemben LA, Berka J, Braverman MS, Chen YJ, Rothberg JM, et al. 2005. Genome sequencing in microfabricated high-density picolitre reactors. *Nature* **437:** 376–380.
Maxam AM, Gilbert W. 1977. A new method for sequencing DNA. *Proc Natl Acad Sci* **74:** 560–564.
Miller MJ, Powell JI. 1994. A quantitative comparison of DNA sequence assembly programs. *J Comput Biol* **1:** 257–269.
Min Jou W, Haegeman G, Ysebaert M, Fiers W. 1972. Nucleotide sequence of the gene coding for the bacteriophage MS2 coat protein. *Nature* **237:** 82–88.
Nagalakshmi U, Wang Z, Waern K, Shou C, Raha D, Gerstein M, Snyder M. 2008. The transcriptional landscape of the yeast genome defined by RNA sequencing. *Science* **320:** 1344–1349.
Nossa CW, Oberdorf WE, Yang L, Aas JA, Paster BJ, Desantis TZ, Brodie EL, Malamud D, Poles MA, Pei Z. 2010. Design of 16S rRNA gene primers for 454 pyrosequencing of the human foregut microbiome. *World J Gastroenterol* **16:** 4135–4144.
Nyrén P. 2007. The history of pyrosequencing. *Methods Mol Biol* **373:** 1–14.
Pollack A. 2003. Company says it mapped genes of virus in one day. *NY Times* (August 22).
Ronaghi M, Karamohamed S, Pettersson B, Uhlen M, Nyrén P. 1996. Real-time DNA sequencing using detection of pyrophosphate release. *Anal Biochem* **242:** 84–89.
Sanger F, Coulson AR. 1975. A rapid method for determining sequences in DNA by primed synthesis with DNA polymerase. *J Mol Biol* **94:** 441–448.
Sanger F, Nicklen S, Coulson AR. 1977. DNA sequencing with chain-terminating inhibitors. *Proc Natl Acad Sci* **74:** 5463–5467.
Smith LM, Sanders JZ, Kaiser RJ, Hughes P, Dodd C, Connell CR, Heiner C, Kent SB, Hood LE. 1986. Fluorescence detection in automated DNA sequence analysis. *Nature* **321:** 674–679.

Thomas RK, Greulich H, Yuza Y, Lee JC, Tengs T, Feng W, Chen TH, Nickerson E, Simons J, Egholm M, et al. 2005. Detection of oncogenic mutations in the *EGFR* gene in lung adenocarcinoma with differential sensitivity to EGFR tyrosine kinase inhibitors. *Cold Spring Harb Symp Quant Biol* **70**: 73–81.

Wang C, Mitsuya Y, Gharizadeh B, Ronaghi M, Shafer RW. 2007. Characterization of mutation spectra with ultra-deep pyrosequencing: Application to HIV-1 drug resistance. *Genome Res* **17**: 1195–1201.

Wang J, Wang W, Li R, Li Y, Tian G, Goodman L, Fan W, Zhang J, Li J, Wang J, et al. 2008. The diploid genome sequence of an Asian individual. *Nature* **456**: 60–65.

Wheeler DA, Srinivasan M, Egholm M, Shen Y, Chen L, McGuire A, He W, Chen YJ, Makhijani V, Rothberg JM, et al. 2008. The complete genome of an individual by massively parallel DNA sequencing. *Nature* **452**: 872–876.

Wu R, Taylor E. 1971. Nucleotide sequence analysis of DNA. *J Mol Biol* **57**: 491–511.

网 络 资 源

http://hackage.haskell.org/package/flower Flower 软件包主页，Flower 软件（FLOWgram 格式提取工具）能读取 SFF 格式的 read 文件

http://www.dnabaser.com/download/SFF%20tools/index.html SFF 工作台(之前名为“454 SFF 工具”)是一个使用方便的 SFF 文件浏览编辑转换器

http://www.ncbi.nlm.nih.gov/Traces/trace.cgi?cmd=show&f=format&m=doc&s=format#sff 美国国家医学图书馆国家生物技术信息中心（NCBI）跟踪档案 4.2 版本

2

测序信息学的历史

Stuart M. Brown

早期的信息学方法

DNA 测序方法出现之前很久，已经有生化方法被开发出来以确定蛋白质的氨基酸序列。Per Edman 开发了一种简单的化学方法（Edman 降解法），从蛋白质的氨基末端开始，将肽键一一切断，从而逐一鉴定单个氨基酸信息（Edman 1950）。Frederick Sanger 利用部分水解法和氨基末端标记的方法将胰岛素蛋白的两条多肽序列完整地测定出来（Sanger and Tuppy 1951a；1951b）。

到 20 世纪 60 年代中期，大量的蛋白质序列被测定，Margaret Dayhoff 收集了所有已知序列的蛋白质并发布了第一版《蛋白质序列和结构图谱》(Eck and Dayhoff 1966)。Walter Fitch 基于可变长度氨基酸字符串（字）比对的方法，开发了一款搜索“进化同源”蛋白质序列的计算机程序。“计算机自动计算两条蛋白质序列间所有可能的连续氨基酸序列的比较结果。” Fitch 的程序基于统计每一个氨基酸错配的打分系统，统计由一个密码子突变成另一个密码子的最小突变数。应当指出，Fitch 的这项工作在 Severo Ochoa、Philip Leder、Marshall Nirenberg 和 H. Gobind Khorana（Nirenberg et al. 1965）最终确定每一个氨基酸所对应的 DNA 密码子后不久就完成了。Fitch 的程序不允许比较的字符串中有空位，而且建议用 30 个氨基酸作为默认的比较字符串长度。Fitch 还开发了一款针对近缘蛋白质序列统计插入/缺失变异的程序（Fitch 1966）。

Needleman 和 Wunsch(1970)发表了一篇计算双氨基酸序列相似性比对的重要论文。该论文概述了将两条氨基酸序列置于二维（two-dimensional，2D）矩阵中计算所有可能的比对及所有可能的空位的一种比对方法，是解决**序列比对**问题的一种动态规划策略。然而，这种方法，就如最初 1970 年发表的论文中描述的一样，并没有完全实现一种合适的打分方案，以解决空位罚分和氨基酸错配（不一致的氨基酸对）。这种早期的 Needleman-Wunsch 算法还缺乏内置的序列比对显著性检验，也没有对比对氨基酸序列的长度进行归一化打分。Sankoff（1972）改进了 Needleman-Wunsch 算法，设计了空位罚分（插入/缺失索引）策略，可以最小化罚分或者设定一个罚分阈值，提高了该**算法**的计算效率。

Smith 和 Waterman（1981）开发了一种改进的动态规划序列比对方法，该方法类似于 Needleman-Wunsch 方法，但只计算矩阵中大于 0 区域的分数。这就充分考虑了空位（任意长度的插入和缺失）罚分较多的情况，允许更长的序列中短片段的比对分值大于 0（“最大同源子序列”）。**Smith-Waterman 比对**至今仍然是两两 DNA（或蛋白质）序列寻找包含空位的最优局部优化比对方法中数学上最严密的方法。

数据库搜索

Smith-Waterman 算法可以找到两条序列的最优比对，但是它计算了包含所有可能空位的所有比对情况，计算消耗大。20 世纪 80 年代，DNA 和蛋白质序列集迅速增长，许多科学家都需要常规地将序列与大数据库进行比对。Smith-Waterman 算法对于数以千万计的常规序列比对速度太慢。1985 年，Pearson 和 Lipman 编写了 FASTP 序列比对程序（Lipman and Pearson 1985），能将蛋白质序列和美国国家生物医学研究基金会（National Biomedical Research Foundation，NBRF）蛋白质序列数据库中的蛋白质序列进行比对。FASTP 搜索的性能比 Smith-Waterman 算法高两个数量级。1988 年，Pearson 和 Lipman 发布了新的程序 FASTA（Pearson and Lipman 1988），实现了对蛋白质和 DNA 数据库的比对搜索。该程序还可以自动将数据库中的 DNA 序列翻译（计算所有可能的读码框）成蛋白质序列，与输入的蛋白质序列做比对。FASTA 程序是基于 C 语言的免费开源软件，可以编译成 UNIX、VAX/VMS 和 IBM DOS 操作系统下的可执行程序。IBM PC 机上的 FASTA 软件版本可以比对最长 2000 个碱基或氨基酸的蛋白质序列。有研究报道在 IBM PCAT 机上一条 660 个核苷酸长度的序列用 FASTA 比对整个 GenBank DNA 数据库（版本 48）只需要不到 15 min 的时间。

FASTA 软件基于单字节存储的短字串查询表，即 ***k*tup**，该表由比对的每两条序列生成。只比对有完全相同的 *k*tup 长度的字串所在位点。然后，这些比对序列用其他一致性字符串、紧跟许多配对字符的错配字符串或蛋白质序列上保守的氨基酸突变字符串进行延伸（用 PAM250 打分矩阵计算）。如果一对序列有两个或两个以上比对区域，FASTA 会尽可能连接比对上的区域并计算空位罚分。一旦比对上的区域尽可能延伸，FASTA 将计算总体比对分值，并将比对上查询序列的数据库中所有序列进行排序。得分最高的数据库序列通过改进的 Smith-Waterman 算法再次比对到查询序列上，这里只考虑初始高分值的比对区域。

FASTA 软件包中提供的 RDF2 程序是计算比对结果统计显著性的程序。计算显著性相当重要，因为像 FASTA 这样的启发式比对算法可能在增加灵敏度的同时降低特异性。小的 *k*tup 值可以使 FASTA 将查询序列比对到数据库序列上，统计学方法可以检验这些比对是否具有生物学意义。RDF2 的统计检验方法是随机替换序列中的字符并重复做 FASTA 比对。一般来说，查询序列比对到数据库序列的得分如果很高，将查询序列随机重排后得分就会降低。如果比对分值不会随着重排而降低，那么可能是两条序列的碱基组成造成的（如 AT 或 GC 富集区域，或者是简单的重复序列），而不是序列的功能和进化相似性造成的。

在 20 世纪 80 年代和 90 年代，DNA 序列数据库，如 GenBank 等，增长速度超过了计算机 CPU 的发展速度；因此，FASTA 软件做数据库搜索的时间大大增加。同时，大量的测序数据，如基因组测序项目和 mRNA 测序（表达序列标签），需要进行大量数据库比对以完成注释。所以急需更快的 DNA 相似性搜索算法。为了应对这一需求，Stephen Altschul 等在美国国家生物技术信息中心（National Center for Biotechnology Information，NCBI，是美国国立卫生研究院（National Institutes of Health，NIH）的一个分支，也是 GenBank 的所在地）开发了基本局部优化比对搜索工具（Basic Local Alignment Search Tool，BLAST）算法（Altschul et al. 1990）。BLAST 除了速度更快之外，还采用合适的随机序列模型改进了相似性分值的统计检验（Karlin and Altschul 1990）。

BLAST 是局部比对算法，基本思想和 Smith-Waterman 算法及 FASTA 软件类似。BLAST 算法给定查询序列和数据库随机比对后，通过计算比对上的序列片段长度来进行统计检验。BLAST 忽略那些低于随机比对长度阈值的短的局部比对结果。BLAST 采用启发式算法定位比对区域，加快了比对速度。把查询序列和数据库序列都打碎成 *w* 长度的短序列。快速搜索数据库中能匹配上查询序列的目标序列。和 FASTA 只考虑完全比对上的字符串不同，BLAST 字符匹配采用打分系统，只要全局比对分值超过经验预设的阈值，可以允许一些错配。序列越长可以容许的错配越多。蛋白质序列的比对采用氨基酸相似性矩阵如 PAM120 矩阵（Dayhoff et al. 1978），DNA 序列之间的碱基比对采用简单的匹配（+5）或错配（–4）的计分方法。BLAST 并不是计算查询序列的每个字符和数据库序列的每个字符之间的比对分值，而是预先将查询序列的每个字符和所有可能匹配字符及匹配分值上限存储在列表中。这个由查询序列推导出来的字符列表，能够和每一条数据库序列推导的字符列表在简单的哈希表中进行比较（只要有足够的内存），计算速度非常快。

查询序列和数据库序列比对后得到高分的配对，继续无空位地向两端延伸直到增加的配对不再提高总分值；因此，在消耗更多计算资源的序列比对过程中，已比对上的序列对作为种子不断延伸。比对好的区域被称为最大比对片段对（maximal segment pair，MSP）。MSP 的比对分值和随机序列比对计算的阈值相比，只保留显著性的 MSP 结果。一旦数据库中所有序列都搜索完毕并且所有配对都延伸成 MSP 后，序列将按照 MSP 比对分值从高到低排序。

BLAST 在搜索蛋白质序列相似性时功能最为强大，但它同样能在保证灵敏度和特异性条件下进行快速的 DNA-DNA 搜索。DNA 片段默认打碎成 11 个碱基的长度（*w*=11），但是为了追求更快的计算速度，可以把 4 个核苷酸存储到一个单字节中，以 2 个字节长度（8 个碱基）为单位搜索数据库，然后再搜索完整的 *w* 长度的匹配序列（*w*-mer）。另外，通过将单个数据库中所有字段全部存储在内存中，重复搜索不同查询序列，可以大幅提高计算速度。

BLAST 输出的原始得分反映了查询序列和数据库序列局部比对的结果。但只有和随机序列比对统计模型比较后，这些结果才有意义。换句话说，查询序列比对数据库序列的结果是否优于两条无关序列的比对结果？这个结果是否比一条随机查询序列比对数据库序列的结果要好？BLAST 搜索计算的 MSP 的比对分值服从极值分布（Gumbel 1958）（http://www.ncbi.nlm.nih.gov/BLAST/tutorial/Altschul-1.html）。从这个分布看，e-value 代表比对结果在随机情况下发生的可能性，随机情况指一条随机的（无关的）查询序列和数据库进行比对。

$$E=Kmne^{-\lambda S}$$

式中，K 代表数据库大小；λ代表比对分值系统；m 是查询序列长度；n 是比对到的数据库序列长度；S 是比对分值。E 即 e-value，e-value 越小，比对分值随机发生的概率越低。e-value 值为 1 的比对结果代表如果一条相似长度的随机查询序列比对至数据库中，至少有一条目标序列能得到相同的比对分值结果。生物学家通常设置比对显著性阈值的 e-value 为 0.05，但要设定有生物学意义的 e-value 取决于搜索的前因后果。BLAST 搜索和其他实验或统计检验一样，要进行假设检验并设定检验预定值，以消除虚假设。

BLAST 已经被证明是研究许多不同实验问题的非常实用的工具。可以用它搜索非常相似的序列，如将**序列片段**比对到一个基因组已知的物种上；也可以阐释远缘相关序列之间的进化关系，这可能发生在不同物种之间或单一基因组中基因家族成员之间。

BLAST 是一个启发式的方法，因而它并不能保证搜索出一条查询序列在数据库中所有的最优比对结果。匹配字串长度、最小字串匹配分值、最小 MSP 比对分值都可以根据经验设定，但需要权衡灵敏度和特异性的利弊。实际上，生物学家更愿意接受适度假阳性的比对结果（低特异性），而替换掉一些没有生物学意义的低概率比对结果（高灵敏度）。生物序列数据库的高度不随机性、碱基组成的局部偏倚和重复序列元件等因素都会造成假阳性匹配结果。为了解决这个问题，BLAST 自动过滤所有查询序列上在数据库中出现频次过高的 8 个碱基字串。BLAST 可以利用已知的重复元件（矢量序列）数据库对查询序列做预处理，但在最终的输出中必须要包含在主数据库搜索中过滤掉的重复序列的匹配结果。

BLAST 由 NCBI 团队开发，除了免费发布的 C 语言源代码版本之外，还建立了免费运行 BLAST 程序的网站服务，任何人都可以在该网站上进行 BLAST 比对，搜索 NCBI 旗下的任何数据库，包括 GenBank DNA 序列、翻译后的 GenBank 编码蛋白质序列、EST 序列、特定物种的全基因组序列和特定生物分类的数据集。从此，NCBI 上的 BLAST 工具成为全世界范围内使用最广泛的生物信息学分析软件。

BLAST 数据库搜索的速度和查询序列的长度及搜索目标数据库中序列的总长度呈正比。由于数据库大小增长速度远超计算机处理器的发展速度，每一次运行 BLAST 的计算负担持续增加。1997 年，NCBI 团队开发了新版 BLAST，即有名的 Gapped BLAST（Altschul et al. 1997)，改进了空位比对检测，大幅提高了 BLAST 的运行速度，也增加了远缘序列比较相似性的灵敏度。Gapped BLAST 革新的本质在于需要两个相邻的不重叠的匹配字串作为种子构建查询序列和数据库序列的比对结果。这大大削减了匹配字串延伸再进行显著性检验的次数，这也是 BLAST 算法中最慢的步骤（占用>90%的运行时间）。这种方法自然允许两个初始匹配字串之间存在空位；另外，高分值的 MSP 是采用双序列比对方法进行延伸的。两个初始匹配字串之间的最大距离是一个经验参数。

Staden 软件包

处理 DNA 序列数据的软件工具一直与 DNA 序列测定技术保持同步发展。最早的 DNA 序列分析软件是由 Rodger Staden 在 MRC 分子生物学实验室（也是 Sanger、Watson 和 Crick 所在实验室）开发的，该软件可以分析 Sanger 或 Maxam-Gilbert 测序的基因和

小基因组 （Staden 1977）。Staden 最早的序列信息软件包（PDP FORTRAN 语言编写）有以下功能：①存储和编辑序列；②生成单链或双链序列的完整拷贝或部分序列；③将 DNA 序列翻译成氨基酸序列；④搜索特定的短序列（如限制性酶切位点）；⑤分析密码子使用情况和碱基组成；⑥两两序列同源性比较；⑦定位序列的互补区域；⑧翻译两条比对序列并输出氨基酸序列相似性。

1977 年 Staden 软件包中的 SEQFIT 可能是第一款实现 DNA 比对的程序。因此，它受到本书的特殊关注。它采用了消耗极大的搜索策略——“滑框计数”方法——来搜索两两序列上可能的比对框，同时计算比对上的碱基数目（Staden 1977）：

> 使用者定义【目标】区域以便与【测试序列】字符串相比对，并且设定相似度百分比的最小值。软件将字符串比对到已定义区域的每一个可能的位置上，计算连续完全匹配的字符数。如果用字符串长度百分比表示的总得分大于等于给定的百分比，软件就记录当前匹配发生的位置。

该软件也能自动比对目标序列和测试序列的互补序列。有趣的是最初的 Staden DNA 比对软件并没有利用现有生物信息学方法的优势，没有采用类似于 Needleman-Wunsch 算法的动态比对蛋白质序列的方法。

早在 1979 年 Staden 就建立了一种通过寻找 DNA 长序列片段间的重叠区域来组装更长的连续**一致性序列（contig，重叠群）**的策略 （Staden 1979）。Staden 软件的 1982 版在生成相互连接且编辑过的 contig 的同时，会建立一个原始序列（read）数据库。后来处理 DNA 测序数据的软件一直沿用了这一思想，即保存原始“实验”数据文件，创建新文件用来保存编辑数据、contig 及一致性序列。

1995 年，Rodger Staden 等升级了他们的软件，并重新命名为基因组组装软件（Genome Assembly Program，GAP）（Bonfield et al. 1995）。他们添加了许多新的功能模块，包括**鸟枪法 read** 的组装工具、直接组装工具，以及用于查找 contig 之间可能的重叠区域的“内连接”搜索工具。然而，鸟枪法序列组装工具仅能一条一条地向已经通过内连接组装好的 contig 上添加 read；并不能实现 read 之间的从头组装（全局组装）。如果一个单独添加的 read 很好地比对到两个已有 contig 上并将二者桥连，那么 contig 就只能通过鸟枪法策略连接。一种名为“搜索 read 连接对”的工具允许用从克隆 DNA 片段的末端获取的 read 建立两个 contig 之间的连接（生成 scaffold），甚至允许重叠区域中有空位出现。软件还包括一个指导组装方法，用以检测**序列组装**中未完成或有疑问的区域，并提出实验验证的建议（设计引物做附加的测序反应）。一个重要的附加功能是拥有交互式测序比对/组装编辑器的图形化用户界面。设计该软件是用来处理柯斯质粒级别测序项目的 read，全长在 20~40 kb，有 200~1000 条 read 覆盖。GAP 软件包是用 ANSI C 和 FORTRAN77 编写的，用户界面利用了 Tcl 和 Tk 类库，这是在 Sun、DEC 和 UNIX 工作站上模拟 Motif X-windows 图形环境的两个类库。Staden 实验室免费提供该软件的源代码。

GAP 软件包括一个非常重要的新功能，基于碱基准确性的数值估计方法，选取质量最好的数据，全自动地构建一致性序列，不用手动编辑每一个错误的碱基或者在不一致的地方采用简单的规则进行修改。没有准确性打分，鸟枪法重叠 read 组装、引物延伸、子克隆删除，甚至限制性片段测序策略等都需要相当耗时地手动编辑所有比对 read 之间不一致的碱基。手动测序的步骤要求实验室工作人员用眼睛观测自显影成像鉴别凝胶读数和转录错误。ABI 自动测序仪的每条 read 的色谱文件都需要用眼睛观测、标记并纠正错误的碱基。Staden GAP 软件包可以直接在计算机屏幕上显示色谱文件，高亮显示 **contig** 序列上的错配碱基。“尽管很有必要显示原始记录，但碱基准确性的数值估计是测序项目进一步自动化数据处理的关键”（Bonfield and Staden 1995）。GAP 软件包包含了一个简单的 EBA（estimate base accuracy，碱基准确性评估）程序，从色谱数据直接计算每个碱基信号的准确性，即色谱上同一位置的最高峰（碱基信号）面积和次高峰面积的归一化比值。GAP 程序的开发者非常感谢其他研究组一直致力于开发更可靠的碱基信号准确性评估策略（Lawrence and Solovyev 1994，Lipshutz et al. 1994），有意把 GAP 设计成能兼容其他软件生成的碱基质量分值数据。然后，这些质量分值可以用来解决构建一致性序列和 contig 时 read 重叠区域有部分错配碱基的问题。

1998 年，GAP 软件升级并重新命名为 GAP4（Staden et al. 1998），成为最主流的 DNA 测序信息学分析工具之一。GAP4 包含了图形化界面、标准数据处理脚本（如去除载体和根据质量裁剪 read）、用于存储测序项目全部数据的数据库（一般文件格式），并且收集整合了其他研究者的软件工具。GAP4 采用所有 read **从头组装**成 contig 的算法，提供检查和编辑组装结果的工具，为了获得完整的高质量一致性序列以覆盖测序项目的全部目标区域，还能够自动设计修复序列空位或低质量数据的实验（图 2.1）。GAP4 的设计是通过主界面，可以很方便地集成其他软件作为支持模块，使得开发团队和使用者能更快将该软件升级和商品化，因此许多年来它一直保持主流地位。GAP4 的重要附加功能模块包括组程序 CAP2、CAP3、FAKII 和 Phrap；用 cross_match 程序鉴别和去除载体序列；用 BLAST 程序屏蔽污染；用 RepeatMasker 程序屏蔽重复序列；用 Phred 或 ATQA 程序进行质量评估。

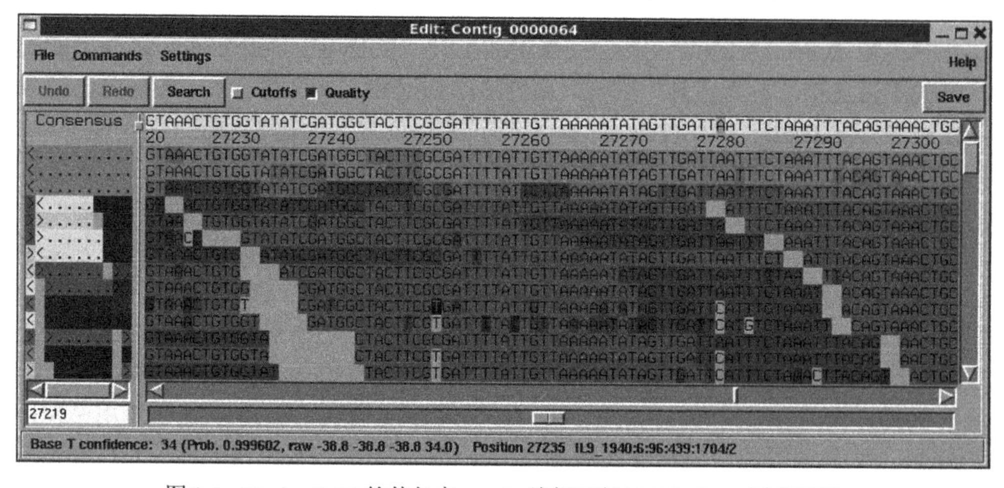

图 2.1　Staden GAP 软件包中 contig 编辑器的 X-Windows 图形界面

2010 年发布了新版的 Staden 测序信息分析软件，即 GAP5，可以组装和编辑**第二代测序**仪生成的数十亿条**短** read（Bonfield and Whitwham 2010）。

Intelligenetics 和 Wisconsin/GCG 软件包

在 20 世纪 80 年代早期，就出现了许多不同的商业软件包，帮助分子生物学家进行

DNA 测序项目和 DNA 序列计算分析。Intelligenetics 公司在斯坦福成立，开发并发布了名叫 GEL 的 DNA 序列组装系统（Clayton and Kedes 1982）。GEL 系统和 Staden 软件的基本思想一致，但能自动完成随机片段组装的许多工作，包括自动检测项目中的序列片段和其反向互补序列与其他的序列片段和 contig 是否有重叠。和 Staden 系统一样，实验数据输入的原始序列存储在数据库中，而编辑序列和 contig 存储在单独的项目文件中。Intelligenetics 公司推广了一套软件包，包括 GEL、SEQ（限制性定位、翻译和序列比对工具）、PEP（蛋白质序列分析工具）、MAXIMIZE（根据限制性定位结果设计最优 DNA 测序策略的工具）和 GENESIS（实验室数据管理工具）。

威斯康星大学的遗传计算组（Genetics Computer Group，GCG）用 FORTRAN 语言为使用 VMS 操作系统的 VAX 计算机开发了一套整合的分子生物软件（Devereux et al. 1984）。关注 GCG 软件的原因有以下几点。软件包设计成模块形式，包含了大量的小型单功能模块（1984 年发表的论文里报道共有 34 个模块），所有模块的文件格式通用，有相似的输入/输出接口协议。软件发布时明确说明了费用："每台安装 UWGCG 软件的计算机需要为软件文档支付费用，非营利机构需要支付 2000 美元，工业用户需要支付 4000 美元。"然而开源社区的概念也被直接提出："UWGCG 软件的修改和维护并不在威斯康星大学，而是在其他地方。采用外延的软件使用手册和结构化的源代码，使得软件修改非常方便。鼓励使用 UWGCG 软件的科学家以现有软件为框架开发新软件。任何程序修改部分超过源代码的 25%，版权将发生转移。"因此，生物信息学软件领域出现的这个正式的开源政策，要远远早于 1998 年开放源代码促进会所正式采纳的"开源"这个概念。

Wisconsin 软件包包含了 Seqed 和 Assemble 序列编辑程序，这是专为 DNA 测序项目设计的一款用屏幕编辑器简化手工输入数据、DNA 序列纠错和重叠片段组装的程序。GCG 软件包阐明了 Staden 和 Intelligenetics 等其他生物信息学软件及 GenBank 和 EMBL 数据库中的文件格式；而且还包含了文件格式转换程序。GCG 文件格式只包含可阅读的文本文档，能够与 GenBank 和 EMBL 兼容，使用了尚未标准化的 IUB-IUPAC 核苷酸歧义符号。

桌面版序列组装和编辑软件

Staden、Intelligenetics 和 GCG 软件包向研究者提供了日常分析 DNA 测序数据的有用的工具包。然而，这些软件都是为采用客户端-服务器操作系统的大型计算机设计的，用户界面通过终端以文本（或 X-Windows）呈现。20 世纪 80 年代末，随着实验室里台式计算机的渐渐普及，研究者需要更简单的拥有图形用户界面的软件。使用台式计算机进行测序信息学研究在分子生物学家中非常流行，不仅因为减少了购买计算机的费用，还可以让实验室工作人员（研究员、博士后、研究生和技术人员）管理自己的数据信息而不依赖于信息技术专业人员。特别是，ABI 自动 DNA 测序仪利用 Mac 计算机进行测序仪控制、图像处理和碱基读取的程序，因此，每一个装备 ABI 测序仪的实验室都拥有 Mac 计算机。

DNA 测序项目软件的关键步骤包括在 read 末端寻找和删除载体序列、裁剪 read 末端的低质量序列、识别重叠 read 并组装成 contig、直观检测 contig 以解决不同 read 比对到同一位置出现碱基不一致的情况（序列编辑）。ABI 自动测序仪还可以直接在计算机上从色谱文件中检测荧光信号数据，用来和自显影成像仪做对比手工纠正错误。序列编辑软件用来识别和设计**克隆**和测序策略，以延长 contig 覆盖空位和加入额外 read 覆盖组装序列中的低质量区域。

1991 年，基因密码公司推出了一款用于 DNA 片段分析和组装的商业软件 Sequencher。Sequencher 是 Mac 计算机上运行的程序，能够读取 ABI 色谱文件，自动完成从每个 read 中识别和删除载体和低质量序列的过程，采用有可调参数（最小碱基重叠数目、最小一致性百分比）的创新的**片段组装**算法。根据手动输入的克隆位点载体序列和 read 末端的比对/重叠情况删除载体序列。在色谱数据模糊的地方，就根据 ABI 碱基信号读取软件所生成的序列文件中 *N* 的数目来删除 read 末端的低质量序列。研究者可以手动设定比对滑动窗的大小及序列末端裁剪序列 *N* 的百分比阈值，如“裁剪从 3′端直到最后 25 个碱基包含小于 3 个 *N*”。

Sequencher 允许使用者在组装序列和手工编辑重叠序列片段中碱基不一致的情况下，利用测序质量评估数据直观显示色谱文件（图 2.2）。Sequencher 还可以利用一系列重叠片段每个位置出现最频繁的碱基自动构建一致性序列。这种“相对多数的一致性序列”算法要求对目标区域有较高的测序**覆盖度**，反过来说，就需要更多的克隆和子克隆步骤（许多道测序数据）来保证高质量序列的产生。

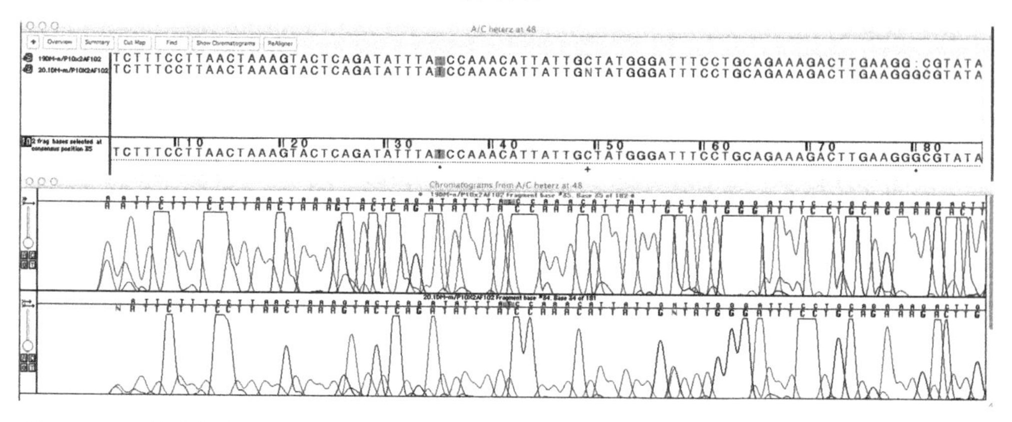

图 2.2　Mac 计算机上 Sequencher 程序（基因密码公司）contig 编辑器显示两条 read 比对的图谱

1994 年发表的一篇综述比较了 10 种商业推广的 DNA 序列组装软件的性能（Miller and Powell 1994），包括 5 款 Mac 计算机软件：Sequencher（基因密码有限公司，安娜堡，密歇根州）、MacVector（国际生物技术，纽黑文，康涅狄格州）、Gene-Works（智能遗传，山景城，加利福尼亚州）、Lasergene（DNAStar，麦迪逊，威斯康星）、AutoAssembler（应用生物系统，福斯特市，加利福尼亚州）和一款 Windows PC 机软件（PC/Gene；智能遗传，希尔顿头岛，南卡罗来纳州）。所有这些软件能将几十乃至几百条无序的 DNA read 组装成几千碱基长度的 contig，也就是一个典型的单基因测序计划的大小。

Phred/Phrap

1990 年 4 月正式启动的**人类基因组计划**（Human Genome Project，HGP）由美国政府牵头，目的是测序完整的人类基因组。这项计划的主要目标是“分析人类 DNA 结构，确定预期的 100 000【*sic*】个人类基因的位置。”这项计划由 NIH 和美国能源部（DOE）共同领导，计划 15 年中每年投入 2 亿美元（预计在 2005 年完成）。HGP 早期的关键性里程碑之一是开发了许多存储和分析大规模序列信息的信息学工具。1990 年，30 亿碱基的人类基因组大于任何现存的测序数据集，必须开发新的数据库和分析工具处理这个数量级的数据。在 NIH/DOE 联合 5 年计划中（NIH 1990），官方的信息学目标有如下描述。

- 5 年目标：为大规模定位和测序项目开发有效的软件和数据库。
- 开发数据库工具，以提供对及时更新的物理图谱、遗传图谱、染色体序列图谱和测序信息的便捷访问，并能对这几个数据集进行比较。
- 开发能用来诠释基因组信息的算法和分析工具。

在 HGP 资金的支持下，位于西雅图的华盛顿大学的 Phil Green、Brent Ewing、David Gordon 等与位于圣路易斯的华盛顿大学基因组测序中心密切合作，开发了一系列处理 ABI 测序仪生成的原始 **Sanger 测序**序列、将重叠 read 组装成长序列片段（contig）的信息学工具。这些工具包括 Phred、Phrap、cross_match 和 consed，逐渐成为 HGP 所有合作实验室处理和组装序列的标准软件。这些工具以 C 源代码形式发布（学术许可免费而商业许可付费），需要较专业的使用者编译成可执行的程序，通常在 UNIX 系统计算机上运行（包括 Linux、DEC Alpha、HP-UP、Irix 和 Solaris）。Consed 图形化比对编辑器采用了 X11 和 Motif 图形用户接口，需要在 UNIX 工作站上直接安装这些图形工具，通过 X 终端或 X11 实现台式计算机和 UNIX 服务器之间的通信。

ABI 测序仪采用 Sanger 四色荧光染色链终止法测序。每个标记的 DNA 片段在通过测序凝胶底部（或毛细管）的检测器时产生 4 个颜色之一的一个荧光峰。这些数据存储成记录文件或色谱图，用于下一步的碱基读取。Phred 软件 （Ewing et al. 1998）处理色谱图生成的信号碱基，比仪器附带的 ABI 公司工程师开发的软件（ABI PRISM 序列分析软件，1996）结果更精确。除了改进碱基读取的准确性，Phred 软件计算了每个碱基的错误概率值 （Ewing and Green 1998）。这种 **Phred 分值**逐渐成为所有类型 DNA 测序的标准准确性估计方法。尽管最初 Phred 软件的算法只针对 ABI 色谱图进行分析，质量分值的概念代表了错误可能性的准确估计，适用于所有类型的 DNA 测序。

Sanger 测序和电泳碱基读取有一些特殊的错误模式。每条 read 最开始的几个碱基排列无规则且包含噪声，这是由于非常短的序列片段无规则地迁移，并没有和染色引物或染色链终止子发生反应，也有可能是引物二聚体或其他假象引起的。在每条 read 末端（超过 500 个碱基），峰值开始弥散、幅值变小，并且由连续片段之间的质量差降低造成排列不均匀。另一个常见的问题是由片段的二级结构引起的，通常称为压缩结构。这种情况在 GC 富集的序列中最常见，能形成稳定的发夹结构。压缩结构造成色谱数据呈现峰值不均匀的排列，导致读取碱基时误读为插入缺失，如 GG 序列可能读成单一的 G 峰，或者 CC 被认为是单一的 C。其他特殊序列的错误模式在 ABI 化学实验中有专门的考量，如采用染色链终止法时紧跟碱基 A 的碱基 G 的信号振幅会降低的情况（Parker et al. 1996）。

Phred 将色谱数据作为等宽的正弦波处理，用傅里叶级数（一种频域对称的方波）再现 4 种碱基的混合波形，对 4 种颜色所有峰的振幅进行归一化。理想的情况是，每个波的最大强度的荧光信号正好位于预测的位置，因为级数中每个波代表正确的碱基信号。由于实际峰值和理想峰值之间存在位置偏差和振幅偏差，大量的经验推导算法被用来调整这些数据，平移观测的峰匹配到最近的预测的峰所在的位置。“整个实现过程非常复杂，规则稍显笨拙，根据检查特定数据集的结果，经验性地逐步优化改进算法。”（Ewing and Green 1998）。平均每条 read，Phred 比 ABI 软件要少生成 40%~50%的错误碱基读数（包括替换和插入/缺失）。

Phred 软件的碱基读取方法只能针对 ABI 色谱图，有高特异性，但计算序列质量的方法却被应用于所有 DNA 测序法，包括 NGS 技术。Phred 序列质量打分的基本思想是每个碱基都有一个出错概率值，精确地反映了该碱基出错的概率。此外，错误率也可以用来识别 read 高质量区域内的准确性差异。Phred 将对数变换的错误率记作错误分值，使用如下公式：

$$q=-10\times\log_{10}(p)$$

式中，p 是错误率的估计值；q 是 Phred 质量分值。错误率为 1/100（99%的准确度）的碱基的 Phred 分值是 20，错误率为 1/1000（99.9%的准确度）的碱基的 Phred 分值是 30。对数变化的特性是质量越好的碱基得分越高。将 Phred 质量分值赋值给 ABI read 每个碱基的实际策略，需要直接检测色谱图文件的各种性质，如峰值间距、无碱基信号和有碱基信号的比率、3~7 个碱基跨度内峰值的分辨率。但是更一般性的问题在于，质量分值必须是可预测的（无先验知识即可计算得到每个位置真实正确的碱基），也必须是有效的，这样才能保证预测的分值准确反映实际观测错误。Phred 在这些准则上都做得很好，生成的质量分值和真实测序数据观测到的错误频次保持高度一致。

一旦 Phred 给 read 生成了一个个碱基的质量分值，就将质量数据用作序列组装软件的标准。不是根据 N 出现的频次裁剪 read 上低质量区域，而是根据 read 上某滑动窗内碱基的平均 Phred 分值来裁剪低质量区域。通常，自动裁剪算法都使用滑动窗（如 10~20 个碱基长度），同时从每条 read 5′端和 3′端裁剪碱基，直到平均 Phred 分值达到阈值（如≥20）。在重叠 read 组装过程中，质量分值也可以用来自动选取最高质量碱基来消除不同 read 上碱基不一致的情况，而不是仅仅依赖于严格的“少数服从多数”系统。Phred 分值也常用来计算一条完整序列或一个序列集的总体 QC，如平均 Phred 分值或 Phred 分值大于 30 的碱基百分比。一般认为 Phred 分值大于等于 30 的碱基是高质量的，Phred 分值小于 20 的是低质量的。

Phred 的开发者还开发了将序列片段组装成 contig 的 Phrap 软件和识别并删除 read 末端载体序列的 cross_match 软件（Green 1994；de la Bastide and McCombie 2007）。Phrap 软件采用 Smith-Waterman 算法（swat）搜索 read 间比对区域构建重叠区，然后连接成 contig。Phrap 还采用了诸如 BLAST 和 FASTA 的启发式比对算法中哈希字的概念提高运算速度和效率。给定一个最小字长，Phrap 只判断 read 间共有完全匹配字的比对结果。

基于匹配情况继续延伸比对，匹配情况可能是正分、错配和空位罚分。设定匹配参数，约70%相似度的匹配序列是正的比对分值。根据正得分最高的匹配结果，将read连接成contig。Phrap最大能组装64 000条单序列长度为64 000个碱基的read，但也能通过“.manyreads”和/或“.longreads”参数选项在编译软件时去掉这些限制。Phrap算法的重要计算瓶颈是每条read都和其他所有read一一寻找匹配字，有匹配字的序列之间通过Smith-Waterman进行比对。因此，Phrap对计算量的需求是和read数量的平方呈正比的，组装上百万条read时对计算的需求极高。

Phrap组装的contig可以用Consed图形化编辑器查看和编辑（Gordon et al. 1998）。该工具提供了重叠read的交互式彩色显示，方便用户轻松查看不同read间比对碱基不一致的情况和可能组装错误的区域。为了解决错误，碱基颜色由Phred质量分值决定，能直观地看到read比对的色谱图和一致性序列。不能解决的矛盾区域，Consed提供了新的**测序引物**设计工具以获取附加数据。Consed还能用来识别单序列和参考基因组比对或来自多个个体的序列之间的SNP（Gordon 2003）（图2.3）。

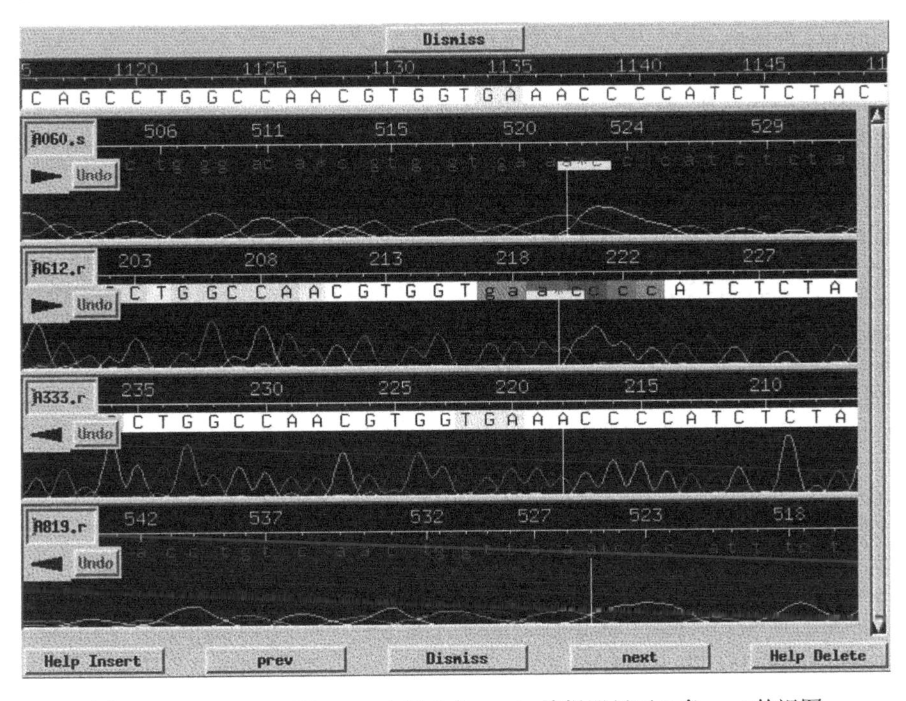

图2.3 X-Windows下Consed交互式contig编辑器显示3条read的视图

参 考 文 献

Altschul SF, Gish W, Miller W, Myers EW, Lipman DJ. 1990. Basic local alignment search tool. *J Mol Biol* **215**: 403–410.

Altschul SF, Madden TL, Schäffer AA, Zhang J, Zhang Z, Miller W, Lipman DJ. 1997. Gapped BLAST and PSI-BLAST: A new generation of protein database search programs. *Nucleic Acids Res* **25**: 3389–3402.

Bonfield JK, Staden R. 1995. The application of numerical estimates of base calling accuracy to DNA sequencing projects. *Nucleic Acids Res* **23**: 1406–1410.

Bonfield JK, Whitwham A. 2010. Gap5—Editing the billion fragment sequence assembly. *Bioinformatics* **26:** 1699–1703.

Bonfield JK, Smith K, Staden R. 1995. A new DNA sequence assembly program. *Nucleic Acids Res* **23:** 4992–4999.

Clayton J, Kedes L. 1982. GEL, a DNA sequencing project management system. *Nucleic Acids Res* **10:** 305–321.

Dayhoff MO, Schwartz R, Orcutt BC. 1978. A model of evolutionary change in proteins. In *Atlas of protein sequencing structure*, Vol. 5, Suppl. 3, pp. 345–358. National Biomedical Research Foundation, Silver Springs, MD.

de la Bastide M, McCombie WR. 2007. Assembling genomic DNA sequences with PHRAP. In *Current protocols in bioinformatics* (ed. Baxevanis AD, Davison DB), Chapter 11, unit 11.4. Wiley, New York.

Devereux J, Haeberli P, Smithies O. 1984. A comprehensive set of sequence analysis programs for the VAX. *Nucleic Acids Res* **12:** 387–395.

Eck RV, Dayhoff MO. 1966. *Atlas of protein sequence and structure.* National Biomedical Research Foundation, Silver Springs, MD.

Edman P, Högfeldt E, Sillén LG, Kinell P. 1950. Method for determination of the amino acid sequence in peptides. *Acta Chem Scand* **4:** 283–293.

Ewing B, Green P. 1998. Basecalling of automated sequencer traces using phred. II. Error probabilities. *Genome Res* **8:** 186–194.

Ewing B, Hillier L, Wendl M, Green P. 1998. Basecalling of automated sequencer traces using phred. I. Accuracy assessment. *Genome Res* **8:** 175–185.

Fitch WM. 1966. Evidence suggesting a partial, internal duplication in the ancestral gene for heme-containing globins. *J Mol Biol* **16:** 17–27.

Gordon D. 2003. Viewing and editing assembled sequences using Consed. *Curr Protoc Bioinformatics* **2:** 11.2.1–11.2.43.

Gordon D, Abajian C, Green P. 1998. Consed: A graphical tool for sequence finishing. *Genome Res* **8:** 195–202.

Gumbel EJ. 1958. *Statistics of extremes.* Columbia University Press, New York.

Karlin S, Altschul SF. 1990. Methods for assessing the statistical significance of molecular sequence features by using general scoring schemes. *Proc Natl Acad Sci* **87:** 2264–2268.

Lawrence CB, Solovyev VV. 1994. Assignment of position-specific error probability to primary DNA sequence data. *Nucleic Acids Res* **22:** 1272–1280.

Lipman DJ, Pearson WR. 1985. Rapid and sensitive protein similarity searches. *Science* **227:** 1435–1441.

Lipshutz RJ, Taverner F, Hennessy K, Hartzell G, Davis R. 1994. DNA sequence confidence estimation. *Genomics* **19:** 417–424.

Miller MJ, Powell JI. 1994. A quantitative comparison of DNA sequence assembly programs. *J Comput Biol* **1:** 257–269.

Needleman SB, Wunsch CD. 1970. A general method applicable to the search for similarities in the amino acid sequence of two proteins. *J Molec Biol* **48:** 443–453.

NIH. 1990. Understanding our genetic inheritance: The United States Human Genome Project: The first five years: Fiscal years 1991–1995. DOE/ER-0452P, NIH Publication No. 90-1590; http://www.genome.gov/10001477.

Nirenberg M, Leder P, Bernfield M, Brimacombe R, Trupin J, Rottman F, O'Neal C. 1965. RNA codewords and protein synthesis. VII. On the general nature of the RNA code. *Proc Natl Acad Sci* **53:** 1161–1168.

Parker LT, Zakeri H, Deng Q, Spurgeon S, Kwok PY, Nickerson DA. 1996. AmpliTaq DNA polymerase, FS dye-terminator sequencing: Analysis of peak height patterns. *BioTechniques* **21:**

694–699.

Pearson WR, Lipman DJ. 1988. Improved tools for biological sequence comparison. *Proc Natl Acad Sci* **85:** 2444–2448.

Sanger F, Tuppy H. 1951a. The amino-acid sequence in the phenylalanyl chain of insulin. 1. The identification of lower peptides from partial hydrolysates. *Biochem J* **49:** 463–481.

Sanger F, Tuppy H. 1951b. The amino-acid sequence in the phenylalanyl chain of insulin. 2. The investigation of peptides from enzymic hydrolysates. *Biochem J* **49:** 481–490.

Sankoff D. 1972. Matching sequences under deletion/insertion constraints. *Proc Natl Acad Sci* **69:** 4–6.

Smith TF, Waterman MS. 1981. Identification of common molecular subsequences. *J Mol Biol* **147:** 195–197.

Staden R. 1977. Sequence data handling by computer. *Nucleic Acids Res* **4:** 4037–4051.

Staden R. 1979. A strategy of DNA sequencing employing computer programs. *Nucleic Acids Res* **6:** 2601–2610.

Staden R, Beal K, Bonfield JK. 1998. The Staden Package. Computer methods in molecular biology. In *bioinformatics methods and protocols* (ed. Misener S, Krawetz SA), Vol. 132, pp. 115–130. Humana Press, Totowa, NJ.

网 络 资 源

http://bozeman.mbt.washington.edu/phredphrap/phrap.html Green P. 1994. PHRAP 说明文档。西雅图，华盛顿大学，基因组中心（访问于 2011-5-15）

http://www.ncbi.nlm.nih.gov/BLAST/tutorial/Altschul-1.html Altschul S. 序列相似性分值的统计分析。NCBI BLAST 指南。美国国家生物技术信息中心，国家医学图书馆（访问于 2011-5-15）

3

第二代测序数据的可视化

Phillip Ross Smith，Kranti Konganti 和 Stuart M. Brown

尽管许多直接易懂的分析手段提供了信息挖掘的途径，但是像第二代测序数据（NGS）这样的数据量大、复杂度高的数据集还是让人非常难以理解。数据可视化技术则是一个强大的展现数据中重要特征的方法，像数据相关性和偏倚性这样的数据特征并不是显而易见的，需要研究人员设计新的数据分析方法来定量这些特征。

本章基于 **ChIP-seq**、**RNA-seq** 和其他深度测序实验的数据来探究数据可视化。获取的数据是海量数据，来自数百万乃至数十亿的数据记录，以巨大的文本或者数据表来传输。直接的数值分析需要**高性能计算**设备和/或加速**算法**来完成。然而，在适当的分析中进行数据可视化可以揭示非常重要的生物学问题，因为实验信息能够通过恰当的方式进行浏览。

我们首先介绍用于可视化的 NGS 数据格式。然后我们着眼于每一种主要 NGS 实验应用的可视化难点和挑战，其中包括 ChIP-seq、RNA-seq、变异发掘、**扩增子**深度测序和**从头组装**。最后，我们试图提供一套思路，以便研究人员可以在选择现有的可视化软件或者根据具体需要编写新的可视化工具时进行参考并做出决定。

历　史

第一款开发出来帮助研究人员分析测序数据的软件工具是 Staden 软件包，第一部分元件在 1977 年发布，最终在 1998 年公开发表（Staden et al. 1998）。它特殊的价值在于，它是第一款体现计算机在完成核酸**序列组装**和可视化任务中核心作用的软件（图 3.1）。该工具包使用量非常高，并且在 Source-Forge 开源网站（http://staden.sourceforge.net/）上依然保持活跃。

数 据 表 述

从测序仪输出的原始数据包含仪器提供的所有信息。这些数据格式是测序设备制造商专有的且依赖于制造商。其中，**SFF 格式**（标准 Flowgram 格式）是 **Roche 454 测序**仪输出的一种格式。另外还有 Illumina 创造的 qseq.txt 和.bcl 文件，以及许多被不同厂家使用并根据其不同软件版本进行修改的 **FASTQ 格式**（序列和质量信息）的变种。

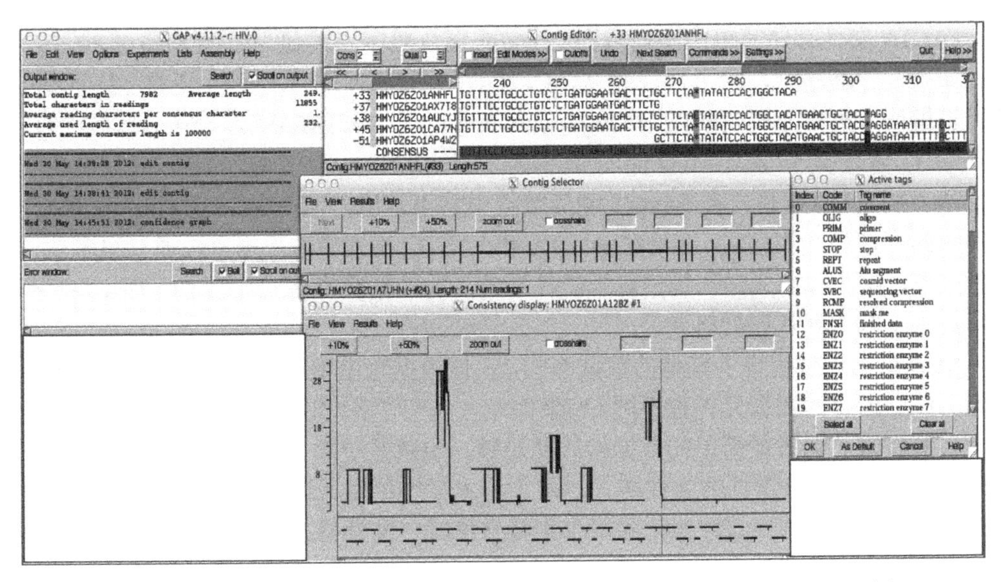

图 3.1　Staden GAP4 软件包提供的可视化界面，用于 DNA **contig** 的组装和编辑

这些输出格式信息量非常大，包括了序列数据、read 和读取的单个碱基的质量数据、read 标识符、板孔位置、方向、配对信息和序列组装时解决**序列比对**问题所需要的其他信息。

过　滤

原始数据通常非常多，大多数分析只需要每条记录提供的部分字段信息，或者只需要测序仪收集的所有 read 质量过滤后的数据集。过滤方法就是滤除不需要的字段从而生成更加简洁的数据表述。

基因组定位

许多深度测序项目都将短 **read**（tags）比对到一个**参考基因组**上。在这种情况下，实际序列可以用参考基因组（如 hg18）的组装 ID 号、染色体号、染色体上起始位置信息、序列长度及参考基因组和 read 间的差异来完整定义。参考基因组和 read 间的差异被**比对算法**（见第 4 章）记录为错配信息，后来又被**变异检测**算法识别为**序列变异**（见第 8 章）。

数 据 格 式

FASTA 和 FASTQ

一直以来，**FASTA**（http://en.wikipedia.org/wiki/FASTA_format）和 **FASTQ**（http://en.wikipedia.org/wiki/FASTQ_format）**序列数据格式**都在数据分析中起关键性作用。这两种数据格式都是文本文件，都起始于一条标志起始字符的标题行，FASTA 格式中用“>”标记起始，FASTQ 格式中用“@”标记起始。

FASTA 文件存储简单的序列数据（核酸或蛋白质序列），通常一行不超过 80 个字符数。如果是核酸序列，除了常规的 A、C、G、T、U 编码碱基之外，还有 13 个额外字符可以编码序列中不确定的碱基（http://en.wikipidia.org/wiki/FASTA_format）。FASTQ 文件不仅存储序列信息，还存储对应的质量分值（http://en.wikipedia.org/wiki/FASTQ_format）。FASTQ 格式在 **Sanger 测序**数据中并不常用，但在 NGS 数据中逐渐成为标准的数据存储和交换格式。存储在 FASTA 和 FASTQ 格式中的数据可以通过很多软件包进行处理。这两种格式是生物信息学软件最常用的数据交换格式，也是所有公共序列数据库提供下载的默认序列格式。

NGS 数据还使用许多其他的数据格式。根据数据输出用途的不同，数据格式的复杂度和文件中储存的数据元件也不同。如果你是一名初学者，想快速浏览你所收集的数据，在不久的将来，熟悉最简单的数据格式就足够，也就是下面介绍的 ALN 和 BED 格式。表 3.1 展示了大部分常见的文件格式，截止到本章终稿时。这张表包含了文件格式详细描述的网页链接。你应该注意，除了个别特殊格式，文件格式的定义可以修改，且不需要诉诸任何正式的说明文件和标准设置。另外，软件编写者可能反复地修改这些文件格式，以使他们自己的程序包能够兼容他们需要的数据。使用者要特别注意。

表 3.1　第二代测序数据文件类型

格式名	网页描述	主要适用软件	文件类型
ALN	http://www.biostat.jhsph.edu/~hji/cisgenome/index_files/tutorial_seqpeak.htm	CisGenome	TSV
BED	http://genome.ucsc.edu/FAQ/FAQformat.html#format1	UCSC	TSV
FASTA	http://en.wikipedia.org/wiki/FASTA_format	FASTA	TSV
FASTQ	http://en.wikipedia.org/wiki/FASTQ_format	SAMTools	TSV
GFF3	http://gmod.org/wiki/GFF3	Gmod	TSV
SAM/BAM	http://samtools.sourceforge.net/SAM-1.3.pdf	SAMTools	TSV/Binary
USEQ	http://useq.sourceforge.net/useqArchiveFormat.html	IGB	Binary
WIG	http://genome.ucsc.edu/goldenPath/help/wiggle.html	UCSC	TSV

ALN

ALN 是一种相比于其他格式更为简单直接的基因组位置信息存储格式，被用作“CisGenome”软件包的主要数据格式。它是一个非结构化的文本文件，每条记录存储了每个标签的位置，由 tab 分隔符隔开的 3 个字段表示，如下所示：

染色体[tab]位置[tab]方向

示例如下：

```
chr10    1021346 +
chr10    1021456 -
等…
```

在一个 ALN 文件中，位置是由“+”向序列确定的，不管 read 方向是什么（“+”或者“–”）。因为位置只有一个，ALN 格式假定所有 read 都是相同长度，长度值必须由外部定义给文件。

染色体的命名应当和你想使用的数据源一致。序列方向可以用+/–或者 F/R 来标示。一些软件编写者“载入”这些记录时附加了其他值，我们将在本章继续讨论。

BED

BED 格式中的记录和 ALN 格式相似。它最简单的形式如下所示：

染色体[tab]起始位置[tab]终止位置……

但是，一条 BED 格式的记录中包括了 9 个可选的附加字段。**BED 文件**存储的附加字段的信息主要应用于（UCSC Genome Browser）的数据可视化。一条 BED 记录的信息名称从第 4 个字段开始分别是：4-名称、5-打分、6-方向、7-加粗起始位置、8-加粗终止位置、9-颜色、10-区域数、11-区域大小、12-区域起始。这些可选字段的顺序是有规定的：如果大序号字段被使用，则小序号字段必须非空。如果需要“链”信息用来显示或分析，那么包含一个 ALN 文件最少信息的一条 BED 格式记录必须至少有 6 个字段。更多详细的数据字段信息和用法可以通过表 3.1 中的参考文献获得。再说一次，需要着重注意的是，UCSC Genome Browser 软件以外的其他软件所定义的“BED”文件可能并不一致或兼容（http://qed.princeton.edu/main/Wiggle_（BED）_files）。

Wiggle（WIG）

WIG 格式是 UCSC Genome Browser 网站使用的以紧凑形式存储可视化信息的一种方法。WIG 格式定义了基因组区段而非每一条 read 的显示参数。WIG 格式通常用来显示整合信息或分析结果，最适合“展示密集、连续的数据如 GC 含量、概率值和转录组数据等”。常用 UCSC Genome Browser 的用户会发现这种格式的价值体现在可视化数据的存储和交换上，但不适合在分析流程中存储数据。更多有关 WIG 格式的信息见 UCSC 网页（http://genome.ucsc.edu/goldenPath/help/wiggle.html）。

GFF3

GFF3 是 Generic Feature Format version 3（http://gmod.org/wiki/GFF3）的缩写，是原始提出的 GFF 格式的更新版本。GFF3 格式源于 GMOD 软件包，是由 tab 分隔符隔开存储基因组序列特征的普通文本文件。完整的基因组结构和注释信息以嵌套的模式存储，包含了这些特征在染色体上的位置。GFF3 格式中的基因组序列和注释信息主要用来在 Generic Genome Browser（GBrowser）中以图形化格式显示其特征。想更多了解 GFF3 格式，推荐阅读 The Sequence Ontology Project（http://www.sequenceontology.org/gff3.shtml）。

SAM 和 BAM

SAM 是“Sequence Alignment/Map”的缩写，是由“SAM 格式规范工作组”正式定义的文件格式，2010 年 12 月完成了 SAM v1.3-r882 规范（定义处于持续修订中）。SAM 文件格式比较复杂，具体的细节请详读表 3.1 中提供的网址。SAM 用来存储比对至参考基因组的 read。

BAM 文件是二进制文件，由索引的、压缩的、结构化的 SAM 数据组成，其索引可以提供途径以快速直接地访问文件任意部分。因而成为许多可视化软件的理想格式，尤其是 UCSC Genome Browser，因为该格式只需装载用来展示当前基因组区段的数据，所以大大提高了显示速度。BAM 格式的定义非常严格且与机器无关（http://samtools.sourceforge.net/SAM1.pdf）。

Useq

最后，我们介绍“Useq”，这是基因组数据所在目录用 zip 压缩的二进制格式。大量的非索引化基因组信息采用这种方式存储和传输。描述该格式的网址列出了可以直接获取 Useq 格式数据的软件包，还提供了这些存档数据所在机构的详细信息（http://useq.sourceforge.net/useqArchiveFormat.html）。

SAMtools

使用不同的软件工具需要不同的数据格式。幸运的是，目前已有一些容易实现的工具箱，如 SAMtools（http://samtools.sourceforge.net/），包含了文件格式转换软件，因此某些软件不能识别的数据可以转换后进行处理。

可视化软件的选择

可视化工具必须使用方便，也就是说，可视化工具要能在计算机上运行，特别是要能在台式电脑上使用。目前，研究人员几乎都有一台装有 MS Windows 系统的 PC 机、Macintosh 或者 Linux 工作站。由于大多数实验室的研究人员使用这些平台，一款能在 3 个平台运行同一任务的软件是很有好处的，这样所有人能同时参与数据分析和查看结果。

研究人员对软件的需求是要能在本地计算机上运行，或者能远程在其他平台上运行。后者有许多的选择，最明显的例子是通过web远程使用软件，如UCSC Genome Browser。

一般来说，开发本地的跨平台软件有 3 种方法。最明显的方法是为不同的平台分别编写功能相同的软件包。从软件的角度看，这种方法是最快的。但如果每一种平台有不同的需求，开发速度就会非常缓慢，开发者还将需要消耗大量的经费和时间去维护和升级每个平台下的软件。

第二种方法是用脚本语言或跨平台软件包（如 Perl 和 R 语言）开发软件。这种情况，不同平台下的软件代码是完全相同的，简化了开发和升级流程。然而，脚本软件需要该平台特定的类库才能执行。由于类库通常是高度标准化和优化过的，软件开发者不需要担心底层实现的问题。所付出的代价是类库的工具是通用的，并没有针对软件包的特定需求进行专门设计，因此总体性能可能很一般。但由于二代测序数据量非常大，性能是 NGS 分析软件包的关键因素。

最后一种方法是用 Java 编写软件。Java 最大的优势在于它是真正跨平台的开发系统。要用这种编写程序的方法，必须要在软件运行的平台上安装高性能 Java 虚拟机（Java Virtual Machine，JVM），但 Java 目前建立得非常好，很难发现哪个台式计算机没有安装 Java。用 Java 开发软件的缺点在于虚拟机通常比其他执行类似任务的代码要求更多的可用内存，因为那些代码是为了在用户台式计算机的自有操作系统上运行而优化过的。

实质上，本机自产软件运行速度更快，更能有效利用机器本身的性能特征，如高性能存储机制、多核、大内存、CPU 水平的软件优化等。然而这并不能保证机器潜质得到发挥，因此在许多情况下，脚本语言软件和 Java 实现软件在性能上还是非常有优势的。一些研究人员在编写自己的软件时，一开始用类似 Perl 的脚本语言进行开发，如果 Perl 版本软件执行速度相当缓慢，再用本机自有代码做大规模的数据处理。按照这样的模式，相对简单的脚本语言加速了算法的开发，本机自产软件只在有需求时才进行开发。

分 析 流 程

分析所需的数据准备工作，按照以下 3 步进行：测序仪生成原始 read；将这些 read 比对到一个参考序列或进行自身比对；比对上的 read 的可视化及相关生物学意义的阐释。

原 始 序 列

目前，能完成大规模测序任务的测序仪有许多，其列表也不断更新。在第 1 章中，我们列出了这些测序仪的信息，还提供了一篇比较完整的综述（Rizzo and Buck 2012）。每台测序仪都有特定的制造细节、化学原理和数据记录的方法，但本质上，每台仪器都是扩增许多单独的 DNA 模板进行循环的链延伸反应。成像（或离子探测）显示每一个特定碱基延伸的片段，不断循环。分析成像图用于记录序列。未生成高质量碱基信号的 DNA 片段被标记出来，并且从原始序列数据文件中被剔除。测序仪产生的数据文件非常大，但是每一条数据记录都包含 3 个重要的信息：分析样本的 ID 号、测序片段的序列、每个碱基的质量估值。

比　　对

下一步工作是测序片段的**比对**。可以比对到一个**参考序列**，也可以是测序片段的自身比对（从头组装）。Illumina 和 ABI/SOLiD 测序仪生成**短 read**（25~100 个碱基），而 Roche 454 测序仪生成的 read 通常有 200~800 个碱基长度。

比对通常可以由测序仪制造商提供的软件完成，采用标准默认的比对参数。然而，若有需求，研究人员可以自行处理序列比对。第 4 章介绍了一些常用的序列比对软件包。比对（或从头组装）通常是 NGS 分析流程中计算需求最大的部分。拥有 NGS 测序仪的实验室通常采用装备大量内存、大容量、高速存储系统的高性能计算集群进行数据处理（见第 12 章）。

序列比对结果（至少）包括比对到的染色体（或 scaffold）、染色体上的比对位置、正反向和比对质量估值。这些数据量都非常大，造成存储、读取和后续分析操作的许多严重问题。因此，“原始”比对数据通常需要过滤，只保留下一步分析需要的数据域。

ChIP-seq

ChIP-seq 数据分析所需要的包含最少信息的最简单文件格式就是 ALN 格式，只包括染色体、位置和正反向信息。ChIP-seq 分析通常不需要每个碱基的质量、比对质量和序列错配信息（见第 9 章）。SAM 格式的信息要更丰富，可以支持许多其他分析，但是每一条记录可能需要的字段更多。然而，BAM 格式的文件可以对这些数据进行压缩和建索引，因此能高效访问所需数据的任意部分。

RNA-seq

RNA-seq 数据和 ChIP-seq 数据非常类似，但不是测定 DNA 片段，而是测定 mRNA 片段。RNA-seq 可以让研究人员研究他感兴趣的细胞的转录组，提供准备分析样本某一时刻真实蛋白质合成的直接信息（见第 10 章）。

和 ChIP-seq 类似，RNA-seq 中标签序列被比对到一个参考基因组上。但由于标签是 RNA，所示大部分只比对到基因组的**外显子**区域，不能比对到**内含子**区域和不编码基因的基因组区域。实际上，比对到非外显子区域的片段会更有研究价值。

如果研究人员研究的样本来源于肿瘤组织，这些片段就有其特殊价值。这种情况下，转录的 mRNA 可能来自染色体间基因组 DNA 转座所形成的基因。RNA-seq 可以识别这些转座，因为一条 RNA 标签的一端会定位在一条染色体的一个位置，另一端会定位在较远的一个位置，通常是另一条染色体上的某个位置。解析这些数据非常困难也很耗时间，但通过合适的可视化工具就很方便了。

可　视　化

最佳可视化工具的选择依赖于所研究的生物学问题。我们从一个简单任务开始，即用 ChIP-seq 识别 DNA 上的转录因子结合位点。

ChIP-seq 实验的目的是找到基因组上有蛋白质结合倾向的部分。举个简单的例子，一个转录因子结合到基因组上，通过交联作用来稳定 DNA-蛋白质相互作用。打碎 DNA 序列，用该转录因子的特异性抗体将 DNA-蛋白质复合物免疫共沉淀出来。DNA 片段被交叉结合的蛋白质释放并被测序，然后比对到参考基因组上，比对上的 read 就称为“标签”。

直观上，标签显然应该在基因组上转录因子结合的区域成簇聚集。将实验结果可视化后，研究人员就需要看到 DNA 序列上标签簇的“峰”，这表示潜在的结合位点区域。

“问题”并不是定义如何找到这些峰及其所在位置，而是如何将这些峰可视化。很显然，如果有成百上千个峰，很难在一条单一的 DNA/RNA 上体现出来。

怎样判断峰的显著性需要复杂的分析软件来完成（见第 9 章），从标签富集的 DNA 链上的位置判断出结合位点，可以简单迅速地生成“峰值”。然后，研究人员就可以遍历这些位点，在确保大部分峰值都在考虑范围内的情况下定位分值最高的那些峰（http://www.ncbi.nlm.nih.gov/projects/geo/query/acc.cgi?acc=GSE13047）。

图 3.2 中，我们展示了一个标签峰所在的位置，分值计算方法类似于 MACS 算法，使用我们在纽约大学 Langone 医学中心（New York University Langone Medical Center，NYULMC）实验室开发的一款简单可视化工具展示。其他软件包也能得到类似的结果。在业内使用最广泛的就是 UCSC Genome Browser 软件。

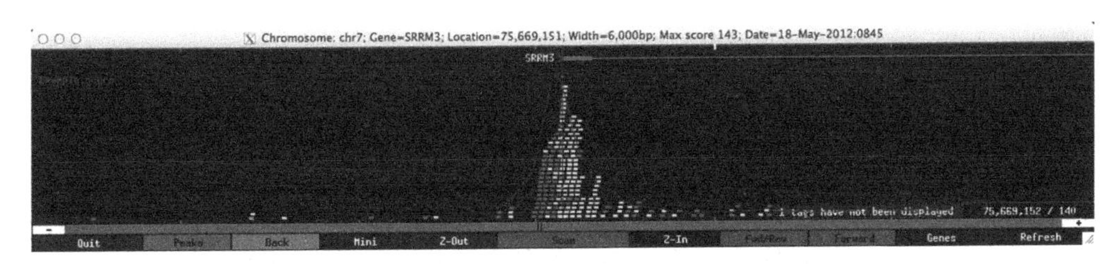

图 3.2 采用类似 MACS 算法的分值计算方法定位一个标签峰的位置，利用我们在 NYULMC 的实验室开发的简单工具进行可视化

如何选择可视化工具

想要最好的可视化数据，就必须了解一些基本事实。首先，数据存储在什么位置？分析和可视化前需要大量的数据预处理工作，因为分析和可视化的大部分工作都要在测序实验室配备的远程分析集群上完成。那么，就要决定是将数据文件迁移到本地工作站还是通过网络连接来访问。

本地工作站的数据处理能力是怎样的？这主要取决于一些关键因素，包括本地磁盘容量、内存、CPU 运算能力（包括多少个核处理器）、工作站操作系统和可视化软件设计。工作站可以展示远程计算的数据吗？

一般来说，几乎所有数据分析都是流程中的一部分，因此，“最佳”的数据分析策略是最大化处理器的运算效率、最小化数据传输或显示的最短“等待”时间、加快分析步骤间的移动。从数据可视化的角度来看，“最佳”方案是最快速的展示图片。易用性和学习曲线也是需要考虑的重要因素。缓慢冗长的软件在分析过程中要持续耗费大量时间。最初需要投入一些时间去学习操作软件的一些基本知识。操作复杂（或者提供了非常开放的工具包）的软件可能要求相对专业的使用者，因此，对于不同的数据分析员，同一个数据集可能产生不同的结果。

另一个关键问题是软件许可及费用、在目标机器（本地工作站或集群服务器）上安装软件包的时间及软件的维护费用。本地软件需要维护，一般都是由开发者自己维护。因此，除了花时间处理数据保证项目运行之外，还有安装软件和升级软件的时间消耗。资深的研究人员需要权衡所有的因素，为研究团队成员选择最有效的软件方案。

软件比较

阅读本章时，读者可能会关心怎样按照项目需要选择最佳的软件解决方案。但几乎不可避免的是，读者在阅读时供选择的方案和我们现在准备材料时最具吸引力的方案是不同的。因此，读者的目标应该是理解每个软件包的优势，判断这些优势是否是项目所需的关键，然后从最新版的软件库中查找它们。需要考虑的因素包括：一套本地可识别的文件格式、软件是否需要远程或本地运行、是否要安装在本地工作站上、显示模式、一次在屏幕上显示的数据量、读入适当的输入文件后显示峰图的时间。

UCSC Genome Browser

UCSC Genome Browsers 是使用非常广泛的一款基于 web 的基因组可视化工具，可以显示人和模式生物基因组上所有类型的位置特异性注释信息。UCSC 一般用来可视化早期的 NGS 数据（比对到参考基因组后），并且作为用户上传的“用户数据”保存。由于 Illumina 和 SOLiD 测序数据都是数万兆碱基对级别，UCSC Genome Browser 采用压缩的二进制文件格式，即 BigBed 和 BigWig，来保证大文件可以通过远程 URL 方法传输。

UCSC 浏览器的关键优势在于：用户可以可视化大量不同的注释数据（**GenBank** 序列、基因预测模式、基因表达实验、基因功能、序列变异、比较基因组学、染色体结构、调控模体等）和网络上其他可用资源。用户必须将 BAM 数据格式转换成 BigWig 格式以查看**覆盖度**的情况，如图 3.3 所示。

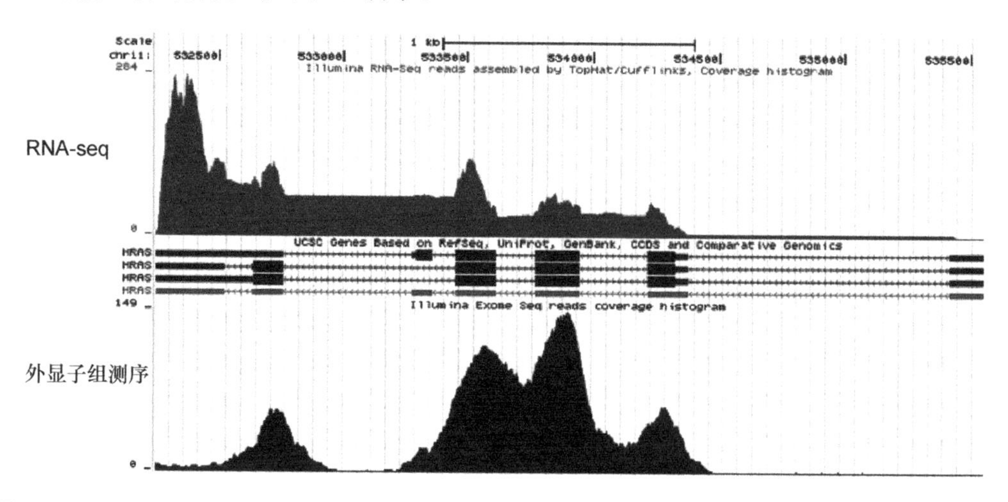

图 3.3 UCSC Genome Browser 展示的覆盖度图，包括用 TopHat/Cufflinks 软件组装成转录物的 Illumina RNA-seq read（绿色），在 *HRAS* 基因上的 Illumina 外显子组 read（蓝色）（另见彩图）

Illumina GenomeStudio

GenomeStudio（http://www.illumina.com/software/genomestudio_software.ilmn）是一款 Illumina 公司的商业软件，主要用于 Illumina 测序平台的数据分析，与测序仪配套售卖。研究人员可以利用软件包的内置模块解决所有核酸测序研究的主要问题（这些模块包括 DNA 测序模块、RNA 测序模块、ChIP 测序模块、基因分型模块、miRNA 表达谱模块、甲基化模块和蛋白质分析模块）。GenomeStudio 运行环境为 Windows 平台。由于该软件产生非常大的数据集，至少要有 8 GB 的内存和一颗多核 CPU 才能保证较好的运行。GenomeStudio 可以读入和导出所有主流数据格式，因此研究人员可以选择把它集成到工作流中（图 3.4）。

Mauve

Mauve（http://asap.ahabs.wisc.edu/software/mauve/）是构建多序列基因组比对的软件

包（Darling et al. 2010）。该软件可以完成项目从最早阶段直到最终比对特征展示的全过程。由 C 语言开发，提供源代码下载并编译成如 Windows、UNIX 和 Mac OSX 平台所需的可执行软件（有关 Mauve 的详细介绍见第 6 章）。

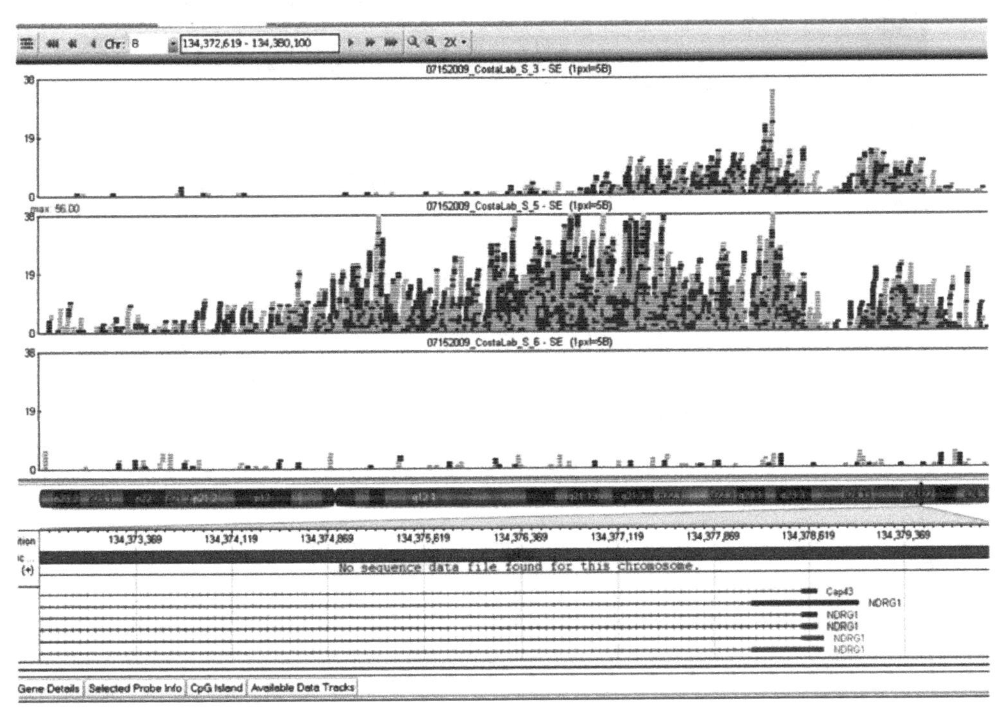

图 3.4 Illumina 公司 GenomeStudio 显示两个 ChIP-seq 样本和一个基因组 DNA 对照的 read 比对到人类参考基因组上 *NRDG1* 基因近 5′端的屏幕截图

newbler，扩增子变异分析仪（Amplicon Variant Analyzer）

newbler（http://contig.wordpress.com/2010/02/09/how-newbler-works/）（正式名称是 GS 从头组装工具）是一款针对 Roche 454 测序仪产生数据进行从头组装的软件包。扩增子变异分析仪（Amplicon Variant Analyzer）是 454 公司开发的针对深度测序指定**序列片段**（PCR 扩增子）进行**多序列比对**和可视化的软件包。它已经被用来检测 HIV 体外样本的罕见突变。Roche 454 软件运行于 Linux 和其他 UNIX 平台。该软件对 Roche 用户免费（图 3.5）。

Integrative Genomics Viewer（IGV）

Integrative Genomics Viewer（IGV）是博德研究所开发的基于 Java 的免费单机软件（Robinson et al. 2011）。IGV 可以展示多种本地文件格式的 NGS 数据（FASTA、FASTQ、SAM 和 BAM）、基因表达**芯片**数据和基因分型数据。由于该软件基于 Java，可以快速下载并简易安装到任何计算平台上，也可以获取存储在本地工作站或远程网络磁盘上的数据。它需要手动安装参考基因组和基因组注释信息。大数据的可视化要求本地工作站有足够的内存空间（图 3.6）。

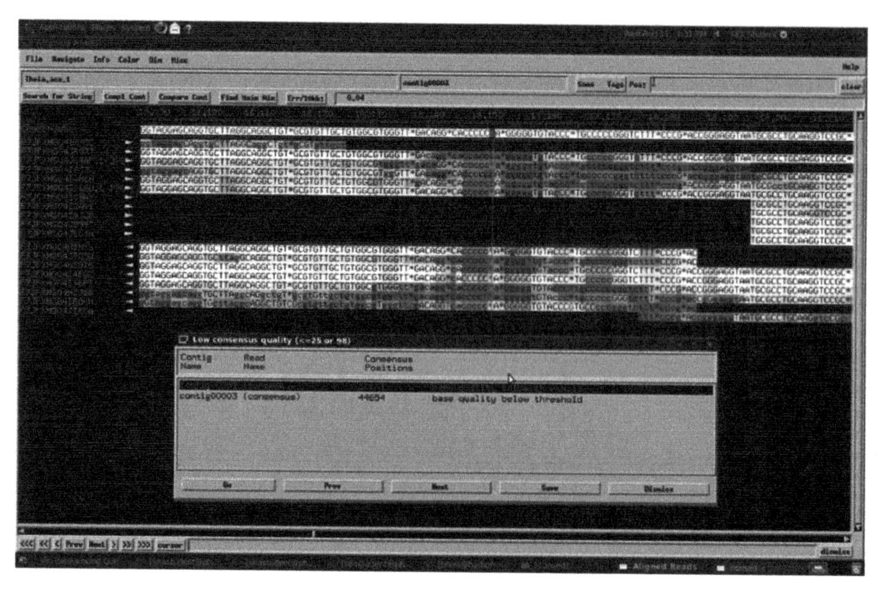

图 3.5　454 newbler 程序显示的基因组组装序列的碱基对视图

该图和 Staden Gap 软件包很相似

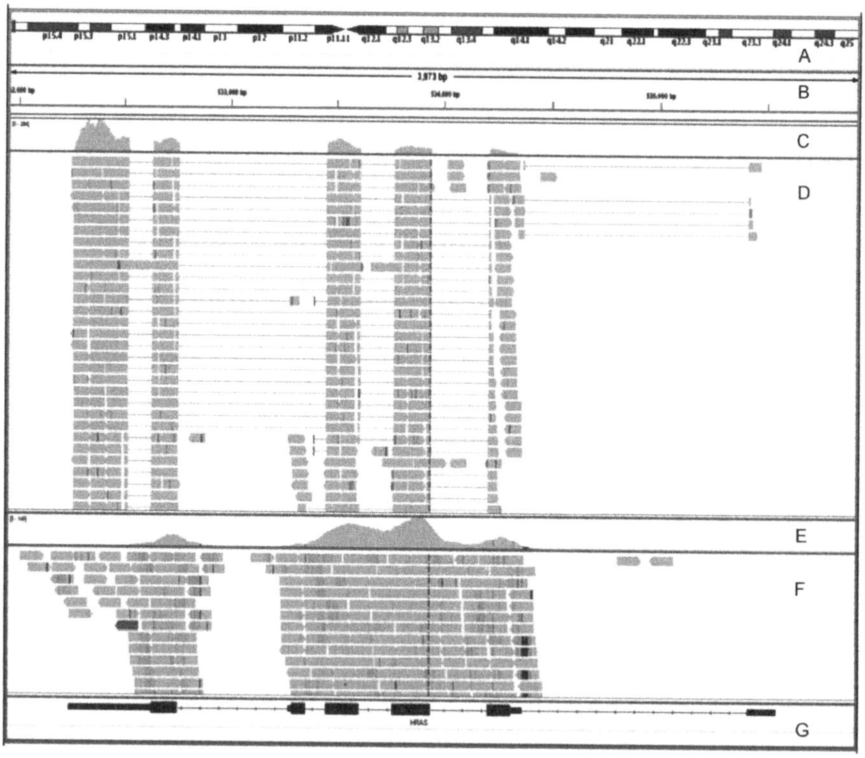

图 3.6　博德研究所开发的 IGV 软件的主界面

（A）人类基因组 hg19 的 Chr11 的染色体视图。（B）当前显示的染色体区域。（C）IGV 展示的由 TopHat/Cufflinks 组装的 **SAM/BAM** 格式转录物的覆盖度。（D）比对到参考基因组的 RNA-seq read，细线代表 read 跨内含子的情况。（E）另一个 RNA-seq 数据集的 read 定位到参考基因组上的覆盖度的情况。（F）RNA-seq read 比对到参考基因组。（G）*HRAS* RefSeq 基因模型的紧凑展示

GenomeView

GenomeView 是一款重要的新版第二代基因组单机可视化浏览器软件包。它提供众多重要功能，包括交互式序列可视化、注释信息、多序列比对、共线性定位和短 read 比对。支持许多标准文件格式，插件系统允许用户按需要添加新的功能模块。

过去的 6 个月里，该软件加强了可视化的功能展示，影响力迅速扩大。重要的是，它可以读写 BAM 文件、用户可以迅速自如地从染色体水平放大到多序列比对分析的单个碱基。该软件在易用性上的改进加上新版采用了大内存架构，使得装备这种顶尖水准算法的项目不会遇到任何限制。

该软件最早是 Thomas Abeel 在 2008 年佛兰德斯生物技术研究所（VIB）的生物信息与系统生物学（BSB）课题组开发的，现在他在博德研究所继续该软件的研发工作。软件包由 Java 开发，可以直接复制到本地或者用“webstart”登录网站从 http://www/genomeview/org 的主页上获取（图 3.7）。

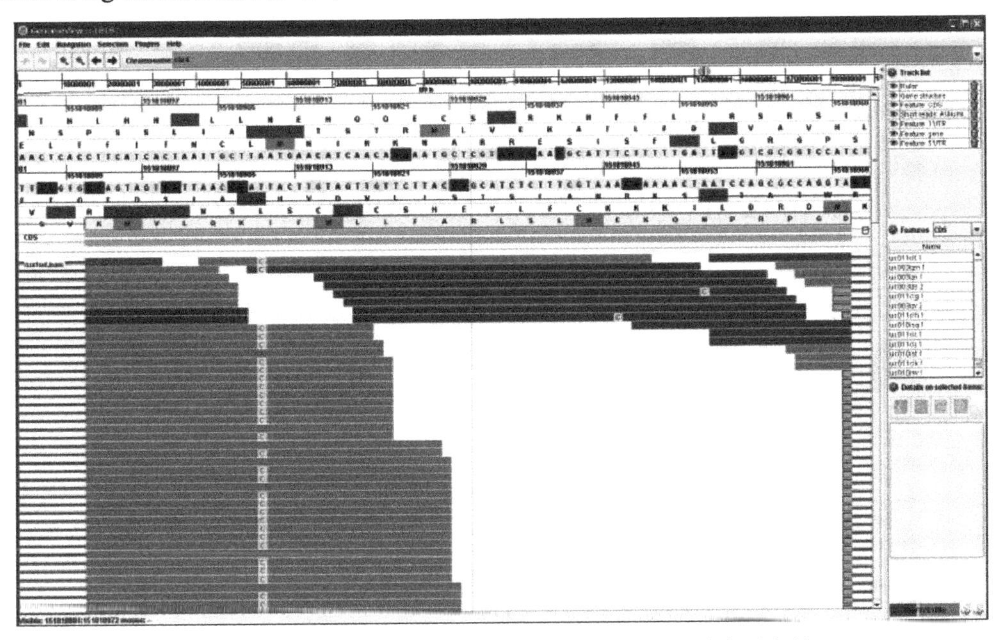

图 3.7 GenomeView 展示 **Illumina** read 以检测一个序列变异

测序核心设备上的 GBrowse 使用

Generic Genome Browser（GBrowser）是 GMOD（Generic Model Organism Database，一般模式生物数据库）体系的一个软件模块。它是 Lincoln Stein 等（Stein et al. 2002）开发的基于网页的基因组可视化工具，也是一款跨平台的软件。目前已被许多模式生物基因组测序和注释项目广泛应用，如 WormBase（http://wormbase.org）、FlyBase（http://flybase.org）、*Arabidopsis* 信息资源（http://arabidopsis.org）等。GBrowse 网站应用软件可以高效地可视化大量的序列信息，图形界面友好，可供放大缩小。服务器上存储了标准参考基因组（人类基因组 hg19、小鼠基因组 mm9 等）用于注释其他上传的数据文件。

基因结构（内含子、外显子、非编码区等）、芯片表达数据、RNA-seq 数据等在单独定义的图形 *glyphs* 字形中展示，用户可以搜索他们感兴趣的位置，也可以通过滚动鼠标放大感兴趣的序列。附加的记录是实验样本的注释信息集合，可以通过标准 GBrowse 工具自动计算（GC 含量、6 码读码框翻译）得到，也可以上传额外的 GFF 注释文件。

GBrowse 是基于 Perl 语言开发的、高度适应用户特殊需求的软件。最新版的 GBrowse 允许用户上传自己的记录和注释文件，没有维护人员或系统管理员的干涉。通过远程 URL 上传文件的方法，用户可以可视化存储在他们研究所数据中心大规模存储设备上或网络任何位置的数据，无需将数据文件下载到他们本地的台式计算机上。

本地安装的 GBrowse 可以加快研究机构发布和分析数据信息的速度。科学家可以通过网页浏览器使用 GBrowse 可视化软件访问网络存储服务器上的序列数据文件（图 3.8）。NYULMC 的测序核心设备已实现如下工作流程。

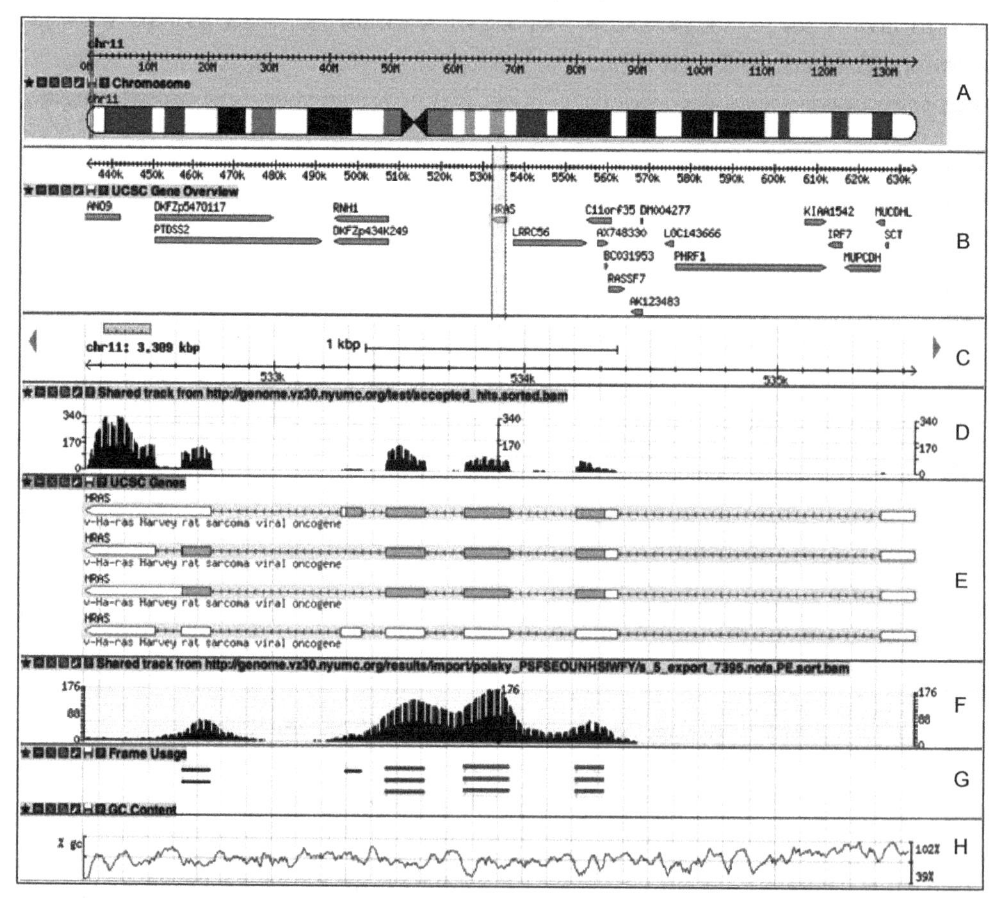

图 3.8　GBrowse 展示的 RNA-seq 实验数据和基因组数据的实例（另见彩图）

（A）11 号染色体鸟瞰图，感兴趣的区域用两条红色垂直线标明。（B）11 号染色体 530 000~540 000 区域 *HRAS* 基因（黄色高亮）及 UCSC 数据库中其他相邻基因的放大展示。（C）*HRAS* 基因区的精细放大展示，1-kb 标尺，可以左右平移。（D）由 TopHat/Cufflinks 组装成 SAM/BAM 格式转录物的 Illumina RNA-seq read 的分布记录（通过 URL 方法从网络存储设备载入）。明显发现峰值位于下面显示的转录物的外显子区域。（E）*HARS* 基因和它不同的转录物同源异构体，采用定义的基因结构图[盒形表示外显子、蓝色是编码区（CDS）、白色是非翻译区（UTR）]。内含子区域的小箭头及斜向左的盒型表示转录方向。（F）共享的 SAM/BAM 格式 Illumina 外显子测序数据，显示着注释的外显子附近的覆盖度深度。（G）“五线谱”式的 CDS 阅读框显示。（H）当前显示区域的 GC 含量百分比

1. 核心实验室利用任何 NGS 技术对用户样本进行测序。

2. 自动读取碱基，使用制造商提供的软件进行多路分解处理。

3. 进行必要的质量控制后，将 read 比对到参考基因组（ELAND 或 BWA 软件），或进行从头组装。

4. 将数据格式转换成 GBrowse 兼容的格式类型之一，最好是 GFF3 格式。

5. 数据存储到高性能计算（HPC）存储集群上，上传 GBrowse 格式文件（如 GFF3）的位置作为远程的用户记录。

6. 和做后续检测分析的研究人员共享该网站链接。

7. 用户记录可以永久作为 GBrowse 参考基因组（hg19、hg18、mm9、mm8）的一部分，也可以设置为密码保护的浏览内容。

参 考 文 献

Darling AE, Mau B, Perna NT. 2010. progressiveMauve: Multiple genome alignment with gene gain, loss, and rearrangement. *PLoS ONE* **5:** e11147. doi: 10.1371/journal.pone.0011147.

Rizzo JM, Buck MJ. 2012. Key principles and clinical applications of "next-generation" DNA sequencing. *Cancer Prev Res* **5:** 887–900.

Robinson JT, Thorvaldsdóttir H, Winckler W, Guttman M, Lander ES, Getz G, Mesirov JP. 2011. Integrative genomics viewer. *Nat Biotechnol* **29:** 24–26.

Staden R, Beal K, Bonfield JK. 1998. The Staden package, 1998. *Methods Mol Biol* **132:** 115–130.

Stein LD, Mungall C, Shu S, Caudy M, Mangone M, Day A, Nickerson E, Stajich JE, Harris TW, Arva A, Lewis S. 2002. The Generic Genome Browser: A building block for a model organism system database. *Genome Res* **12:** 1599–1610.

网 络 资 源

http://flybase.org FlyBase 是果蝇基因和基因组的数据库

http://genome.ucsc.edu/goldenPath/help/wiggle.html （加利福尼亚大学，圣克鲁斯分校，基因组生物信息学研究组）wiggle Track Format 的主页

http://gmod.org/wiki/GFF3 一般模式生物数据库（GMOD）中以文本文件形式存储基因组特征的标准文件格式，基因组特征格式（GFF）

http://qed.princeton.edu/main/Wiggle_（BED_files） 向 GBrowse 上传定量数据的 Wiggle 文件（BED）

http://samtools.sourceforge.net/SAM1.pdf SAM 文件格式规范

http://samtools/sourceforge/net/ SAM（序列比对/定位）格式是 sourceforge.net（网站提供免费开源软件的下载和开发）上的存储大量核苷酸序列比对的一般格式

http://useq.sourceforge.net/useqArchiveFormat.html Useq 是包含基因组数据的“目录”的 zip 压缩的二进制格式 1.0 档案，基因组数据由染色体、序列方向、观测值组成

http://wormbase.org 线虫数据库主页。挖掘线虫生物学以促进线虫类生物学发展

http://www.arabidopsis.org 拟南芥信息资源库（The *Arabidopsis* Information Resource，TAIR）是保藏模式高等植物拟南芥的遗传和分子生物学数据的资源库

http://www.genomeview.org GenomeView（T Abeel，2008-2011）是第二代基因组可视化单机软件，最初由佛兰德斯生物技术研究所的生物信息学和系统生物学研究组创建，目前由博德研究所继续发展

http://www.sequenceontolog.org/gff3.shtml L Stein, 2010。序列本体项目发布的第三版基因组特征格式（GFF3）

4

DNA 序列比对

Efstratios Efstathiadis

先进的测序技术和越来越低的成本使得大规模全基因组测序成为可能，开启了许多以往技术不能实现的新项目，促使我们更好地理解人类基因变异和促进个体化医疗的研究（见第 1 章）。**第二代测序**（next-generation sequencing，NGS）设备产生的短 read 呈现**泊松分布**（Possion distribution），导致测序基因组覆盖度不均一，而基因组的**重复**（repetitive）和难测序的区域、插入、缺失及仪器系统误差导致的碱基测序错误（数量级通常为 1%），都需要更高的基因组覆盖度（通常 30×），因此每一轮测序都会产生数百万条**短 read**。大部分 NGS 项目的关键任务就是将短 read **比对到参考基因组**，如识别个体**序列变异**或通过 RNA 测序衡量基因表达水平。数百万条短 read（从几十到几百个核苷酸长度不等）比对到一个大的参考基因组上计算强度高、耗时久，是许多 NGS 项目的关键步骤。

要解决这些问题，需要开发各种各样的**比对算法**和工具。一些**算法**得益于计算机处理器、计算机内存和访问速度及网络互连的发展（见第 12 章）。可扩展的算法可以利用多线程的优势，使用多个处理核、多进程通信接口（message passing interface，MPI）库和计算节点快速互连等方式。可以设计充分发挥硬件加速器的算法，如现场可编程门阵列（filed programmable gate array，FPGA）和图形处理器（graphics processing unit，GPU），也可以简单地将大问题（大数据的收集或高强度计算任务）分解为可以单独处理的小问题，还可以将任务进行简单的并行处理，或是使用映射简化算法把任务分割到各个计算节点。许多比对计算还使用了成本低、便于使用的云计算服务。这里，我们按照历史的发展综述一下主流的比对算法，重点介绍能够处理第二代测序仪生成的大量短核苷酸 read 比对任务的算法。我们不打算全面深入讲解每一个算法，仅做一个简单介绍，但读者可以根据提供的参考文献了解算法的细节。

动态规划算法

尽管最初认为 DNA 序列比对和简单的字符串处理没什么不同，但是由于涉及的字符串长度太长，强行将两条序列进行比较的方法并不实际。例如，两条 100 核苷酸（残基）长度的 DNA 序列有无数种可能的比对模式。由于生物序列的比较主要是为了发现**插入缺失**（插入和缺失）、仿射空位、替换等，所以需要引入一个打分模式来考虑这些比较序列的生物学特征。动态规划算法，如 Needleman-Wunsch（NW）算法（Needleman and Wunsch 1970），基于打分模式经过 $n \times m$ 次的计算得到最佳比对。Needleman-Wunsch 算法用来进行氨基酸或核苷酸序列的全局比对，当比对类似长度的序列时效果最佳，适合比较具有相同功能的基因。全局**序列比对**算法对每条序列的每一个碱基（残基）进行比对，搜索第一条序列与第二条序列匹配的最大碱基数目，允许两条序列中所有可能的断点。比较两条序列时，算法引入一个递归的二维（two-dimensional，2D）矩阵（得分矩阵），一条序列（数据库序列）的核苷酸水平排列于矩阵顶部，核苷酸和列一一对应，另一条序列（查询序列）垂直排列于矩阵左侧，核苷酸和行一一对应。矩阵单元代表两条序列核苷酸所有可能的组合，矩阵的通路代表所有可能的比对结果。最开始，用残基替换得分表中的得分填充矩阵中行列的值，这个得分表包含了所有可能的残基比对分值（对于核苷酸序列是 4×4 的表）（表 4.1）。引入空位罚分的概念，即每一个残基与没有（空位）的匹配。下一步是寻找最佳比对，一行一行地用以下两个参数给得分矩阵的每个单元赋值：①比对到该位置时的最大得分；②指针。指针可以用一个单独的矩阵存储，称为回溯矩阵。回溯矩阵的构建是根据矩阵通路上每个单元的指针从右下角到左上角回溯构建的最优化比对。

表 4.1 DNA 核酸的简化残基替换打分矩阵

	A	C	T	G
A	1	–1	–1	–1
C	–1	1	–1	–1
T	–1	–1	1	–1
G	–1	–1	–1	1

但 NW 算法对高度相似的局部区域并不适用，因为它对这些区域附近引入了空位。Smith-Waterman（SW）算法（Smith and Waterman 1981）则可以找到两条比对序列的最佳局部比对结果。根据打分系统，该算法识别两条长序列中一对高度相似的子序列（片段）。类似于 NW 算法实例，SW 算法将两条序列的残基排列在得分矩阵（$\boldsymbol{H}$）的顶部和左侧，首行和首列（矩阵的边）交汇的矩阵单元用 0 填充：对于所有的 i 和 j，$\boldsymbol{H}_{i,0}=\boldsymbol{H}_{0,j}=0$。剩余的矩阵单元用打分系统计算得到，打分系统基于残基替换得分表（$\boldsymbol{S}$）和空位罚分（d），计算结果为负数的用 0 代替，则

$$\boldsymbol{H}_{i,j}=\max\{0，\boldsymbol{H}_{i-1,j-1}+\boldsymbol{S}_{i,j}，\boldsymbol{H}_{i-1,j}-d，\boldsymbol{H}_{i,j-1}-d\}$$

寻找最高相似度的配对片段，要首先定位矩阵单元中最高得分的位置，然后用回溯过程依次确定剩余单元直到单元分值为 0 为止。下面的例子，来自 Hasan 和 Al-Ars（2007），我们看这两条序列的比对：A=a g g t a c 和 B=c a g c g t t g，空位罚分 d=2，打分模型为两残基核苷酸匹配时 $\boldsymbol{S}_{i,j}$=2，其他情况为–1。比对结果是

A：a g–g t

B：a g c g t

相应得分矩阵（$\boldsymbol{H}$）和回溯通路（粗体）见表 4.2。

一些方法提高了 SW 算法的效率。其中一个改进是 Gotoh（1982）引进的仿射空位

罚分模型，采用空位统计查询序列和数据库序列之间的插入和缺失的数目。从生物学角度看，一个多碱基的插入或缺失比几个相邻的小的插入缺失会更加频繁地发生。在仿射空位模型中，空位第一个字符的罚分称为开放空位（gap_open），后续每一个附加字符的罚分称为延伸空位（gap_extension）。

表 4.2　分别排列在顶部和左边的两条序列比对的得分表（*H*）

		c	a	g	c	g	t	t	g
	0	**0**	0	0	0	0	0	0	0
a	0	0	**2**	0	0	0	0	0	0
g	0	0	0	**4**	**2**	2	0	0	2
g	0	0	0	2	3	**4**	2	0	2
t	0	0	0	0	1	2	**6**	4	2
a	0	0	2	0	0	0	4	5	3
c	0	2	0	1	2	0	2	3	4

注：Redrawn，已获得许可，来自 Hasan 和 AI-Ars（2007）

粗体矩阵单元表示回溯路径，起始于最大值 6

NW 和 SW 算法都是基于动态规划算法，计算消耗大，特别是长序列比对时需要构建大矩阵计算每个矩阵单元的得分。例如，两条 100-bp 长的序列比对需要构建 100×100 矩阵，进行 10^4 次分值计算。当比对长序列时，这样的计算需要很长时间消耗大量计算资源。例如，人类基因组约 3.2×10^9bp 长，100-bp 的 read 定位到基因组上需要进行 10^{12} 次分值计算来填充打分表。由于每个单独的分值计算需要几次浮点运算，计算单个矩阵需要的计算能力在几太浮点运算（“Floating-point OPeration，FLOPS”，1 太 FLOP=10^{12}FLOPS）数量级。通常 NGS 仪器产生数百万条 read，需要中等规模的超级计算机或 Linux 比对处理集群的计算能力。SW 算法可以分成两部分并行：一方面将查询序列分发到几个独立的处理器上并行进行比对；另一方面分解单序列比对所要进行的工作。分解工作更有难度而且涉及计算得分矩阵 ***H*** 的每个单元的分值。如图 4.1 所示，每个矩阵单元的分值只能在相邻单元分值计算完成后才能计算。已有一些利用 FPGA 芯片（Storaasli et al. 2007）和图形处理器（GPU）（Liu et al. 2006；Manavski and Valle 2008）加速 SW 算法的成果报道。

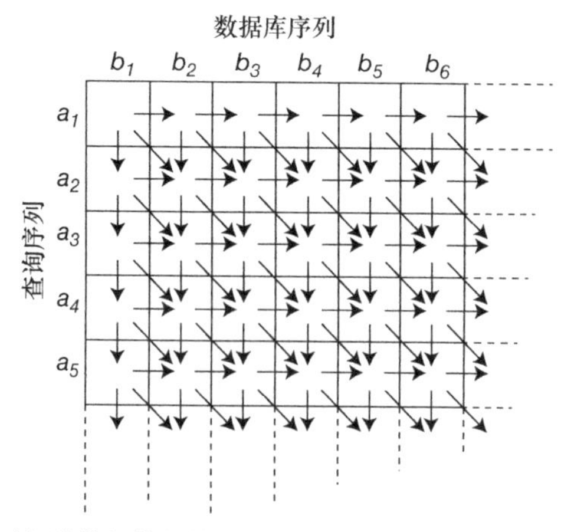

图 4.1　Smith-Waterman 比对矩阵的计算规律（牛津大学出版社许可，源自 Rognes and Seeberg 2000）

数据库搜索

双序列比对可以采用 NW 和 SW 算法。然而，当一条全新序列被发现后，我们会想要知道该序列是否和目前所有物种已知序列中的某一条相似。序列数据库，如 **GenBank**，包含了数千亿个碱基而且还在呈指数级不断增长，将动态规划算法应用于数据库搜索显然是不实际的。为了提高搜索速度，我们需要求助于启发式算法通过渐进的办法提高序列比较的速度。例如，FASTA 和 BLAST 等启发式算法通过大幅度损失灵敏度减少了比对运行的时间。

一般的渐进式算法是搜索查询序列中长度为 *k* 的所有可能的残基字串，称为 ***k*-tuple**，再发现所有包含大量 *k*-tuple 匹配的数据库序列。FASTA（名称来源于快速比对 FAST Alignment）是由 Lipman 和 Pearson（1985）开发并在 1988 年进一步改进的序列比对软件（Pearson and Lipman 1988）。FASTA 软件的第一步是找出两条序列上所有精确匹配的 *k*-tuple。对于 DNA 序列，默认的 *k* 值为 6。*k* 值决定了运行速度和灵敏度的平衡。为了加快处理速度，根据所有可能的 *k*-tuple 构建了查询数组（哈希）。首先，扫描序列 A，在查询数组中记录每一条 *k*-tuple 的位置。然后，扫描序列 B，利用查询数组，找到序列 A 和 B 之间所有共有的 *k*-tuple（称为 hit 或 hot spot）。识别出来的 *k*-tuple 位于矩阵对角线位置，可能几个 *k*-tuple 在同一对角线上。算法中重要的不是找到多少个精确的字符串（hit），而是片段是否包含多个 hit（也称对角路径）。识别出来的包含 hit 和空位的片段是这样计分的：*k*-tuple 计正分，空位计负分。片段中 *k*-tuple（hit）之间的空位越长，该片段比对分值越低。一旦两条序列之间所有的 k-tuple 都已经识别出来，并定位到矩阵上形成对角的路径，我们将基于识别出来的 k-tuple 的条数和匹配片段之间的距离进行评估，然后选取 10 个最佳（最高得分）的对角线。这些对角线是初始区域。最高分的序列片段称为 $init_1$。把初始片段连接在一起，靠近对角线的片段相连接形成新的高分局部比对，其中可能包含插入和缺失。这一步的最高分序列片段称为 $init_n$。最终，以 $init_1$ 为中心在一个很窄的对角区域内，使用动态规划比对方法找到最高分值的比对，分值记为 *opt*。对最终的比对集进行完整的 **Smith-Waterman 比对**。FASTA 输出每条序列是在数据库中比对分值最高的序列。

FASTA 软件可以通过 ftp 在 http://fasta.bioch.virginia.edu 网站下载。一些网站提供基于网络的 FASTA 搜索。FASTA 搜索的实例可以通过 EMBL-EBI 的 FASTA 服务（http://www.ebi.ac.uk/Tools/sss/fasta/nucleotide.html）、日本的 KEGG 服务（http://www.genome.jp/tools/fasta/）或弗吉尼亚大学服务器（http://fasta.bioch.virginia.edu/fasta_www2/fasta_www.cgi）得到。

BLAST

BLAST（basic local alignment search tool）（Gish et al. 1990）是一种启发式算法，通过把搜索限制在更窄的矩阵对角条带上，来改进 FASTA 进行数据库搜索的速度。BLAST 将查询序列所有可能的 *w*（核酸序列默认的 *w* 值为 11）长度的子序列（words）存储在一个哈希表中。搜索数据库中所有与子序列精确匹配的序列，作为种子，再向两个方向继续延伸每个精确匹配，不允许有空位或错配的情况。然后，在限制区域内连接延伸的匹配序列，允许有空位和错配，比对分值要大于设定的最小值，即阈值 T。阈值 T 越大，需要计算的匹配越少，软件运行速度越快。延伸匹配进行连接的限制性区域能加速对角线周围条带的矩阵单元替换或描点。仅仅考虑限制性区域而不是整个矩阵，是 BLAST 速度提高的关键。然而 BLAST 也会损失对角线带以外的任何匹配。

BLAST 是一个算法的集合。具体选取哪种算法取决于查询序列的类型、搜索的目的和目标数据库。NCBI 提供了一个 BLAST 程序的选用指南，（http://blast.ncbi.nlm.nih.gov/Blast.cgi?CMD=Web&PAGE_TYPE=BlastDocs&DOC_TYPE=ProgSelectionGuide）。查询核苷酸序列时，BLASTN 用来将核苷酸序列与核苷酸数据库进行比较，默认的最短匹配字为 11，比 MEGABLAST 更灵敏。MEGABLAST 是用来在相似的序列之间寻找长比对的软件（默认最短匹配字为 28），也是 BLAST 系列中推荐用来搜索数据库中和查询序列高度相似或基本一致序列的软件。NCBI BLAST 网页上列出了所有可用的程序：http://blast.ncbi.nlm.nih.gov/Blast.cgi。网页还提供了 BLAST 算法搜索各种数据库的接口。

NGS read 比对

NGS 测序仪生成的 DNA read 和传统的 **Sanger 测序**产生的序列不同（见第 1 章）。单个 NGS 读长在几十到几百碱基范围内并具有不同的错误特征。单个设备一轮测序会生成数百万条 read，在使用特定软件之前，都必须将其比对到同一个物种的一个长参考基因组上。大量的短读段比对到参考基因组，需要快速算法来处理大量的 read 及识别短 read 错误特征的灵敏度。传统的比对技术计算消耗非常大（实际的处理器和内存使用情况），特别是进行大序列比对时。像 Smith-Waterman、BLAST 和 FASTA 这样计算需求量大的算法不适合处理 NGS 数据集并满足其灵敏度需求。

为了解决 NGS read 比对的问题，现有的如哈希表、种子延伸等方法都进行了优化，也发展出了一些新方法，如基于后缀树的 Burrows-Wheeler。近年来开发了大量软件工具用来处理 NGS read 数据集和特征（Li and Homer 2010）。BLAST 中采用的种子方法是以寻找精确匹配种子的序列，即 hit 为基础的。该方法现已得到扩展，能容许间断的不连续的种子：原始子序列中可以有空位（Ma et al. 2002）。该方法中，除了原始查询子序列长度 k 之外，还引入了 0 和 1 的模板（模型）来表征种子序列 k 个残基相对位置的匹配。模板中，1 代表匹配，0 代表存在插入缺失或错配。1 的数量代表种子的权重。例如，k=6 的权重，使用 1110111 模板，以下两条序列代表种子匹配：actgact 和 actaact。BLAST 连续匹配的种子模式中，模板由 11 个 1 组成，没有 0。

一些比对工具是基于哈希表开发的。有些工具建立 **read** 的索引，而有些工具建立参考基因组的索引。短寡聚核苷酸序列比对程序（short oligonucleotide alignment program，SOAP）（Li et al. 2008a）采用种子和哈希表的方法，进行有空位和无空位的大量短 read 和参考基因组之间的比对。它将参考基因组载入内存，建立所有可能序列的种子索引表。SOAP 和其他工具如 MAQ（Li et al. 2008b）和 SeqMap（Jiang and Wong 2008）之间的不同之处在于后者是将查询的 read 载入内存，对 read 而不是参考基因组建立种子索引表。使用上述工具过滤 read 的过程有助于降低可能匹配的数目，办法是把每个 read 切成几个片段，然后找到只和这几个片段精确匹配的部分。例如，允许 2 个错配的情况下，把 read 切成 4 个片段，其中最多 2 个片段分别包含 1 个错配。我们通过尝试作为种子的 4 个片段的所有 6 种组合情况，能够找到有 2 个错配的 hit。SOAP 改进后的版本，SOAP2（Li et al. 2009），使用 **Burrows-Wheeler 变换**（BWT）压缩索引，取代种子算法，用来建立内存中参考基因组的索引。这使得速度快了一个数量级，大大地降低了内存使用，并且支持各种长度的 read。

ELAND（高效的大规模核苷酸数据库比对）是 Illumina 公司开发的比对软件，用于其测序仪产生的 read。它是 CASAVA（序列和变异的一致性评估）的一个模块，可以进行 read 和参考基因组的比对、后续的变异分析及 read 统计（Illumina 2011a； 2011b）。ELAND 是最早在短 read 比对中使用含空位种子的软件之一。和 MAQ 类似，它对 read 而不是参考基因组建立哈希表和索引。其更新版 ELANDv2，引入了多种子和空位比对策略。空位比对策略通过延伸每个候选比对序列到 read 全长来处理插入和缺失。多种子比对策略将第一个 32 个碱基的种子和后续种子的比对分别进行。每个候选比对都有一个基于碱基质量和错配位置计算的概率值（*P*-value）。候选比对的 *P*-value 决定了比对分值。

基于 Burrows-Wheeler 变换（BWT）的比对软件

一系列新的比对软件（Bowtie、BWA、SOAP2）使用参考基因组的 Burrows-Wheeler 变换（Burrows and Wheeler 1994）加快了运行速度、降低了比对过程的内存使用率。参考字符串的 *trie*（命名来源于字串回溯）是一个能进行快速字符串操作如字符串比对的数据结构。一个 *trie* 包含了参考字符串的所有可能的子串（以 *trie* 为前缀或后缀）。字符串的每个字符存储在一个节点（或边）上，字符串的每个子串用特殊字符分隔开（通常用$作为后缀为 *trie* 的子串的终止，^作为前缀为 *trie* 的子串的起始）（图 4.2）。前缀 *trie* 中，从叶子节点到根节点，连接节点上所有字符组成唯一的子串。由于参考字符串的精确重复位于 *trie* 的同一路径下，查询字符串仅需匹配（比对）上重复区的一条路径。这是基于 *trie* 及其衍生数据结构的算法运行速度快的主要原因。需要测试一下查询字符串精确比对上由 *trie* 代表的参考字符串所消耗的时间是否和查询序列的长度呈正比。尽管 *trie* 方法很迅速，但它需要占用很多内存空间。空间消耗的数量级是参考字符串长度的平方（Li and Homer 2010）。

在大的参考字符串上，搜索一条子串的每一次出现等同于搜索以子串为开始的所有后缀。一旦所有的后缀都按字母表排序，就可以用二分法检索高效地进行搜索。接下来的例子展示了这个简单化的方法，改编自（http://plindenbaum.blogspot.com/2010/01/elementary-school-for-bioinformatics.html）。

从一个参考字符串 *T*=gggtaaagctataactattgatcaggcgtt 开始，我们首先列出所有后缀：

[00] gggtaaagctataactattgatcaggcgtt
[01] ggtaaagctataactattgatcaggcgtt
[02] gtaaagctataactattgatcaggcgtt

[03] taaagctataactattgatcaggcgtt
[04] aaagctataactattgatcaggcgtt
[05] aagctataactattgatcaggcgtt
[06] agctataactattgatcaggcgtt
[07] gctataactattgatcaggcgtt
[08] ctataactattgatcaggcgtt
[09] tataactattgatcaggcgtt
[10] ataactattgatcaggcgtt
[11] taactattgatcaggcgtt
[12] aactattgatcaggcgtt
[13] actattgatcaggcgtt
[14] ctattgatcaggcgtt
[15] tattgatcaggcgtt
[16] attgatcaggcgtt
[17] ttgatcaggcgtt
[18] tgatcaggcgtt
[19] gatcaggcgtt
[20] atcaggcgtt
[21] tcaggcgtt
[22] caggcgtt
[23] aggcgtt
[24] ggcgtt
[25] gcgtt
[26] cgtt
[27] gtt
[28] tt
[29] t

所有后缀字符串按照字母表排列：

[04] aaagctataactattgatcaggcgtt
[12] aactattgatcaggcgtt
[05] aagctataactattgatcaggcgtt
[13] actattgatcaggcgtt
[06] agctataactattgatcaggcgtt
[23] aggcgtt
[10] ataactattgatcaggcgtt
[20] atcaggcgtt
[16] attgatcaggcgtt
[22] caggcgtt
[26] cgtt
[08] ctataactattgatcaggcgtt
[14] ctattgatcaggcgtt
[19] gatcaggcgtt
[25] gcgtt

[07] gctataactattgatcaggcgtt
[24] ggcgtt
[00] gggtaaagctataactattgatcaggcgtt
[01] ggtaaagctataactattgatcaggcgtt
[02] gtaaagctataactattgatcaggcgtt
[27] gtt
[29] t
[03] taaagctataactattgatcaggcgtt
[11] taactattgatcaggcgtt
[09] tataactattgatcaggcgtt
[15] tattgatcaggcgtt
[21] tcaggcgtt
[18] tgatcaggcgtt
[28] tt
[17] ttgatcaggcgtt

输出结果（排序后的后缀）可以通过二分法检索高效地搜索查询子串（如 aagctataacta）。后缀数组用索引存储原始字符串的每个后缀的位置，从而提供查询子串在参考字符串上的位置。这种策略就是将长字符串（如参考基因组）转换成有序的列表，易于实现并行化，因为每条查询 read 可以被独立搜索。然而，内存空间的使用效率非常低。假定一个整型字符占用 4 字节的内存空间，那么人类基因组约 3.2×10^9 个整型字符的后缀数组将要占用 12GB。

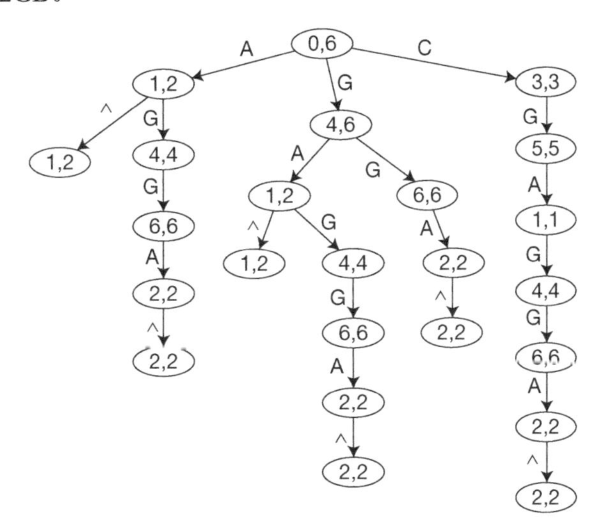

图 4.2 字符串 AGGAGC 的前缀 *trie*

从叶子节点开始，连接所有节点上的字符直到根节点，产生唯一的子串。字符^表示子串的起始。节点上的数字代表该节点所在的后缀数组区间(牛津大学出版社许可，源自 Li and Homer 2010）

一种仅占用小内存的将短 read 比对到大的参考基因组上的高效方法是采用建立参考基因组 BWT 变换的 FM 索引（Ferragina and Manzini 2000）（图 4.3）。为生成 BWT，我们在 *T* 的末尾加上末端字符（通常是$），该字符在字母表中的位置比 *T* 中所有字符都靠前。生成所有 *T$*文本的循环平移的排列，共有原始字符串长度加 1 种排列，平移后的字符串组成所谓 Burrows-Wheeler 矩阵的行。然后将行按照字母表排序，得到结果的最后一列（最右端的列）就是原始字符串的 BWT（*T*）。第一列作为基因组字典。例如，从 *T*=ctgaaactggt 开始（http://vimeo.com/channels/202195/22845445），我们首先构建 *T*\$ 的所有循环排列，然后按照字母表顺序排序。结果矩阵的最后一列就是 *T* 的 BWT 变换，tgaa\$attggcc。后缀数组 *S* 存储表征在原始字符串 *T* 中每个字符位置的整型字符。基本上，它提供了后缀（因此该数组称为后缀数组）在字母表顺序中的位置。

T\$ = c t g a a a c t g g t \$

c	t	g	a	a	a	c	t	g	g	t	\$
t	g	a	a	a	c	t	g	g	t	\$	c
g	a	a	a	c	t	g	g	t	\$	c	t
a	a	a	c	t	g	g	t	\$	c	t	g
a	a	c	t	g	g	t	\$	c	t	g	a
a	c	t	g	g	t	\$	c	t	g	a	a
c	t	g	g	t	\$	c	t	g	a	a	a
t	g	g	t	\$	c	t	g	a	a	a	c
g	g	t	\$	c	t	g	a	a	a	c	t
g	t	\$	c	t	g	a	a	a	c	t	g
t	\$	c	t	g	a	a	a	c	t	g	g
\$	c	t	g	a	a	a	c	t	g	g	t

												S
\$	c	t	g	a	a	a	c	t	g	g	t	11
a	a	a	c	t	g	g	t	\$	c	t	g	3
a	a	c	t	g	g	t	\$	c	t	g	a	4
a	c	t	g	g	t	\$	c	t	g	a	a	5
c	t	g	a	a	a	c	t	g	g	t	\$	0
c	t	g	g	t	\$	c	t	g	a	a	a	6
g	a	a	a	c	t	g	g	t	\$	c	t	2
g	g	t	\$	c	t	g	a	a	a	c	t	8
g	t	\$	c	t	g	a	a	a	c	t	g	9
t	\$	c	t	g	a	a	a	c	t	g	g	10
t	g	a	a	a	c	t	g	g	t	\$	c	1
t	g	g	t	\$	c	t	g	a	a	a	c	7

图 4.3　从原始字符串 *T*=ctgaaactggt 开始，我们引入字符串结束字符\$，构建所有循环平移的排列，生成 Burrows-Wheeler 矩阵（上方矩阵）。然后，我们按字母表把行进行排序。矩阵最右列就是 *T* 的 Burrows-Wheeler 变换，BWT（*T*）=tgaa\$attggcc。后缀数组 *S* 表示每一个后缀在原始字符串 *T* 中的位置

后缀数组和 BWT 的关系如下：

当 *S*[*i*]=0 时，BWT[*i*]=\$，

否则，BWT[*i*]=*T*[*S*[*i*]–1]。

我们根据该性质由后缀数组构建 BWT，时空复杂度为线性。

由于一个文本的 BWT 变换包含许多重复的字符，可以对其进行压缩。实际上，像 *bzip2* 这样的数据压缩工具已经采用了变换。BWT 是无损变换（由于变换仅仅改变了字符的顺序，所以能还原初始字符串）。这是由矩阵定位有序的循环平移排列（也称为不改变顺序或左移算法）的后进先出（last-first，LF）定位决定的：在最后一列中第 *i* 次出

现字符 c 和第一列中第 i 次出现 c 相对应（Langmead et al. 2009）。根据该性质，变换后的字符串能逆变换生成原始参考字符串 T（图 4.4）。

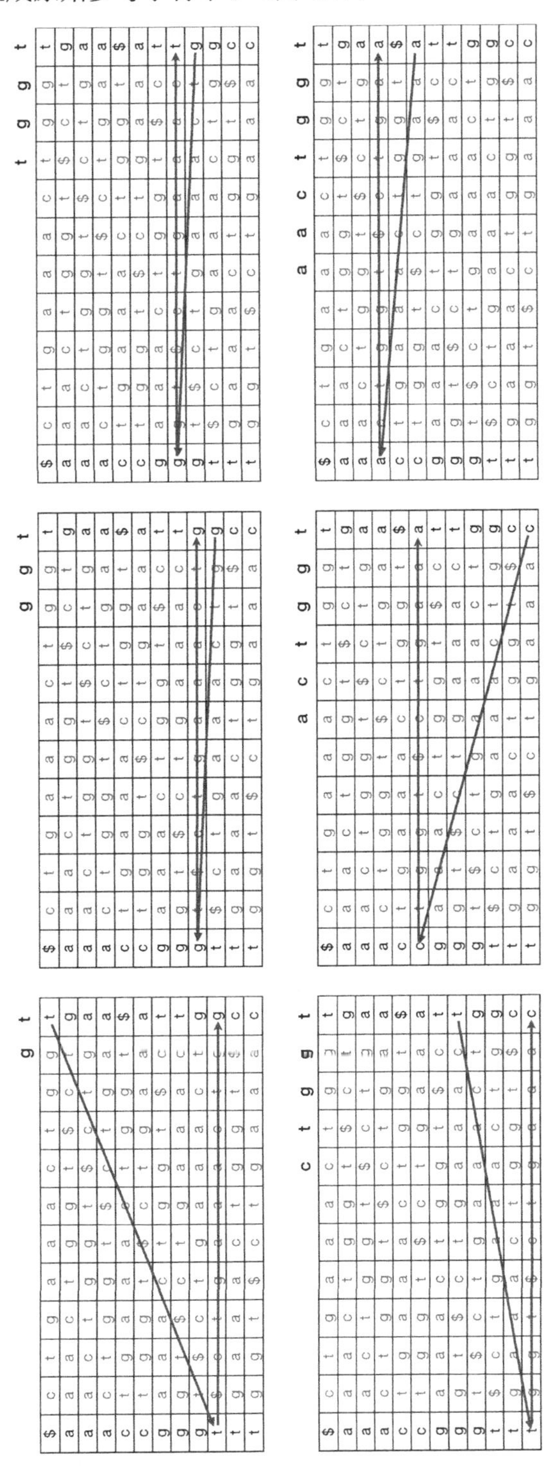

图 4.4 基于后进先出（LF）算法不断重复定位生成原始字符串 T。在精确定位中也使用了相同的方法

重复使用 LF 定位策略也应用于精确定位上。由于行是有序的，如果存在查询字符串的任何精确比对，都将会出现在一些连续的行上。因此，搜索参考字符串的一条序列比对等价于在比对上查询序列的子串所组成的后缀数组中搜索区间。图 4.5 展示了查询

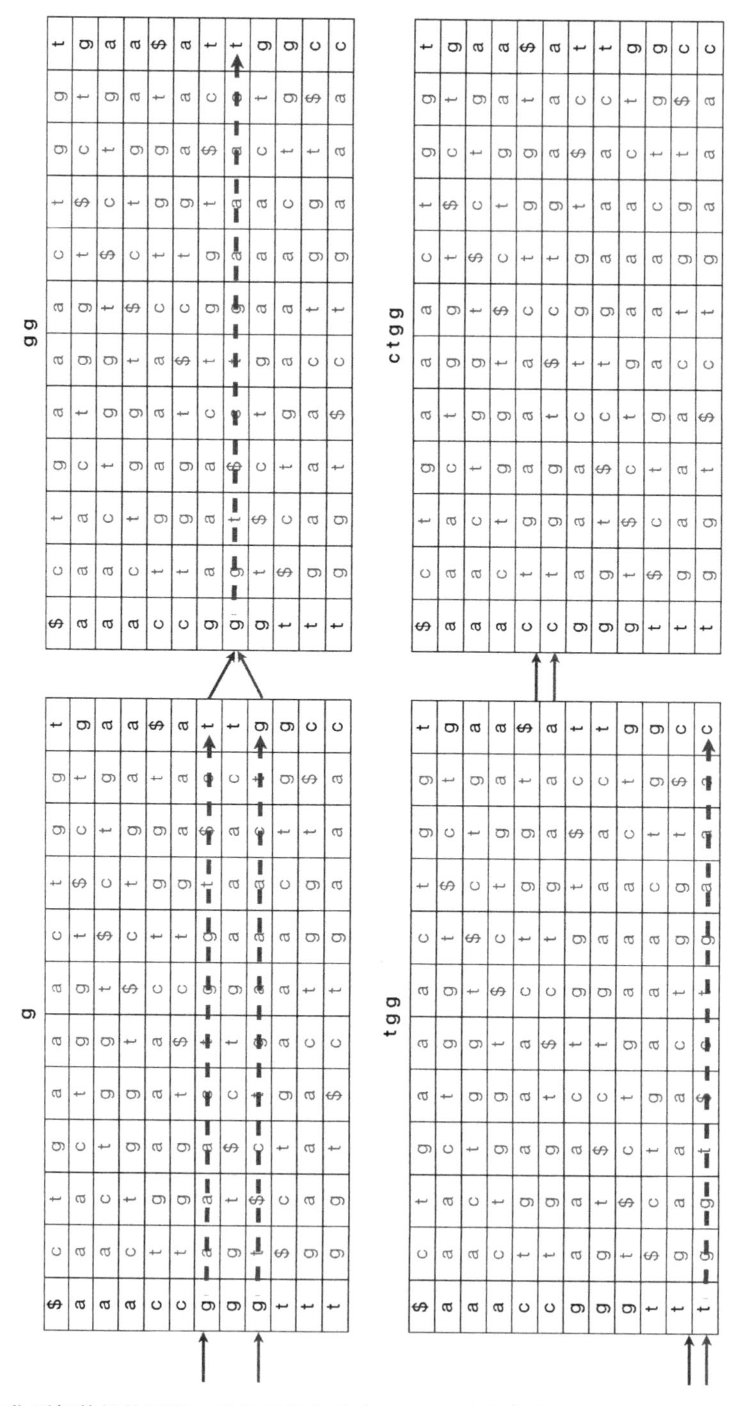

图 4.5　逐步定位后缀数组的区间，寻找查询字符串 Q=ctgg 在参考序列 T=ctgaaactggt 上的精确匹配。查询序列定位到参考基因组上，仅有唯一的匹配位置 $S(5)=6$

字符串 Q=ctgg 在参考序列 T=ctgaaactggt 上的精确匹配（http://vimeo.com/channels/202195/22845446）。我们从定位矩阵第一列（字典列）中行的范围开始，第一列包含 g，即查询序列 Q 最右端的字符。我们标记包含 g 的最顶行（第 6 行）为 top，最底行（第 8 行）为 bot。对于 Q 序列自右向左的下一个字符（另一个 g），我们将最顶行和最底行定位到第一个字符和某行的最后一个字符相同的那行上，这里假设该字符为 g。对查询序列 Q 的剩余字符重复该过程。采用界定的区间（行的范围）中后缀数组元的值，我们就能找到初始字符串上精确匹配的位置。若有精确的匹配，就能找到唯一的后缀数组区间。一旦我们知道存在精确匹配，就需要在字符串 T 上找到参考位置。一种方法是查询后缀数组，如图 4.4 中，SA（后缀数组）第 5 个数据元指向初始字符串位置 6。但是该方法需要将整个后缀数组存在内存中，然后根据后缀数组构建 BWT。完整存储后缀数组对内存要求高，可能要达到几十亿个字节大小，必须限制可执行的参考字符串的大小。原则上，n 个整数的数组需要 $4n$ 个字节，然而初始 T 的长度和 BWT（T）都分别需要 n 字节。对于小的 DNA 字母表，每个碱基我们需要 2 比特，每个字符串[T 和 BWT（T）]都需要 $2n$ 比特。

一种降低内存使用的有效方法就是构建好几个后缀数组，一次一块，然后计算对应的 BWT 并删除 SA（后缀数组）块（Karkkainen 2007）。

一个和后缀数组不同的方法是“左移”到文本的初始位置，计算到达参考字符串最左端所用的步数，这就代表查询字符串在 T 中的精确参考位置。这是一个很慢的计算过程。应用于 Bowtie 的 Ferragina 和 Manzini（2000）算法只占用很小的内存就可以搜索 BWT 变换后的参考字符串，这种混合算法是上面介绍的两种方法的组合：使用后缀数组的样本和“左移”到下一个采样行。

Bowtie（Langmead et al. 2009）计算错配时引入了“回溯”机制。当精确匹配返回一个空区间时，软件回溯到最小质量字符的位置并替换成另一个碱基。Bowtie 的默认策略是在 read 高质量区域（前 28 个字符）中最多允许 2 个错配。报道称，Bowtie 在仅损失一点灵敏度的条件下，比基于哈希的算法速度快 30 倍。

SOAP2（Li et al. 2009）是 SOAP（Li et al. 2008a）的升级版，是基于 BWT 算法的软件。它构建了一个哈希表以加速搜索 read 在 BWT 参考序列索引中的位置。参考序列索引被分割成大量的小块，仅用非常少的搜索次数就能识别小块中的精确位置。SOAPaligner 是 SOAP2 软件包的一部分。报道称，和基于哈希算法的原始 SOAP 版本相比，它的比对速度增加了一个数量级，内存需求大大降低。2 min 内能将 100 万单端 read（35 bp 长的 read）比对到人类参考基因组上。

参 考 文 献

Burrows M, Wheeler DJ. 1994. *A block sorting lossless data compression algorithm*. Systems Research Center Technical Report No 124. Digital Equipment Corporation, Palo Alto, CA.

Ferragina P, Manzini G. 2000. Opportunistic data structures with applications. In *Proceedings of the 41st Symposium on Foundations of Computer Science* (FOCS 2000), pp. 390–398. IEEE Computer Society Press, Piscataway, NJ.

Gish W, Miller W, Myers EW, Altschul SF, Lipman DJ. 1990. A basic local alignment search tool. *J Mol Biol* **215:** 403–410.

Gotoh O. 1982. An improved algorithm for matching biological sequences. *J Mol Biol* **162:** 705–708.

Hasan L, Al-Ars Z. 2007. Performance improvement of the Smith–Waterman Algorithm. In *Proceedings of the 18th Annual Workshop on Circuits, Systems and Signal Processing (ProRISC 2007)*, November 29–30, 2007, Veldhoven, The Netherlands.

Illumina, Inc. 2011a. *CASAVA v1.8 User Guide*. Illumina Proprietary, Part# 15011196 Rev B, May 2011. http://biowulf.nih.gov/apps/CASAVA_UG_15011196B.pdf.

Illumina, Inc. 2011b. *Improved accuracy for ELAND and variant calling*. Illumina Technical Note. Pub. No. 770-2011-005. http://www.illumina.com/documents/products/technotes/technote_eland_variantcalling_improvements.pdf.

Jiang H, Wong WH. 2008. SeqMap: Mapping massive amount of oligonucleotides to the genome. *Bioinformatics* **24:** 2395–2396.

Karkkainen J. 2007. Fast BWT in small space by blockwise suffix sorting. *J Theor Comput Sci* **387:** 249–257.

Langmead B, Trapnell C, Pop M, Salzberg SL. 2009. Ultrafast and memory-efficient alignment of short DNA sequences to the human genome. *Genome Biol* **10:** R25. doi: 10.1186/gb-2009-10-3-r25.

Li H, Homer N. 2010. A survey of sequence alignment algorithms for next generation sequencing. *Brief Bioinform* **11:** 473–483.

Li R, Li Y, Kristiansen K, Wang J. 2008a. SOAP: Short oligonucleotide alignment program. *Bioinformatics* **24:** 713–714.

Li H, Ruan J, Durbin R. 2008b. Mapping short DNA sequencing reads and calling variants using mapping quality scores. *Genome Res* **18:** 1851–1858.

Li R, Yu C, Li Y, Lam TW, Yiu SM, Kristiansen K, Wang J. 2009. SOAP2: An improved ultrafast tool for short read alignment. *Bioinformatics* **25:** 1966–1967.

Lipman DJ, Pearson WR. 1985. Rapid and sensitive protein similarity searches. *Science* **227:** 1435–1441.

Liu Y, Huang W, Johnson J, Vaidya S. 2006. GPU-accelerated Smith–Waterman. *Lecture notes in computer science*, Vol. 3996, pp. 188–195. Springer-Verlag, Berlin.

Ma B, Tromp J, Li M. 2002. PatternHunter: Faster and more sensitive homology search. *Bioinformatics* **18:** 440–445.

Manavski SA, Valle G. 2008. CUDA compatible GPU cards as efficient hardware accelerators for Smith–Waterman sequence alignment. *BMC Bioinformatics* **9:** S10. doi: 10.1186/1471-2105-9-S2-S10.

Needleman SB, Wunsch CD. 1970. A general method applicable to the search for similarities in the amino acid sequence of two proteins. *J Mol Biol* **48:** 443–453.

Pearson WR, Lipman DJ. 1988. Improved tools for biological sequence comparison. *Proc Natl Acad Sci* **85:** 2444–2448.

Rognes T, Seeberg E. 2000. Six-fold speed-up of Smith–Waterman sequence database searches using parallel processing of common microprocessors. *Bioinformatics* **16:** 699–706.

Smith TF, Waterman MS. 1981. Identification of common molecular subsequences. *J Mol Biol* **147:** 195–197.

Storaasli O, Yu W, Strenski D, Malby J. 2007. *Performance evaluation of FPGA-based biological applications*. Cray Users Group Proceedings, May 2007, Seattle WA.

网络资源

http://blast.ncbi.nlm.nih.gov/Blast.cgi?CMD=Web&PAGE_TYPE=BlastDocs&DOC_TYPE=ProgSelectionGuide 局部比对搜索工具（BLAST）主页，美国马里兰州贝赛斯达的美国国家医学图书馆

http://fasta.bioch.virginia.edu FASTA序列比对，美国弗吉尼亚州夏洛茨维尔的弗吉尼亚大学

http://fasta.bioch.virginia.edu/fasta_www2/fasta_www.cgi 数据库搜索工具 FASTA，W.R. Pearson，美国弗吉尼亚州夏洛茨维尔的弗吉尼亚大学

http://plindenbaum.blogspot.com/2010/01/elementary-school-for-bioinformatics.html P. Lindenbaum，2010。生物信息学基础学校：后缀数组。一个生物信息学博客，语义网，漫画和社交网络

http://vimeo.com/channels/202195/22845446 D. Wall 和 P. Tonellato，2011。哈佛医学院 BMI 714 介绍第二代测序：方法、分析和应用。博客视频

http://www.ebi.ac.uk/Tools/sss/fasta/nucleotide.html 核苷酸相似性搜索工具 FASTA，欧洲分子生物学、生物信息学会

http://www.genome.jp/tools/fasta/ 利用 FASTA 工具搜索 KEGG 数据库，日本京都

5

用广义 de Bruijn 有向图算法组装基因组

D. Frank Hsu

新的、未知的基因组测序（**从头测序**，*de novo* sequencing）是**第二代测序**（next-generation sequencing，NGS）技术的一个关键应用。这一章讨论了基于 de Bruijn 有向图的互连特性把 NGS 短 read 组装成完整基因组的最新研究进展。首先，介绍了**从头组装**（*de novo* assembly）的概念和一般模型，回顾了 20 世纪 80 年代提出的早期 **DNA 片段组装算法**（DNA fragment assembly algorithm）。然后，引入 **de Bruijn 有向图**的概念，并探索它的各种互连特性。我们回顾了许多用短 read 从头组装的最新研究成果。基于 de Bruijn 互连的有向图被定义为两类：de Bruijn 有向图和广义 de Bruijn 有向图。每个广义 de Bruijn 有向图中存在的欧拉回路（Eulerian path）与原始基因组中的一条 DNA 序列相对应。这种方法可以得到更好的基因组组装结果，并且极大地降低大数据集序列片段所需的计算量。在 Flicek 和 Birney（2009）及其他人的研究工作的启发下，我们描述了一个运用 de Bruijn 有向图和广义 de Bruijn 有向图进行基因组组装的一般框架。

DNA 片段组装

细菌和其他微生物基因组的从头测序已经越来越常见，几乎成了实验室的常规实验，但对大的真核生物基因组进行从头测序仍然具有挑战性，因为这类基因组很大且具有很高比例的**重复 DNA**（repetitive DNA）。所有 NGS 从头测序项目都采用**鸟枪法测序**（shotgun sequencing），测序结果是大量短 read。鸟枪法是把目标基因组的许多 DNA 拷贝随机打断，对这些片段测序后，使用计算机算法和程序重新构建原始的 DNA 序列（组装）（Staden 1980）。

为了研究鸟枪法测序的组装问题，我们假设原始 DNA 序列有 q 个碱基对，用字符串 S 表示，由 s_1，s_2，…，s_q 各位置的碱基组成。DNA 测序方法会产生大量（m 个）随机的子片段（read），形成长度为 n 的字符串 S：f_1，f_2，…，f_m，这里 n 远小于 q。一些 NGS 方法产生的序列片段都是相同的长度（如 Illumina HiSeq），而其他一些方法产生的序列片段则长度不等（如 454）。由于被测序列是随机取样的，**覆盖度**的平均深度（average depth of coverage）c 约为 $(mn)/q$。如果片段位置在序列 S 上均匀分布，那么在特定碱基

S_x 的覆盖度深度就会服从**泊松随机概率分布**（Poisson random probability distribution），均值为 c（Idury and Waterman 1995）。

最初的 Staden 组装软件包（Staden 1980）采用片段组装算法，运用重叠-连接-一致性模型（overlap-layout-consensus model，OLC 模型）。首先，检测任意两个片段是否显著“重叠”（overlap）。然后，建立一个大概的“布局”（layout）或者序列的连接。第三，对所有重叠片段做**多序列比对**（multiple alignment），由多序列比对结果创建**“一致性”序列**（consensus sequence）。OLC 模型适用于长 read DNA 的小区域组装，但不适用于短 read 的完整基因组组装。如果连接两个片段所需的重叠（k 个碱基）很小，那么每一个片段都会发现许多这样的重叠，导致许多错误的组装。如果所需的重叠很大，那么只会发现很少这样的重叠，导致许多小于阈值但真正重叠的片段不会被组装，因此，为了获得完整的组装，需要基因组有非常深的总体覆盖度。对于一条很长的 DNA 序列（如整个基因组），寻找重叠的初始阶段会面临很大的计算挑战，因为每一个片段都必须和其他的每一个片段的两端进行比对，共需要进行 2（m^2）次比对。真实基因组的组装会因为重复序列的出现而更为复杂，这些重复序列的长度可能会大于读长（read length），也就大于任何可能的重叠的大小。大的真核生物基因组中，重复序列很长，因此用短 read 完整的从头组装（*de novo* assembly）是不可能的。另一个挑战是测序误差造成的。目前的 NGS 测序技术会产生 0.5%~1%的错误率，这样，一对真正重叠的片段在重叠区域内可能存在一个或一个以上的错配碱基。如果组装算法计算允许碱基错配（mismatch），那么来自不同但序列几乎一致的基因组区域的片段也会被认为是重叠，但这是假重叠。

OLC 模型组装 DNA 片段与拼图游戏的概念很相似，通过检验任意两片拼图（子序列）之间的契合度，重建完整图案（序列）。不同之处可以归结为两个特点：首先，拼图游戏是一个划分和重新组合的问题，而 OLC 涉及片段化（有重叠）和重新组装。其次，OLC 模型的计算规模相当大。可以把 OLC 方法看成一个图论问题，每一个 read 是一个节点，每一次重叠是一个连接节点的边（或弧）。理想的组装是图中存在唯一的路径可以连接所有的节点，并且每个节点只经过一次，即哈密顿回路（Hamiltonian path），那么沿着这条路径的弧就可以读出最后的组装序列。以类似的方式，完美的组装也可以描述为一条欧拉回路（Eulerian path），即经过图中的每一条边，且只经过一次。事实上，OLC 问题是 NP 困难（NP-hard）问题，目前还不知道是否存在多项式时间内解决该问题的算法。

杂 交 测 序

在 20 世纪 80 年代末，一种新的测序方法——杂交测序（sequencing by hybridization，SBH）被提出来（Pevzner et al.1989；Idury and Waterman 1995）。这种方法是将长度为 k 的短序列（***k*-tuple**）所有可能的碱基组合对应成寡聚核苷酸探针，并构建成二维（2D）矩阵（或网格）。这些探针组成的矩阵常被称为“测序芯片”（sequencing chip）。单链 DNA 片段与测序芯片相互作用，可以和矩阵中所有与其互补的探针进行杂交。杂交模式可以被用来重建原始的序列 S。重建问题的复杂性随探针长度的不同而变化。举例来说，如果 k 很小，如 k=2，我们将得不到很多有用信息，因为两个碱基的所有 16 种组合可能出现在原始 DNA 序列 S 中的许多位置。另一方面，如果我们设置尽可能大的 k，我们就会获得大量信息。但是构建一个包含所有可能 k-tuple 序列的芯片在实验中是不可行的。举例来说，如果探针长度为 16，将会有 4^{16} 个 k-tuple（超过 40 亿）。虽然 SBH 从来没有在实际测序中广泛应用，但是 Pevzner、Waterman 等在 k-tuple 方面的理论研究成为许多高速组装和**比对算法**（alignment algorithm）的理论基础。

SBH 和鸟枪法测序各有优缺点。Idury 和 Waterman（1995）研究了结合这两种方法的优点、最小化它们的缺点的组装算法（见注释 1）。

注释 1：片段组装算法（fragment assembly algorithm）（Idury and Waterman 1995）。

设 m、n 和 k 是正整数，且大于等于 2（≥2）。

1. 输入：片段序列 f_1，f_2，…，f_m，并且$|f_i|=n \ll q$。

a. 构建 k-tuple 集合，集合的元素是每个片段的子字符串。

b. 对所有片段对应的所有 k-tuple 求并集。

c. 对(a)中各片段的 k-tuple 集合所对应的(k–1)-tuple 集合，构建“有向谱图(spectrum digraph) G”。

2. 寻找 G 中的欧拉回路，并推断原始序列 S。

3. 对各片段进行序列比对以产生原始序列 S。

有向谱图 G 中，一条欧拉回路（如果存在的话）与一条原始 DNA 序列 S 对应，所以 G（S）=G（Idury and Waterman 1995）。de Bruijn 有向图是研究片段组装图谱特征的一个好方法。

de Bruijn 有向图

在这个部分，我们回顾一下被称为 de Bruijn 有向图的数学结构。这里从 3 个不同的方面定义了 de Bruijn 有向图，讨论了它的不同性质及它与 de Bruijn 序列的关系。1995 年左右，人们开始使用 de Bruijn 有向图来解决 DNA 片段组装问题，随着高通量 NGS 技术的广泛应用，这个方法在 2005 年左右越来越多地用于 DNA 从头组装。de Bruijn 有向图的关键简化概念是为小于 NGS 读长的 DNA ***k*-mer**（每个 read 的子字符串）创建节点，当 k-mer 重叠只有一个碱基不匹配时，用简单精确匹配算法把这些节点用弧连接。read 被映射在一系列节点间，形成按顺序排列的弧（一个“有向图”）。因为一个基因组会有固定数量的某给定值的 k-mer，当序列数据越来越多（覆盖度更深）时，图不会变得更复杂，并且把 read 映射到图上的算法是线性的而不是指数级的问题。

有向图 G=（V，E）包括 n 个节点组成的有限集 V，$V=\{v_1, v_2, \cdots, v_n\}$，$E$ 是连接节点 v_i 和节点 v_j 的有向弧组成的有限集，$E=\{e=(v_i, v_j) \mid 0<i, j<n+1\}$（图 5.1，$V=\{a, b, c\}, E=\{(a, b), (b, c), (c, a)\}$）。

一个 k 元（k-ary）数是集合$[0, k-1]=\{0, 1, 2, \cdots, k-1\}$中的一个整数。一个 n 位 k 元数代表 n 个 k 元数组成的字符串，a_1，a_2，…，a_n，其中 a_i 是[0，k–1]的整数，$0 \leqslant i \leqslant n$。$n$ 维 k 元 de Bruijn 有向图写为 D（k，n），是包含 k^n 个节点的有向图，每个点标注为一

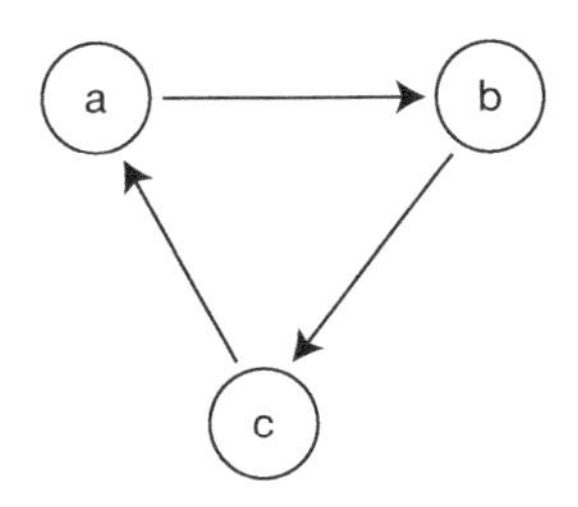

图 5.1 一个有向图，包含节点 a、b、c 和弧（a，b）、（b，c）、（c，a）

个 n 位 k 元数 a_1，a_2，…，a_n 。每一个元素 a_i 是[0，k–1]中的一个数，[0，k–1]是 0 到 k– 1 所有数的集合，包括 0 和 k– 1。节点 a_1，a_2，…，a_n 邻接到 k 个其他节点 a_2，a_3，…，$a_n\alpha$，其中 α 是[0，k–1]的整数。很容易看出 D（k，n）中每一个节点的出度和入度都等于 k(包含反身边)。de Bruijn 有向图的概念是在 20 世纪 40 年代由 de Bruijn(1946)定义的。20 世纪 80 年代 Imase 和 Itoh（1981）、Reddy 等（1980）分别定义了一个等价的定义。如果把 de Bruijn 有向图应用到 DNA 序列，集合[0，k–1]对应 DNA 的 4 种分子组成{A，C，G，T}，其中 k=4。通过以下方法定义线图，de Bruijn 有向图 D（k，n+1）可以从 de Bruijn 有向图 D（k，n）构建。设 G 是有向图，线图 L（G）也是有向图，L（G）的点集与 G 的边集对应，即 V（L（G））=E（G）。线图 L（G）中，当且仅当图 G 中的节点 v 既是弧（u，v）的终点，也是弧（v，w）的起点时，节点（u，v）邻接才到节点（v，w）。设 K_t^* 是包含 t 个节点，并且每个节点都有反身边的完全对称有向图，L（G）是 G 的线图，那么我们得到 D（k，n+1）=L^n（K_t^*）（Fiol et al. 1984；Grammatikakis et al. 2001）（见第 6 章）。当 k=2，对应的 DNA 分子组成集合为{A，G}时，D（2，1）、D（2，2）、D（2，3）见图 5.2。在 D（2，3）图中，包含从 AAA 到 AAA 及从 GGG 到 GGG 的反身边（图 5.2C）。相关概念、性质、图和有向图的应用均来源于 D.West 的书（West 2001）。

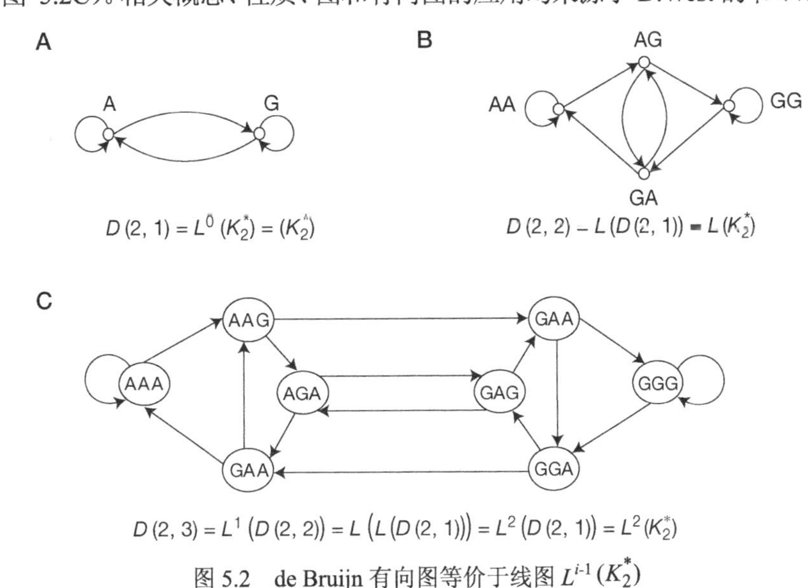

图 5.2 de Bruijn 有向图等价于线图 $L^{i\text{-}1}(K_2^*)$

（A）当 i=1，有向图 D（2，1）；（B）当 i=2，有向图 D（2，2）；（C）当 i=3，有向图 D（2，3）

de Bruijn 有向图还有另一个重要的特征。它与被称为 de Bruijn 序列的组合对象有紧密关系。k 元（k-ary）de Bruijn 序列 S（k，n）是指长度为 k^n 的环形 k 元序列，每个长度为 n 的 k 元序列在 k^n 个不同的 k 元序列中仅出现一次作为长度为 n 的子序列。

de Bruijn 序列 S（2，2）、S（2，3）、S（3，2）和 S（4，2）及对应的长度为 n 的 k 元子序列如下：

$\boldsymbol{S}$**(2, 2)**$:\{A, G\}$: AGGA; AG, GG, GA, AA;

$\boldsymbol{S}$**(2, 3)**$:\{A, G\}$: GAGGGAAA; GAG, AGG, GGG, GGA, GAA, AAA, AAG, AGA;

$\boldsymbol{S}$**(3, 2)**$:\{A, G, T\}$: GTTAAGGAT; GT, TT, TA, AA, AG, GG, GA, AT, TG;

$\boldsymbol{S}$**(4, 2)**$:\{A, C, G, T\}$: TGCCAAGGTCAGGTCG; TG, GC, CC, CA, AA, AG, GG, GT, TC, CA, AG, GG, GT, TC, CG,GT。

事实上，S（k，n）中 k^n 个不同的 k 元 n-tuple（长度为 n 的子序列）与 de Bruijn 有向图 D（k，n）中的节点一一对应。例如，图 5.2B 和 5.2C 中的 de Bruijn 有向图 D（2，2）、D（2，3）分别与 de Bruijn 序列 S（2，2）、S（2，3）对应。就这一点而言，de Bruijn 序列可以看作以哈密顿回路（经过图中每一个节点且只经过一次）的顺序遍历 de Bruijn 有向图的结果。自 1894 年起，人们开始使用二元 de Bruijn 序列 S（2，n），之后陆续发现它还有许多的应用和应用场景（Imase and Itoh 1981；Grammatikakis et al. 2001）。

目前，我们已经从文字定义、线图和 de Bruijn 序列 3 个不同角度定义了 de Bruijn 有向图的概念。de Bruijn 有向图有许多重要的特征，总结如下（Grammatikakis et al. 2001）。

注释 2：设 k、n、t 是大于等于 2 的正整数。包含 k^n 个节点和 k^{n+1} 条弧的 k 元 n-tuple de Bruijn 有向图 D（k，n）有如下性质：

a. D（k，n）中存在一条哈密顿回路（哈密顿回路由图中的每个节点构成，且每个节点只出现一次）。

b. D（k，n）中存在长度为 t 的回路，$2 \leqslant t \leqslant k^n$（Lempel 1971）。

c. D（k，n）中存在一条欧拉回路，并且是平衡图，因为每个节点都与其他 k 个节点相邻，入度=出度=k（欧拉回路是一条经过图中的每一条弧且只经过一次，最后回到起始点的路径）。

d. D（k，n）的直径是 n（直径是指图中任意一对节点间的最大距离）。

e. D（k，n）的连通度是 k–1（连通度可以衡量图的容错力和恢复力）。

f. D（k，n+1）是 D（k，n）的线图[尽管 D（k，n）不是 D（k，n+1）的子图，但是可以识别 D（2，n）的一些子图作为任何 de Bruijn 有向图 D（2，n）（$n \leqslant N$）的 n 级基础构件]。

由于 de Bruijn 有向图拥有这些重要特性，它已经被用于计算、交流和超大规模集成电路（VLSI）设计的互联网络中。Hsu 和 Wei（1997）提出了查找 de Bruijn 网络中线路和排序的有效方案。Espona 和 Serra（1998）用 de Bruijn 有向图构建 Cayley 有向图。因为 de Bruijn 有向图是完全对称有向图的迭代线图（见注释 2f），所以可以获取 Cayley 有向图特性的许多有价值的信息，包括直径、哈密顿性、容错力、对称度和线路。其他用 de Bruijn 有向图和有向循环图（circulant digraph）构建的平行分布网络详见 Bermond 等

（1995）和 Grammatikakis 等（2001）的工作。

用短 read 从头组装 DNA

Idury 和 Waterman（1995）结合鸟枪法测序和杂交测序（SBH），用欧拉回路的方法解决片段组装问题。他们的方法中把每个长度为 *n* 的 read 转化为[（*n*–*k*）+1]个 *k*-tuple 的集合。他们没有运用 OLC 模型，而是把鸟枪法测序和杂交测序（SBH）结果的组装问题简化为 de Bruijn 有向图中寻找欧拉回路的问题。尽管他们的方法看起来很有前景，但并不实用，这是由于测序错误会导致许多错误的弧。另外，序列中存在大量重复序列使 de Bruijn 有向图陷入困境。

Pevzner 等（2001）开发了一个实用的片段组装软件，称为 EULER，解决了 Idury-Waterman 算法存在的两个缺点。几个运用该软件组装的细菌测序项目都获得了无错误的组装结果。Pevzner 和 Tang（2001）提出了一种新的 EULER-DB 算法，它利用了克隆末端测序（clone-end sequencing）的优点，使用正反向测序数据（double-barreled data）。另外，EULER-DB 算法不屏蔽重复序列，而是将它们作为确定 contig 顺序的有利工具。此外，EULER-DB 算法还把每个 read 映射为 de Bruijn 有向图的弧，而不是传统的片段组装算法中将其映射为节点。

21 世纪以来，第二代高通量测序变得更为普及，它产生更短的 read（25~400 bp vs. 500~750 bp）、更高的覆盖度（大于等于 30× vs. 10×）并且需要更低的花费。然而，已有的组装程序和误差校正方法并没有根据新技术的特点，为完成短 read 组装而进行更改。Chaisson 等（2004）发布了一个在 read 组装之前获取碱基的程序。该程序也可以组装短 read，但是为了获得最终的 contig，需要极大的计算量。他们还提出了基于 A-Bruijn 图寻找欧拉回路的组装算法。EULER+组装程序用非空位算法归纳节点，并且定义一系列简化图的方法以移除错误的弧，从而处理 read 中的测序错误。Chaisson 和 Pevzner（2008）改进了采用 A-Bruijn 技术组装短 read 的方法，提出一种高内存使用率的基于 de Bruijn 图同时支持类似 A-Bruijn 图的校正操作方法。这个改进的系统称为 EULER-SR，它的算法不再是优化 A-Bruijn 图的最大生成树（maximum spanning-tree），而是优化 de Bruijn 图的最大分支（maximum branching）。

目前为止，de Bruijn 有向图的架构是处理高覆盖度、短 read 组装问题的理想方法，拥有许多有用的特性。例如，de Bruijn 有向图的欧拉回路可以提供给我们潜在的原始序列。**Roche's 454 组装软件**，称为 newbler，是第一款应用于短 read 技术并基于 de Bruijn 有向图的组装程序。在 2007 年底 2008 年初，若干专用于第二代测序技术的 de Bruijn 有向图组装程序发布出来，它们都与 Illumina 技术所产生的短 read 兼容。其中，EULER-SR（Chaisson and Pevzner 2008）、Velvet（Zerbino and Birney 2008）、ALLPATHS（Butler et al. 2008）和 ABySS（Simpson et al. 2009）是基于显式（explicitly）de Bruijn 有向图，SSAKE（Warren et al. 2007）、VCAKE（Jeck et al. 2007）和 SHARCGS（Dohm et al. 2007）是基于隐式（implicitly）de Bruijn 有向图，并且使用前缀树方法。

针对 **Illumina 测序平台**，Hernandez 等（2008）开发了一个基于经典 OLC 组装模型的组装软件 Edena（exact *de novo* assembler）。他们将该软件应用于金黄色葡萄球菌

（*Staphylococcus aureus*）MW2 菌株基因组和螺杆菌（*Helicobacter avinonychis*）Sheeba 菌株基因组。识别 Edena 和 Velvet 软件组装的 contig 之间的显著重叠，通过综合这两种程序产生的 contig，可以得到两个额外的数据集。实验结果表明两个软件的结果部分互补，结合使用两个软件可以产生更长的 contig。

用 de Bruijn 有向图和广义 de Bruijn 有向图进行基因组组装

基因组组装问题可以追溯到 20 世纪 80 年代用 OLC 算法组装 DNA 片段。到目前为止已经发展了 30 多年，20 世纪 90 年代出现的鸟枪法测序和 SBH 对基因组组装问题产生了深刻的影响。高通量测序技术的出现使得利用短 read 进行从头组装更为广泛而有必要。MPI（message-passing interface）集群方法可以改善计算效率（如 AbySS）（Simpson et al. 2009）。综合性组装系统和这些大型计算技术在未来的几年必将变得更加普及和成熟。Flicek 和 Birney（2009）对组装系统和算法做了很好的综述，并且对这些工具提出了未来的发展方向。

我们注意到尽管许多基因组组装算法（包括 EULER-DB、EULER-SR、ALLPATHS、Velvet、ABySS、SSAKE、SHARCGS 和 VCAKE）或隐含或明确地运用了 de Bruijn 有向图，但是它们本质上只使用了 de Bruijn 有向图互连网络的概念，而不是 de Bruijn 有向图在数学中的定义。这里，我们觉得有必要定义 k-tuple 的基于 de Bruijn（de Bruijn-based digraph，DBB）的有向图 D（k; p，e）（或者长度为 k 的序列）的概念，$k \leqslant n$，n 是 DNA 片段的长度。

定义 1：设 k 是正整数，k 小于等于 DNA 片段的最小长度。形式上，对于一个固定的 k，"序列图"（sequence graph）是有向图，图中节点对应序列，图中的任何一条边 $x \rightarrow y$ 都满足前一个节点的终点与后一个节点的起点精确重叠 $k-1$ 个碱基。DBB 有向图 $D(k; p, e)$ 是一个有 p 个节点的有向图，每个节点是一个由集合{A，C，G，T}中的字母组成的字符串，长度为 k，记为 $b_1b_2\cdots b_k$，e 条边。每一条边连接节点 $b_1b_2\cdots b_k$ 和 $b_2b_3\cdots b_k\alpha$，$\alpha \in \{A, C, G, T\}$。

举一个例子，原始基因组（或序列）是 S_1=ATGTGCCGCA，根据 SBH 结果产生的 DNA 片段集合 F={ATG，GCA，TGT，GCC，GTG，CCG，TGC，CGC}。据此构建的 DBB 有向图 D（3；8，11）见图 5.3。第二个例子是 DBB 有向图 D（2；7，8），该图是根据 Idury 和 Waterman（1995）的研究结果，从集合 F 得到 7 个子序列（每个长度为 2）构建的 DBB 有向图（见图 5.4）。图 5.4 的 D（2；7，8）中仅有一条欧拉回路（或环）对应原始序列 S_1。

第三个例子是 Flicek 和 Birney（2009）从一条 DNA 序列构建并可视化的一个 de Bruijn 有向图（详见该文献第 S10 页的图 3）。原始序列是

S_2=TAGTCGAGGCTTTAGATCCGATGAGGCTTTAGAGACAG

该序列长度为 q=38，共产生 m=63 个长度为 n=7 的 read。用 252 个 4-mer 构建 DBB 有向图 $D(k; p, e)$，其中 k=4、p=37 和每个节点的所有可能重复，e=36 条。

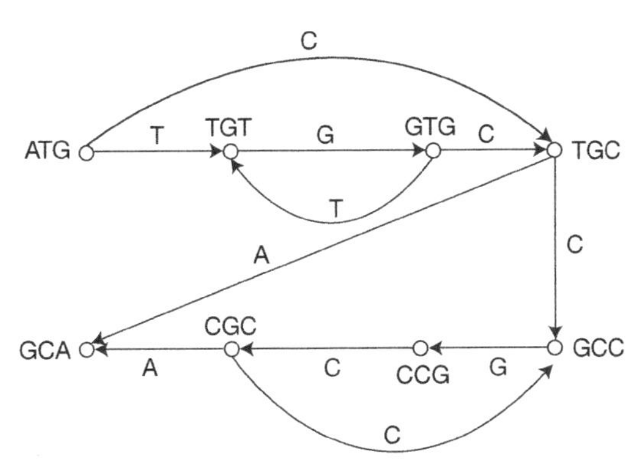

图 5.3 根据 DNA 片段 F={ATG，GCA，TGT，GCC，GTG，CCG，TGC，CGC}构建的 DBB 有向图 D（3；8，11）

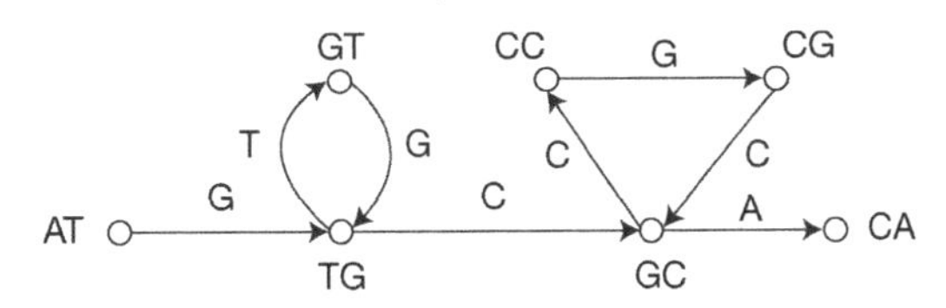

图 5.4 DBB 有向图 D（2；7，8）对应基因组序列 S_1=ATGTGCCGCA

我们注意到图 5.4 中的 DBB 有向图 D（2；7，8）很简单，包含唯一一条对应原始序列 S_1 的欧拉回路。但是 DBB 有向图 D（4；37，36）（Flicek and Birney 2009）中有若干线性延伸、气泡结构、尖端（入度为 1、出度为 0 的节点）。移除这些气泡结构和尖端后，将会得到不同格式的有向图，我们在此定义。

定义 2：设 S 为一条长度为 q 由{A，C，G，T}构成的 DNA 或基因组序列。广义 de Bruijn（Generalized de Bruijn，GDB）有向图 $G(p',e';K,T,H)$ 是一个有 p' 个节点的有向图，节点记为 $b_1b_2\cdots b_k$，k 属于集合 K={k_1，k_2，…，k_n}，且 $k_i<q$，还有 e' 条边，每条边记为（t，$c_1c_2\cdots c_k$），t 属于集合 T=（t_1，t_2，…，t_r），$t_i \leqslant k-1$，h 属于集合 H={h_1，h_2，…，h_s}，$h_i<q$，那么节点 $b_1b_2\cdots b_k$ 与节点 $b_{t+1}b_{t+2}\cdots b_kc_1c_2\cdots c_h$ 邻接，其中 b_i、c_i 是集合{A，C，G，T}的元素。

我们注意到 GDB 有向图的节点代表为不同的长度 k（$k \in K$）的序列，节点 $b_1b_2\cdots b_k$ 可以向左移动 t（$t \in T$）个字符（对比于定义 1 中仅当 $t=1$ 时定义的 DBB 有向图 D），将不同长度为 h（$h \in H$）的序列 $c_1c_2\cdots c_h$ 连接到移动后的节点序列的右端。在去除气泡结构、尖端并简化线性延伸后，从上述未知原始序列 S_2 得到的 DBB 有向图 D（4；37，36），图 5.5 中显示了一个 GDB 有向图 G=G（4，4；K，T，H），K={8，11，12}，T={5，8，9}，H={5，8，9}（Flicek and Birney 2009，图 3a 和图 4）。

GDB 有向图 G（4，4；K，T，H）中的欧拉回路 $Ae_1e_2e_3e_4$ 对应长度为 38 的原始序列 S_2，其中 A 是一个字符串，由欧拉回路中连续的边组成：

$$A \xrightarrow{e_1} B \xrightarrow{e_2} C \xrightarrow{e_3} B \xrightarrow{e_4} D$$

定义 1 和定义 2 很好地定义了 DBB 有向图 $D(k;p,e)$和 GDB 有向图 $G(p',e';K,T,H)$，以下我们将描述用 DBB 有向图和 GDB 有向图解决基因组组装问题的通用框架。

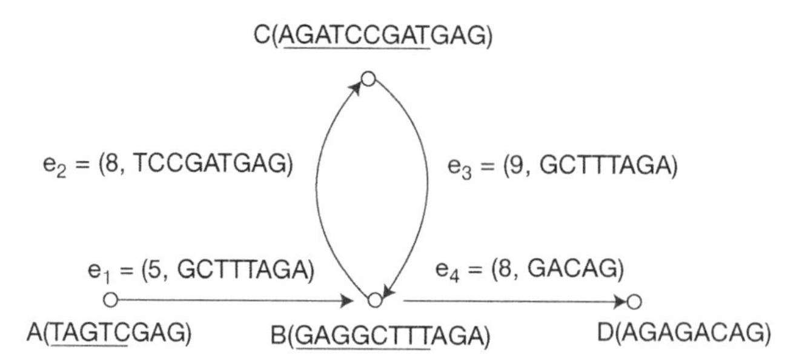

图 5.5　从 Flicek 和 Birney（2009）获得的 DBB 有向图 D（4；37，36）衍生出的 GDB 有向图 G（4，4；K，T，H），K={8，11，12}，T={5，8，9}，H={5，8，9}

注释 3：通用基因组组装框架（genome assembly framework，GAF）。设 S 是待组装的一条 DNA 序列或未知基因组，$S=a_1a_2\cdots a_q$，$a_i\in\{A, C, G, T\}$。用 DBB 有向图和 GDB 有向图解决基因组组装问题的通用框架的具体步骤如下。

1. 用不同技术将基因组 DNA 打断，从而产生可以覆盖基因组 S 的多层随机重叠片段。用 NGS 对这些片段测序，产生包含 m 个 DNA read 的集合：$F=\{f_1, f_2, \cdots, f_m\}$，每个 read 的长度$|f_i|=n$。

2. 运用哈希函数或其他映射(mapping)技术，确定集合 F 所有的 k-tuple，输出 k-tuple 的一个 DBB 有向图 $D(k; p, e)$，p 为节点数，e 为边数，$k\leqslant n$（见定义 1）。

3. 运用必要的修正技术，输出 GDB 有向图 $G(p', e'; K, T, H)$，p' 为节点数，e' 为边数（见定义 2）。

4. 构建有向图 $G(p', e'; K, T, H)$ 的欧拉回路。输出欧拉回路，如果有多条欧拉回路，则需要比较。

注释 3 中的通用基因组组装框架的具体步骤也显示在图 5.6 中。

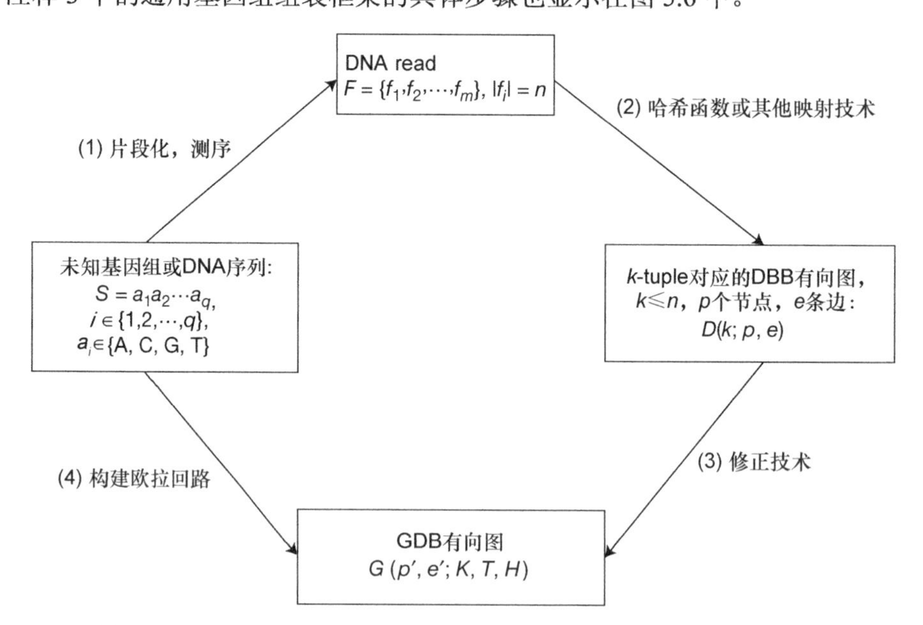

图 5.6　运用 DBB 有向图和 GDB 有向图的通用基因组组装框架（GAF）

参 考 文 献

Bermond J-C, Comellas F, Hsu DF. 1995. Distributed loop computer networks: A survey. *J Para Dist Comput* **24:** 2–10.

Butler J, MacCallum I, Kleber M, Shlyakhter IA, Belmonte MK, Lander ES, Nusbaum C, Jaffe DB. 2008. ALLPATHS: de novo assembly of whole-genome shotgun microreads. *Genome Res* **18:** 810–820.

Chaisson MJ, Pevzner PA. 2008. Short read fragment assembly of bacterial genomes. *Genome Res* **18:** 324–330.

Chaisson M, Pevzner PA, Tang H. 2004. Fragment assembly with short reads. *Bioinformatics* **20:** 2067–2074.

de Bruijn NG. 1946. *A combinatorial problem*, Vol. 49, pp. 758–764. Koninklijke Nederlandse Akademie v. Wetenschappen, Amsterdam.

Dohm JC, Lottaz C, Borodina T, Himmelbauer H. 2007. SHARCGS, a fast and highly accurate short-read assembly algorithm for de novo genomic sequencing. *Genome Res* **17:** 1697–1706.

Espona M, Serra O. 1998. Cayley digraphs based on the de Bruijn networks. *SIAM J Discrete Math* **11:** 305–317.

Fiol MA, Yebra JLA, Alegre I. 1984. Line digraph iterations and the (d, k) digraph problem. *IEEE Trans Comput* **C-33:** 400–403.

Flicek P, Birney E. 2009. Sense from sequence reads: Methods for alignment and assembly. *Nat Methods* **6:** S6–S12.

Grammatikakis MD, Hsu DF, Kraetzl M. 2001. *Parallel system interconnections and communications*. CRC Press, Boca Raton, FL.

Hernandez D, François P, Farinelli L, Osterås M, Schrenzel J. 2008. De novo bacterial genome sequencing: Millions of very short reads assembled on a desktop computer. *Genome Res* **18:** 802–809.

Hsu DF, Wei DSL. 1997. Efficient routing and sorting schemes for de Bruijn networks. *IEEE Trans Parallel Distributed Sys* **8:** 1157.

Idury RM, Waterman MS. 1995. A new algorithm for DNA sequence assembly. *J Comput Biol* **2:** 291–306.

Imase M, Itoh M. 1981. Design to minimize diameter on building-block network. *IEEE Trans Comput* **C-30:** 439–442.

Jeck WR, Reinhardt JA, Baltrus DA, Hickenbotham MT, Magrini V, Mardis ER, Dangl JL, Jones CD. 2007. Extending assembly of short DNA sequences to handle error. *Bioinformatics* **23:** 2942–2944.

Lempel A. 1971. *m*-ary closed sequences, *J Comb Theory* **10:** 253–258.

Pevzner PA, Tang H. 2001. Fragment assembly with double-barreled data. *Bioinformatics* **17:** S225–S233.

Pevzner PA, Borodovsky MY, Mironov AA. 1989. Linguistics of nucleotide sequences. II: Stationary words in genetic texts and the zonal structure of DNA. *J Biomol Struct Dyn* **6:** 1027–1038.

Pevzner PA, Tang H, Waterman MS. 2001. An Eulerian path approach to DNA fragment assembly. *Proc Natl Acad Sci* **98:** 9748–9753.

Reddy SM, Pradhan DK, Kuhl JG. 1980. *Directed graphs with minimal diameter and maximum node connectivity*. School of Engineering Oakland University Technical Report.

Simpson JT, Wong K, Jackman SD, Schein JE, Jones SJ, Birol I. 2009. ABySS: A parallel assembler for short read sequence data. *Genome Res* **19:** 1117–1123.

Staden R. 1980. A new computer method for the storage and manipulation of DNA gel reading data. *Nucleic Acids Res* **8:** 3673–3694.

Warren RL, Sutton GG, Jones SJ, Holt RA. 2007. Assembling millions of short DNA sequences using SSAKE. *Bioinformatics* **23:** 500–501.
West DB. 2001. *Introduction to graph theory*, 2nd ed. Prentice-Hall, Upper Saddle River, NJ.
Zerbino DR, Birney E. 2008. Velvet: Algorithms for de novo short read assembly using de Bruijn graphs. *Genome Res* **18:** 821–829.

6

用短序列读段从头组装细菌基因组

Silvia Argimon 和 Stuart M. Brown

全基因组测序是比较基因组学研究的核心，用于识别细菌毒性的遗传基础。**第二代测序**（next-generation sequencing，NGS）平台使得进行大量的细菌基因组的比较分析成为可能，即使不在大型基因组研究中心。基因组流行病学新的研究领域是对多重分离菌（isolate）进行全基因组测序而重现疾病爆发，该研究逐渐成为公共健康监督和疾病响应措施的重要组成部分。

2002 年基因组研究所（The Institute for Genomic Research，TIGR）花了几个月的时间对寄给一位美国众议员的信中的炭疽菌孢子全基因组与其他已知菌株的基因组进行比较。用 **Sanger 测序法**（Sanger sequencing method）在 ABI 3730xl 96-毛细管测序仪上对总共 16 株炭疽菌进行测序。每个菌株搜集到 60 000~100 000 条**序列读段**（sequence read），最小覆盖度（coverage）为 12×。在 ABI 3730xl 测序仪上共进行了约 10 000 轮独立反应（Rasko et al. 2011）。在信中发现的分离菌被鉴定出的特定序列标记在法院的调查中起到了重要的作用。

随着 NGS 可用性的提高，对一个病原菌的多个菌株进行全基因组测序逐渐成为常规做法。在对伦敦一家医院爆发的耐甲氧西林金黄色葡萄球菌（methicillin-resistant *Staphylococcus aureus*，MRSA）的研究中囊括了 63 个分离菌的全基因组测序（Harris et al. 2010）。类似地，加拿大研究人员共对 36 个结核分枝杆菌（*Mycobacterium tuberculosis*）分离菌进行全基因组测序，研究该菌 2007 年在不列颠哥伦比亚爆发的特征（Gardy et al. 2011）。美国食品和药物管理局（Food and Drug Administration，FDA）的研究人员为了追踪由调味五香肉的胡椒而引发的食物中毒，对 35 株沙门氏菌（*Salmonella*）分离菌进行全基因组 NGS 测序（Lienau et al. 2011）。FDA 将继续使用常规 NGS 来追踪沙门氏菌和其他食物中的病原菌。休斯敦卫理公会医院研究所（The Methodist Hospital Research Institute of Houston）的研究人员共对 301 个具有传染性的 A 群链球菌（group A *Streptococcus*）分离菌基因组进行测序（Shea et al. 2011）。在以上的每一项研究中，对每一个菌株的测序深度都在 50×~100×。

虽然常规的细菌菌株全基因组测序的花费逐渐可以担负，但是研究人员正面临重大的生物信息学挑战。这些大规模并行测序平台，如 Illumina 基因组分析仪，主要产生高通量、高质量的**短读段**（short read），这促进了适用于此类测序数据的**从头序列**组装软件的发展（见第5章）。然而，评价、比较不同组装**算法**（algorithm）的研究是缺乏的，没有经验的用户面对组装任务时，只能求助于软件的用户手册、在线论坛和一些为数学天才准备的出版物。

这一章里，我们将组装20个临床分离的变形链球菌（*Streptococcus mutans*）基因组（基因组大小 2.03 Mb），并致力于实际比较两款短序列数据**从头组装软件**（*de novo* assembler）：Velvet（Zerbino and Birney 2008）和 ABySS（Simpson et al. 2009）。两款软件都是基于 **de Bruijn 图**（de Bruijn graph）的方法，围绕 *k* 个核苷酸，即 ***k*-mer**，组织图中的元素。此外，我们还提供了两种不同的评价基因组从头组装结果的方法：用 Mauve Contig Mover 软件，把重叠群（contig）定位（mapping）到一个相关物种的已知基因组上；将 contig 与一个已知基因序列进行比对。

为了进行变形链球菌比较基因组学研究，20 个样本可以多路复用（multiplexed），用 Illumina TruSeq DNA Sample Prep Kit 构建文库。文库在 Illumina HiSeq 2000 上进行测序，得到 50-bp 的**双末端读段**（pair-end read）。每个样本的 read 保存在两个 **FASTQ 文件**中。

Velvet

Velvet 软件包的操作手册以一种易于理解的方式说明每个基本运行命令。要获得一个 Velvet 组装结果需要运行两个连续的命令：velveth 和 velvetg。velveth（Velvet 哈希）读取输入的序列文件，并输出 3 个文件，Sequences、Roadmaps 和 Log。velvetg（Velvet 图）用上一步输出的文件构建组装结果，输出文件 contigs.fa、UnusedReads.fa（如果指明需要输出）、Graph2、LastGraph、PreGraph 和 stats.txt，并追加 Log 文件。velveth 需要设定的参数有：一个输出目录、*k*-mer 长度（*k* 必须为奇数）、序列文件格式、read 类型和输入文件名。例如，对 04 样本组装设定的 velveth 参数，当 *k*=31 时：

```
>velvethvelvet_output 31 - fastq
- shortPaired s_8_1_sequences.txt s_8_2_sequences.txt
```

velvetg 需要设定覆盖度阈值（coverage cutoff），用于去除组装过程中短的、低覆盖度的节点。另外，当 velvetg 处理双末端 read 时，需要设定插入长度的期望值（expected insert length，即测序片段的平均长度）和 *k*-mer 覆盖度的期望值（expected *k*-mer coverage）。例如，对于我们的样本，我们设定的覆盖度期望值约为 100×，基于测序设备提供的质量数据，我们估计插入长度为 164 个核苷酸。我们设定覆盖度阈值为 auto，那么 velvetg 的命令为

```
>velvetgvelvet_output - ins_length 164  - exp_cov 100 - cov_cutoff auto
```

另外，用户可以要求 contigs.fa 文件中 contigs 的长度大于一个给定值，也可以创建一个文件用来记录所有组装中没有用到的 read。我们要求 contigs.fa 文件中 contig 的长度大于 100 个核苷酸，那么 04 样本的 velvetg 命令为

```
>velvetg velvet_output - min_contig_lgth 100  - ins_length
164  - exp_cov 100  - cov_cutoff auto  - unused_reads yes
```

Log 文件会把输出结果总结为

```
Final graph has 426 nodes and n50 of 28569, max 66443,
total 1939136, using 9358159/9483822 reads
```

这表示组装结果包含426个contig，contig长度的带权中位数是28 569个核苷酸，最大contig是66 443个核苷酸，组装的总长度是1.94Mb，组装结果使用了98.67%的read。

插入长度对组装结果的影响

我们除了设定插入长度为164个核苷酸外，还测试了插入长度为283个核苷酸及不设定这个参数两种情况。当用户不指明这个参数时，velvetg会基于read对的信息自动估计。这时velvetg给出的插入长度的估计值是228个核苷酸，比我们根据测序设备提供的文库片段长度增加了64个核苷酸。

表6.1说明Velvet在不设定插入长度（即velvetg自动估计插入片段长度为228个核苷酸）参数时，得到了一个更好的组装结果。

表6.1　插入长度对样本04的Velvet组装结果的影响

	–ins_length 164	–ins_length 283	不设定插入长度（228）
节点个数	426	417	183
N_{50}	28 569	28 569	1 102 815
contig长度的最大值	66 443	66 443	1 102 815
contig总长度	1 939 136	1 939 177	1 968 956
使用read/%	98.67	98.68	98.73

注：组装参数一致，插入长度除外：velveth设置 k=25；velvetg设置min_contig_lgth 100，exp_cov auto

覆盖度期望值对组装结果的影响

我们测试了4种不同的k-mer覆盖度期望值：50、100、200和“auto”选项，而velvetg设置的覆盖度期望值是长度权重中位数对应的contig覆盖度，覆盖度阈值是它的一半。这里，velvetg估计的覆盖度为115.76，与我们的估计值100接近。

表6.2显示了覆盖度期望值对最终组装结果的重大影响。我们的覆盖度期望值相当准确，因此最终的组装结果与参数设置为“auto”选项的组装结果相近。

表6.2　覆盖度期望值对样本04的Velvet组装结果的影响

	–exp_cov 50	–exp_cov 100	–exp_cov 200	–exp_cov auto
节点个数	434	195	167	183
N_{50}	28 569	1 796 683	401 886	1 102 815
contig长度的最大值	66 443	17 996 683	790 217	1 102 815
contig总长度	1 939 052	1 979 491	1 949 637	1 968 956
使用read/%	98.64	98.75	98.73	98.73

注：组装参数一致，覆盖度期望值除外：velveth设置 k=25；velvetg设置min_contig_lgth 100，cov_cutoff auto，不设定插入长度（auto=228）

k-mer 长度对组装结果的影响

默认情况下，*k*-mer 设置的最大值是 31，但是这个限制可以在编译的过程中被克服，这对于组装长度大于 36 bp 的 read 是比较方便的。在一个 velveth 命令中可以测试多个 *k*-mer 长度，以避免重复计算。例如，25≤*k*≤45，以 2 递增：

```
>velveth velvet_output 25, 47, 2 -fastq
-shortPaired s_8_1_sequences.txt s_8_2_sequences.txt
```

注意，如果 *k* 指定为 25，45，2 时，运行 velveth 时 *k* 将是 25≤*k*≤43，而不是 25≤*k*≤45。这将为每个测试的 *k* 值创建一个子目录 velvet_output_k_i。在每个子目录运行 velvetg 命令，我们得到：

```
>velvetg velvet_output_ki -min_contig_lgth 100 -exp_cov auto -unused_reads yes
```

注意，当覆盖度期望值设置为"auto"时，无需特别指明，覆盖度阈值也将设置为"auto"。这意味着 velvetg 将把覆盖度阈值设置为长度权重中位数对应的 contig 覆盖度的一半，没有必要对每个 *k*-mer 都设置。以我们的经验，进行 *k*-mer 长度优化时，把 velvetg 的其他参数设置为"auto"会得到更好的组装结果。

表 6.3 显示了选择不同的 *k*-mer 对组装结果有很大影响。节点个数、N_{50} 及 contig 总长度与 *k*-mer 之间没有任何数学函数关系（图 6.1）。意外的是，当 *k*=37~43 时，contig 总长度远远超过已知变形链球菌（*Streptococcus mutans*）基因组长度的平均值（约 2.0 Mb），这说明基因组组装结果中有假阳性结果。Zerbino 和 Birney（2008）推荐选择能够得到最长的 N_{50} contig 的组装。根据这个指导意见，*k*=31 时的组装结果是最优结果。

表 6.3　*k*-mer 长度对样本 04 的 Velvet 组装结果的影响

k	节点个数	N_{50}	N_{max}	contig 总长度	使用 read/%
25	183	1 102 815	1 102 815	1 968 956	98.73
27	143	1 722 193	1 722 193	1 972 280	98.20
29	128	1 072 586	1 072 586	1 977 225	97.84
31	110	1 948 103	1 948 103	1 965 894	96.89
33	455	15 367	82 041	1 961 880	96.05
35	135	1 112 831	1 112 831	2 141 512	96.08
37	165	1 009 775	1 240 704	2 481 693	95.29
39	292	729 917	833 798	2 690 036	92.64
41	474	12 952	55 310	2 606 831	92.07
43	457	12 451	76 281	2 659 230	91.41
45	56	1 044 727	1 044 727	1 968 694	93.04

VelvetOptimiser

Velvet 软件包中包含了 VelvetOptimiser 程序，它运用启发式算法寻找 Velvet 组装的最优 *k*-mer 长度和覆盖度阈值。为组装 04 样本的 read，我们测试了 VelvetOptimiser 程序：

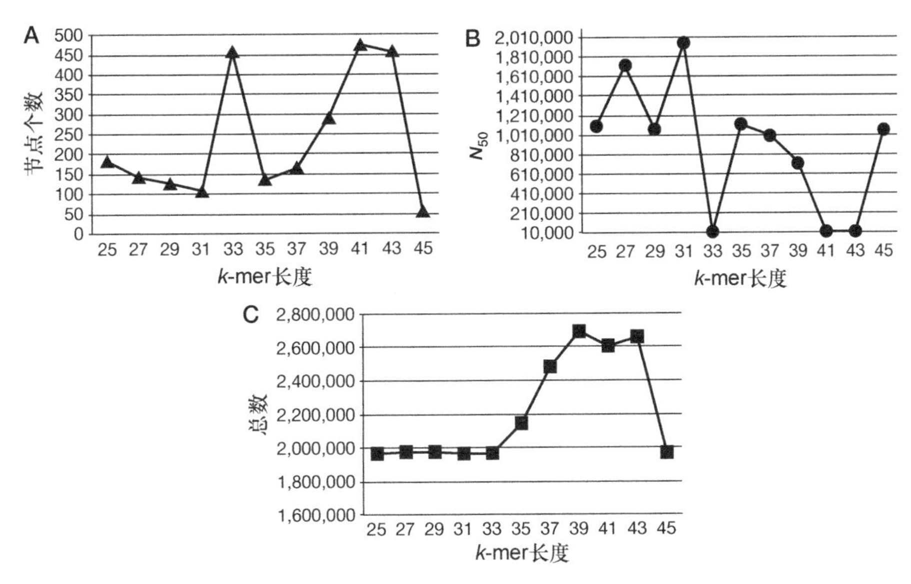

图 6.1 伴随 *k*-mer 长度变化而变化的 Velvet 组装结果

（A）不同 *k*-mer 长度下 Velvet 组装所产生的节点（contig）个数，没有任何一致趋势或可预测模式。（B）Velvet 组装所产生的 contig 的 N_{50} 值也没有明显模式。（C）当 *k*-mer 长度在 39~43 时，所有 contig 总长度最大；但当 *k*-mer 为 45 时，该数值又降低了

```
>VelvetOptimiser.pl -s 25 -e 45 -f' -shortPaired
 -fastq s_8_1_sequence.txt s_8_2_sequence.txt'
```

参数 -s 和 -e 分别表示被测 *k*-mer 长度的下限和上限。参数 -f 是 velveth 命令行的文件部分。这里，VelvetOptimiser 程序设置插入长度为自动，找到的最优覆盖度阈值是 0.91，最优 *k*-mer 长度是 43。组装结果文件存放在新建的 auto_data 子文件夹。注意，如果运行多次 VelvetOptimiser 程序，则需要重命名 auto_data 子目录，否则会被覆盖。

默认情况下，VelvetOptimiser 会基于 N_{50} 选择最优 *k*-mer 长度。但是参数 -k 允许用户基于其他变量来设置组装优化函数，如 contig 中碱基对总个数（表 6.4）。

```
>VelvetOptimiser.pl -s 25 -e 45 -k tbp -f' -shortPaired
 -fastq s_8_1_sequence.txt s_8_2_sequence.txt'
```

表 6.4 两种不同 *k*-mer 优化标准的 VelvetOptimiser 计算结果比较

	–k n50（默认）	–k tbp
最优 *k*-mer 长度	43	25
节点个数	149	93
N_{50}	54 800	1 965 578
N_{max}	162 596	1 965 578
contig 总碱基对	1 966 327	1 986 015
>1 kb 的 contig 个数	63	5
>1 kb 的 contig 总碱基对	1 948 636	1 975 426
覆盖度阈值	0.91	19.53
覆盖度期望值	33	112

以 contig 碱基对总个数作为优化函数运行 VelvetOptimiser 程序，得到最优组装结果的 k=25，还包含一个非常大的 contig，约为 1.97 Mb（也就是说，几乎是整个基因组的大小）。有趣的是，它得到的 N_{50} 远大于默认设置所获得的 N_{50}，即根据 VelvetOptimiser 手册将 N_{50} 用作优化函数。另外，VelvetOptimiser 得到的节点个数、N_{50}、N_{max} 也与表 6.3 中 k=43 和 k=25 的结果有很大不同，尽管各参数都被设置为 auto。

以我们的经验，要想获得 Velvet 的最优组装结果，需要对各个不同的输入参数进行优化，建议将各参数设置为“auto”并与用户对各参数的估计值相比。VelvetOptimiser 也是寻找最优组装结果的有效途径。

ABySS

ABySS（assembly by short sequencing）组装软件允许在并行环境下进行组装计算，当组装大基因组时，ABySS 相对于 Velvet 具有优势。由于 ABySS 软件包中没有详细的用户手册，新用户只能依赖于 README 文件、MAN 页面和一个运行指令的技术支持论坛。运行一次 ABySS 组装只需要一个命令，需要设置 k-mer 长度（k）、输入序列文件和输出文件名称。对于双末端 read，还需要设置连接两个 contig 所需的最小碱基对个数（n）。例如，对于样本 04：

```
>abyss-pe k=31 n=10 in='s_8_1_sequence.txt s_8_2_sequence.txt'name=samp04
```

这个命令会输出 4 个文件：samp04-contigs.fa、samp04-bubbles.fa、samp04-indel.fa 和 samo04-contigs.dot。samp04-contigs.fa 包含 contig 结果；samp04-bubbles.fa 包含等长的不同序列；samp04-indel.fa 包含不等长的不同序列；samo04-contigs.dot 表示 contig 之间是否有重叠及重叠碱基个数。文件的其他部分是 ABySS 计算的中间结果。

ABySS 不会自动输出像 Velvet 的 Log 文件一样附带组装结果统计的文件。ABySS 的统计文件可以用 abyss-fac 命令生成，这在 README 文件或 MAN 页面中都没有提到，但可以在 ABySS 论坛里找到：

```
>abyss-fac samp04-contigs.fa >samp04-stats.txt
```

该命令中需要提供输出文件名，否则输出结果会直接显示在屏幕上：

n	n:100	n:N50	min	median	mean	N50	max	sum	
158	79	8	103	6116	25714	73111	227217	2031449	samp04-contigs.fa

abyss-fac 计算所有大于 100 个核苷酸的 contig 的统计结果。我们可以在 Velvet 程序中设置参数-min_contig_lgth 100 来完成相似的操作。

因此，我们使用基本一致的参数，用 Velvet 和 ABySS 进行组装。我们选择 k-mer 长度为 31（k=31），连接两个 contig 的最小碱基对个数为 10（ABySS 中 n=10，Velvet 为默认值；见 Velvet 用户手册，Section 3.5，进阶参数：Pebble）。ABySS 不需要设置覆盖度期望值、插入片段长度和覆盖度阈值，因此为了得到相似结果，Velvet 组装时这些参数设置为“auto”。将表 6.3 中 Velvet Log 文件描述的组装结果和上述 ABySS 的统计结果进行比较，可以看出 Velvet 组装得到更高的 N_{50} 和 N_{max}，但是 ABySS 组装结果有更高的覆盖度，用“sum”值代表。ABySS 只统计大于 100 个核苷酸的 contig（除非选用 abyss-fac 的参数-t），那么为了比较 Velvet（Log）和 ABySS（stats.txt）的统计结果，Velvet 要指明参数-min_contig_lgth 100。

参数 *k* 和 *n* 对最终组装结果的影响

ABySS 的两个参数 *k*-mer 长度（*k*）和连接两个 contig 的最小碱基对个数（*n*）都需要根据经验值优化。*k* 的默认最大值是 64，但是这个限制可以在编译过程中进行修改。我们并行测试了 25~45 的 *k* 值（以 2 递增），*n* 是 4~40 的 5 个不同值。实验结果与我们在 Velvet 程序中观察到的结果相似，对应不同的 *k* 值，N_{50} 和总覆盖度会表现得非常不规律，因此需要根据经验优化参数。

我们的结果说明 *k* 值比 *n* 值对最终统计结果的影响更大，因为所有测试的 *n* 值对应的 N_{50} 基本一致（图 6.2 A、B）。另外，不同样本的最优 *k* 值可能变化很大，因此建议对每个样本单独进行 *k* 值优化。

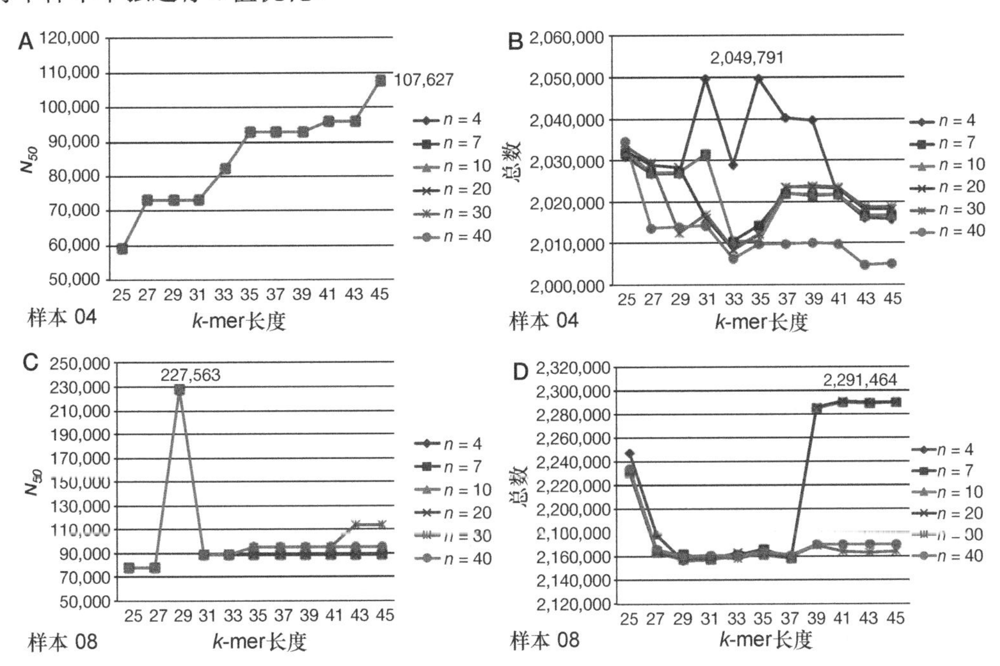

图 6.2　不同 *k*-mer 长度和不同连接两个 contig 所需的最小碱基对个数（从 *n*=7 到 *n*=40）所对应的 ABySS 组装结果的变化

样本 04 组装结果的 N_{50}（A）和总覆盖度（B）；样本 08 组装结果的 N_{50}（C）和总覆盖度（D）

组 装 质 量

基于 N_{50} 所获得样本 04 的最优 ABySS 组装结果为 *k*=45。所有测试 *n* 值所对应的 N_{50} 完全一致（*k*=45），但 *n*=30 对应的最终组装结果的总覆盖度略高。另一方面，Velvet

最优组装结果的 k=31，而我们后续用 VelvetOptimiser 程序产生了具有更高 N_{50} 值的组装结果。Velvet 组装结果与 ABySS 组装结果相比，有更高的 N_{50}、更低的总覆盖度（表 6.4 和表 6.5）。

虽然在选择可能的最佳组装结果时，组装统计数值，如 N_{50}、contig 个数和总覆盖度，都可以提供丰富的信息，但是对于组装结果的正确性，这些数值只能提供有限的信息。另外，contig 就像一块块拼图，需要被排列成更大的超级 contig（supercontig）或 scaffold，以便于基因组间的比较分析。如果有近缘基因组可用，那么这些信息可用于连接被测基因组的 contig。

表 6.5　样本 04 的 Velvet 和 ABySS 最优组装结果比较

	Velvet	ABySS
k	31	45
contig 个数	110	82
N_{50}	1 948 103	107 627
N_{max}	1 948 103	288 371
总覆盖度	1 965 894	2 018 686

我们用 Mauve Contig Mover（MCM）软件（Rissman et al. 2009）将 Velvet 和 ABySS 产生的 contig 构建为 scaffold，根据与**参考基因组**（reference genome）变形链球菌（*Streptococcus mutans*）UA159 菌株的比较结果确定 contig 排序。contig 与参考基因组之间的匹配（match）被排列成局部共线区（locally collinear block，LCB）。每个 LCB 代表一段 contig 和参考基因组之间没有重排的同源序列。一个 contig 可能包含多个 LCB，或者一个 LCB 可能跨越两个或更多 contig。然而，假性重排可能是错误组装所致。

MCM 设计的最初目的是比较多个完整的基因组，以识别共线性区域。但它也是很好的 scaffold 构建器和细菌基因组 NGS 组装结果的可视化工具。在威斯康星基因组中心（Genome Center of Wisconsin，http://gel.ahabs.wisc.edu/mauve/download.php）可以下载运行于台式电脑（提供 Mac、Windows、Linux 版可执行文件）的 Mauve 程序。运行 Mauve 程序，从工具菜单选择“Move Contigs”。加载一个参考基因组的 FASTA 文件和一个由 Velvet 或 ABySS 产生的 contig 数据集文件（注意，ABySS 产生的 contig 文件需要进行一些格式变换）。MCM 程序的第一步是通过参考基因组的比较，完成 contig 排序，把 contig 创建为 LCB——等效于 scaffold。随后通过迭代**比对**（alignment）、混合及合并比对到参考基因组上的 LCB，直到不再产生新的可能的排序结果为止（图 6.3）。

Mauve 比对程序对基因组草图的全局展示是一个评价基因组组装质量的有用工具。另一个不同的方法是查看特定基因座（loci）的覆盖度。衔接排列的 *gtfB* 和 *gtfC* 基因编码两个葡糖基转移酶，具有很高的保守性，可能是由基因复制产生。另外，这两个酶都包含一个由多个有向重复片段组成的葡聚糖结合结构域（glucan-binding domain，GBD）。这两个特征都会导致这些基因座周围的错误组装。我们用 Sequencer 程序（Gene Codes 公司开发）将 Velvet 和 ABySS 产生的 contig 分别比对到变形链球菌

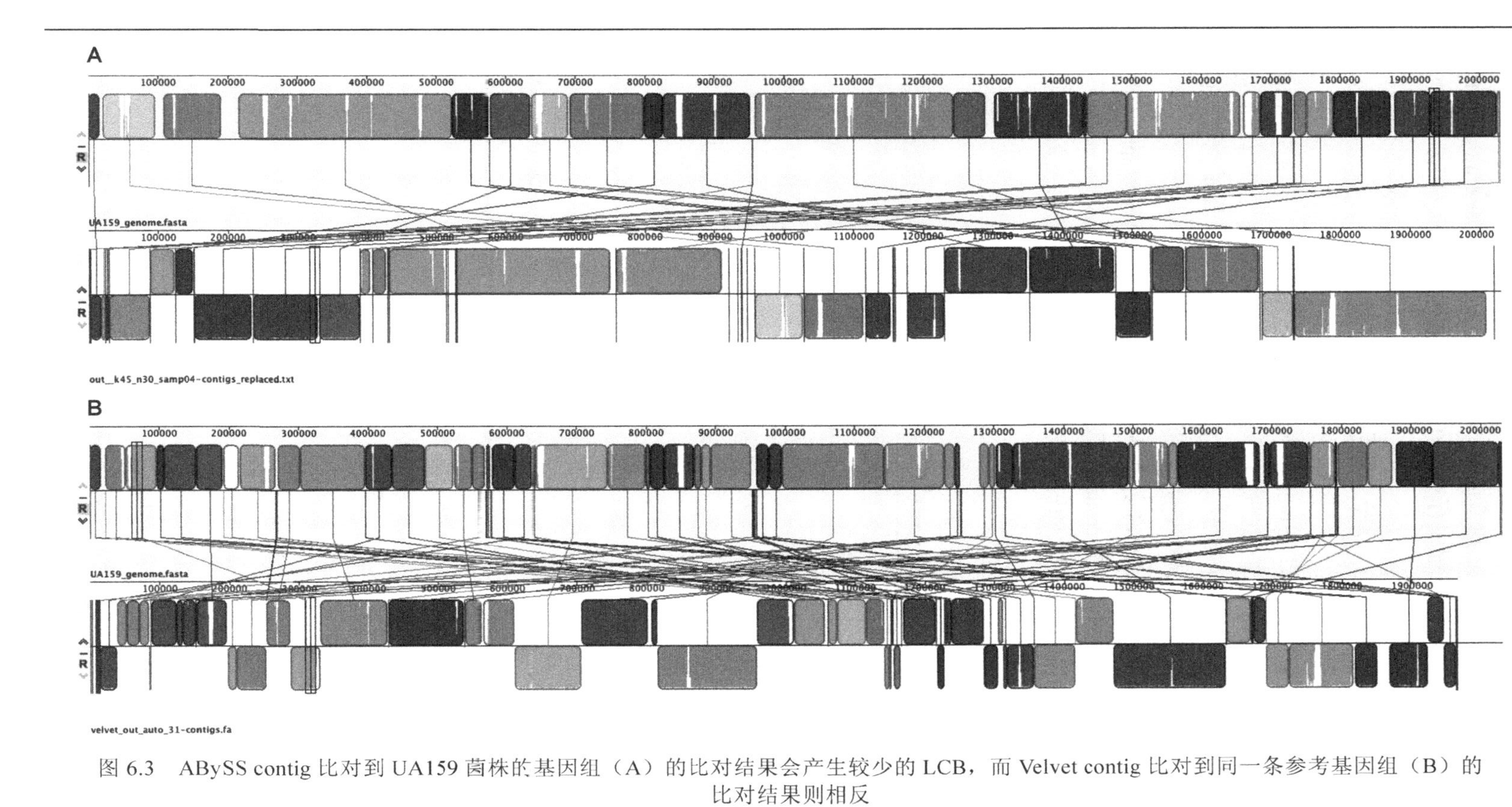

图 6.3 ABySS contig 比对到 UA159 菌株的基因组（A）的比对结果会产生较少的 LCB，而 Velvet contig 比对到同一条参考基因组（B）的比对结果则相反

这个例子涵盖了所有的 Velvet 组装结果，包括运行了 VelvetOptimiser 程序的结果（没有展示）。假设变形链球菌（*Streptococcus mutans*）的不同菌株之间基因组组织是保守的，那么 ABySS 比 Velvet 的组装结果更简约

（*Streptococcus mutans*）UA159 菌株的 *gtfB-gtfC* 序列，发现 AbySS contig 比 Velvet contig 更好地覆盖了这一区域的基因组。这意味着 ABySS 算法在组装短 read 成 contig 方面更成功，因为这样可以覆盖组装过程中存在潜在问题的基因组区域（图 6.4）。

结　束　语

根据我们用两种组装工具，即 Velvet 和 ABySS，把 Illumina 产生的短 read 组装为细菌基因组的经验，说明仅仅几个命令就可以得到组装结果。但是要想获得高质量的组装需要在优化参数和比较组装结果方面做出巨大的努力。此外，每一个样本都需要单独对其参数进行优化，因为最优参数值会发生无法预测的变化。

在我们这里，Velvet 似乎比 ABySS 更容易使用，主要是因为 Velvet 的操作手册对初次使用用户来说容易理解。然而，根据 contig 与变形链球菌（*Streptococcus mutans*）参考基因组的比对结果，以及 *gtfB-gtfC* 基因座的覆盖度分析，ABySS 可以产生更好的组装结果。

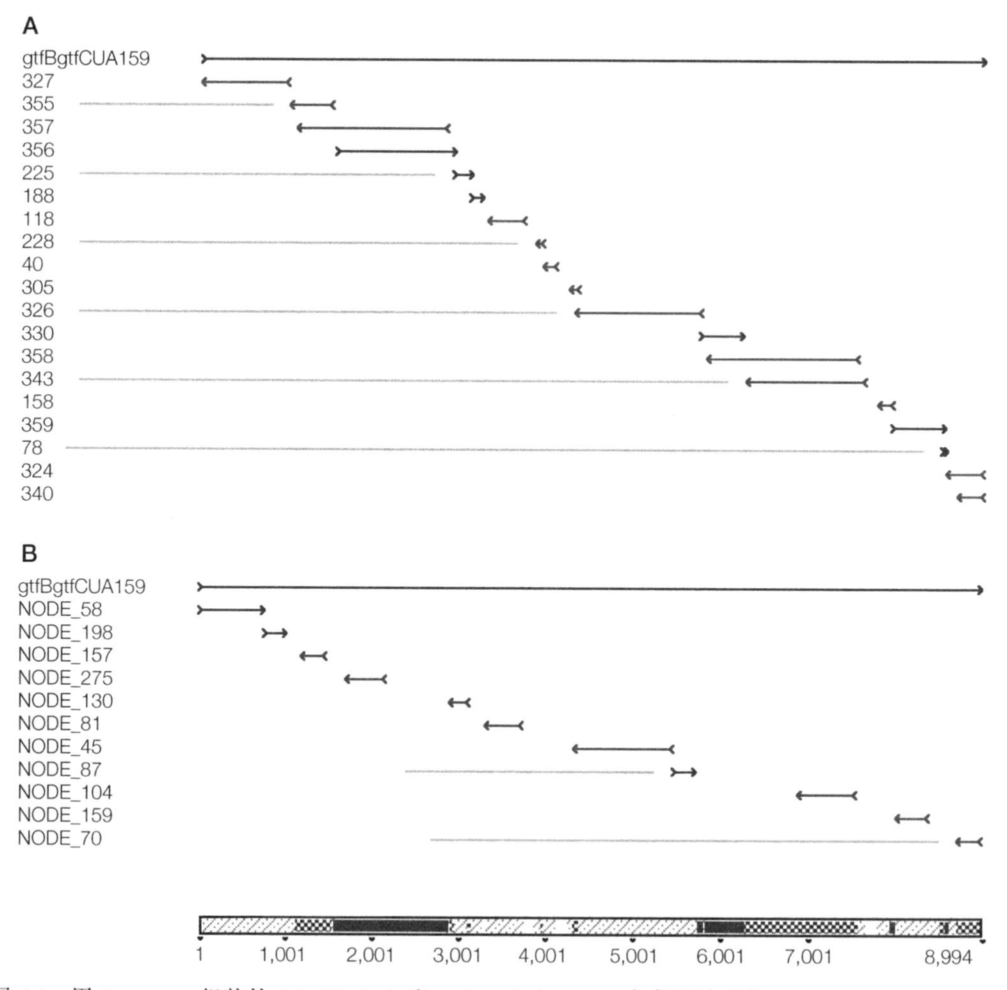

图 6.4　用 Sequencer 组装的 ABySS（A）和 Velvet（B）contig 在变形链球菌（*Streptococcus mutans*）UA159 菌株的 *gtfB-gtfC* 序列位置（用全长绿箭头表示）的覆盖度（另见彩图）

参考文献

Gardy JL, Johnston JC, Ho Sui SJ, Cook VJ, Shah L, Brodkin E, Rempel S, Moore R, Zhao Y, Holt R, et al. 2011. Whole-genome sequencing and social-network analysis of a tuberculosis outbreak. *N Engl J Med* **364:** 730–739.

Harris SR, Feil EJ, Holden MT, Quail MA, Nickerson EK, Chantratita N, Gardete S, Tavares A, Day N, Lindsay JA, et al. 2010. Evolution of MRSA during hospital transmission and intercontinental spread. *Science* **327:** 469–474.

Lienau EK, Strain E, Wang C, Zheng J, Ottesen AR, Keys CE, Hammack TS, Musser SM, Brown EW, Allard MW, et al. 2011. Identification of a salmonellosis outbreak by means of molecular sequencing. *N Engl J Med* **364:** 981–982.

Rasko DA, Worsham PL, Abshire TG, Stanley ST, Bannan JD, Wilson MR, Langham RJ, Decker RS, Jiang L, Read TD, et al. 2011. *Bacillus anthracis* comparative genome analysis in support of the Amerithrax investigation. *Proc Natl Acad Sci* **108:** 5027–5032.

Rissman AI, Mau B, Biehl BS, Darling AE, Glasner JD, Perna NT. 2009. Reordering contigs of draft genomes using the Mauve aligner. *Bioinformatics* **25:** 2071–2073.

Shea PR, Beres SB, Flores AR, Ewbank AL, Gonzalez-Lugo JH, Martagon-Rosado AJ, Martinez-Gutierrez JC, Rehman HA, Serrano-Gonzalez M, Fittipaldi N, et al. 2011. Distinct signatures of diversifying selection revealed by genome analysis of respiratory tract and invasive bacterial populations. *Proc Natl Acad Sci* **108:** 5039–5044.

Simpson JT, Wong K, Jackman SD, Schein JE, Jones SJ, Birol I. 2009. ABySS: A parallel assembler for short read sequence data. *Genome Res* **19:** 1117–1123.

Zerbino DR, Birney E. 2008. Velvet: Algorithms for de novo short read assembly using de Bruijn graphs. *Genome Res* **18:** 821–829.

网络资源

http://gel.ahabs.wisc.edu/mauve/download.php Mauve 程序下载，麦迪逊，威斯康星大学，基因组进化实验室

7

基因组注释

Steven Shen

简　　介

什么是基因组注释？

与早期的**Sanger测序**技术相比，**第二代DNA测序**（next-generation DNA sequencing，NGS）技术使完成一个全新的全基因组测序（**从头测序**）变得更加快速和低成本化。然而，测序数据的加速采集产生了新的瓶颈，这就是如何将**短的 read 组装**成完整的染色体，并且对新组装的基因组进行基因功能和其他生物学相关数据的注释。其中一些问题可以通过发展新的软件得到改善，但是大部分问题还需要熟练的研究人员进行繁杂的人工操作。

根据 Stein 提出的基因组注释的概念（Stein 2001），从技术的角度来看，基因组注释实际上是对组装的基因组进行结构化的过程，识别基因模型和基因组特征，为基因组元件赋予特定的生物学意义。生物和医学研究的发展不断产生出基因结构和功能的新概念，基因组注释的过程也随之得到持续改善。基因组注释的目标是为生物和医学研究创建一套准确的、最新的基因组参考信息。这是其他基因组学技术必不可少的一个先决条件，此类技术包括基因表达、可变剪切、表观遗传学、功能性致病突变的发现等。

为了更好地解析基因组注释过程，研究人员将基因组序列分析分解为内在关联的 3 个主要部分：基因组**序列组装**、识别组装基因组特定位置的功能（基因、非编码 RNA、启动子区域、重复序列、假基因等）、注释生物学特征（每一个基因组元件的功能）。启动一个新的基因组测序项目时，研究人员首先从物种中获取基因组 DNA，进行全基因组测序，然后**组装测序片段**以获得这个基因组的 **contig** 和 scaffold。在草图组装完成后，研究人员的第二步工作就是识别基因组区域和功能元件。从狭义上说，这就是基因组注释的过程，我们将在本章稍后详细讨论。第三步要做的是关联基因组元件和生物学信息，使用特定的生物信息学工具，第三步可以和第二步同时进行。

为什么要进行基因组注释？

基因组组装将 **FASTA 格式**的短测序片段比对到染色体或者 scaffold 和 contig 上（见

第 6 章）。一个组装的基因组草图如同一幅没有标记和说明的简单地图，人们不能通过它找到地点和方向。基因组注释就是识别和定位草图中的每个基因组元件，如同在地图上添加标记。这个过程不仅要提供基因组功能元件的名称、位置（起始和终止）和方向，还要使研究人员能对其做进一步的工作，如为基因组元件关联详尽的生物学信息。

如上文所述，基因组注释过程分两个层次：第一层，研究人员手动地或使用计算机程序标记和定位基因组功能元件；第二层，手动地或使用计算机方法将生物学信息附加到基因组功能元件上（图 7.1）。

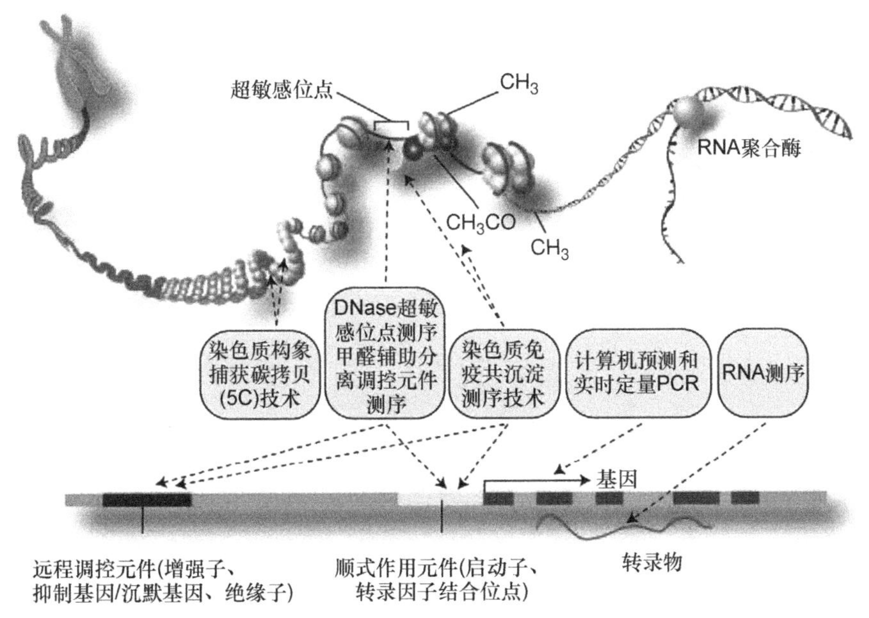

图 7.1　生物功能、基因组数据集（灰色椭圆）和计算机预测（颜色条带）（重印于 ENCODE Project，Consortium 2011）（另见彩图）

生物学注释信息从哪里来？

一个初步注释的组装基因组是一个表格形式的 GTF 或 GFF 文件，包含相对于一个基因组**参考序列**（如一条染色体、一个 contig 和 scaffold）的起始位置和终止位置的基因组功能元件，以及其他可以由研究人员添加生物学信息的基本的基因组特征。表 7.1 显示了一种蚂蚁物种的基因注释信息的部分 GFF 文件。目前已有一些正在进行的项目，如 Ensembl、UniProt、RefSeq 和 Gene Ontology，在收集和存储基因组信息。这些项目的公开数据库里存储了常见基因组的最新基因组信息和相关生物学信息。

从已有的数据库获取公开的生物学信息有很多种方法，详见本章的下一部分（表 7.2）。最简单的方法是做直系同源定位，但这种方法只能提供基因模型或基因组功能元件信息的一部分。HMMER、Blast2GO 和其他程序常用于基因功能的注释。基因功能注释要求准确的基因模型或结构化的基因组功能元件。在接下来的部分中，主要集中介绍如何构建准确的基因模型和基因组功能元件结构。表 7.3 列出了基于研究团体的注释项目的一部分。

表 7.1　GFF 文件示例

染色体编号	注释来源	功能元件类型	起始位置	终止位置	分值	方向	验证	X-ref
scaffold72	GLEAN	mRNA	211 280	218 219	0.973 093	–	—	ID=Cflo_01967--NA
scaffold72	GLEAN	CDS	218 078	218 219	—	–	0	Parent = Cfio_01967--NA
scaffold72	GLEAN	CDS	212 380	212 681	—	–	2	Parent = Cflo_01967--NA
scaffold72	CUFF.196830.0	3′UTR	211 280	212 379	—	–	—	Parent = Cflo_01967--NA
scaffold3033	GeneWise	mRNA	1 399	2 583	68.97	–	—	ID = Cflo_14312--XP_001599370.1_NASVI;Shift=0
scaffold3033	GeneWise	CDS	1 399	2 583	—	–	0	Parent = Cflo_14312--XP_001599370.1_NASVI
scaffold859	GLEAN	mRNA	444 197	446 169	0.992 797	–	—	ID = Cfio_05684--XP_394859.1_APIME
scaffold859	CUFF.214386.0	5′UTR	446 051	446 169	—	–	—	Parent = Cfio_05684--XP_394859.1_APIME
scaffold859	GLEAN	CDS	446 008	446 050	—	–	0	Parent = Cflo_05684--XP_394859.1_APIME
scaffold859	GLEAN	CDS	445 823	445 921	—	–	2	Parent = Cfio_05684--XP_394859.1_APIME
scaffold859	GLEAN	CDS	445 583	445 761	—	–	2	Parent = Cflo_05684--XP_394859.1_APIME
scaffold859	GLEAN	CDS	445 110	445 401	—	–	0	Parent = Cflo_05684--XP_394859.1_APIME
scaffold859	GLEAN	CDS	444 447	444 658	—	–	2	Parent = Cflo_05684--XP_394859.1_APIME
scaffold859	GLEAN	CDS	444 197	444 382	—	–	0	Parent = Cfio_05684--XP_394859.1_APIME
scaffold166l	GLEAN	mRNA	53 519	59 877	0.772 684	+	—	ID = Cfio_12484-XP_394081.2_APIME
scaffold166l	CUFF.58661.0	5′UTR	53 519	53 664	—	+	—	Parent = Cflo_12484--XP_394081.2_APIME
scaffold166l	GLEAN	CDS	53 722	53 867	—	+	0	Parent = Cfio_12484--XP_394081.2_APIME
scaffold166l	GLEAN	CDS	55 325	55 645	—	+	1	Parent = Cfio_12484--XP_394081.2_APIME
scaffold166l	GLEAN	CDS	56 058	56 438	—	+	1	Parent = Cflo_12484--XP_394081.2_APIME

表 7.2 注释数据源

数据源	描述	网址
基因组		
ASAP II	剪切变异体数据库，包括组织和癌症分析(Kim et al. 2007)	http://bioinformaticsucta.edu/ASAP2/
ASPicDB	人类基因剪切模式数据库(Castrignano et al. 2008)	http://t.caspur.it/ASPicDB/
ASTD	由可变剪切或可变起始或终止位点产生的可变转录物数据库(Stamm et al. 2006)	http://www.ebi.ac.uk/astd/
dbSNP	NCBI 上的变异体目录(Smigielski et al. 2000)	http://www.ncbi.nlm.nih.gov/projects/snp
Ensembl	预测基因、转录物和多肽的流程(Flicek et al. 2008)	http://www.ensembl.org
FlyBase	果蝇基因组数据库(Grumbling and Strelets 2006)	http://flybase.bio.indiana.edu/
GenBank	包含所有公开的 DNA 序列的数据库(Benson et al. 2008)	http://www.ncbi.nlm.nih.gov/Genbank/
GOLD	收录全世界范围内基因组计划的资源(Liolios et al. 2008)	http://www.genomesonline.org/
NCBI tools	基因、蛋白质和基因组分析的工具库(Wheeler et al. 2007)	http://www.ncbi.nlm.nih.gov/Tools/
OMIM	人类遗传疾病及其致病基因数据库(Hamosh et al. 2002)	http://www.ncbi.nlm.nih.gov/omim/
RefSeq	注释序列（基因组 DNA、转录物和蛋白质）的非冗余数据库(Pruitt et al. 2007)	http://www.ncbi.nlm.nih.gov/RefSeq/
SNPeffect	注释单核苷酸多态性（SNP）影响的数据库(Reumers et al. 2005)	http://snpeffect.vib.be/index.php
TAIR	拟南芥的遗传和分子生物学数据库(Swarbreck et al. 2008)	http://www.arabidopsis.org/
UCSC Genome Browser	显示基因组数据的浏览器(Karolchik et al. 2008)	http://genome.ucsc.edu/
Vega	已完成的脊椎动物基因组的人工注释数据库(Wilming et al. 2008)	http://vega.sanger.ac.uk
WormBase	秀丽隐杆线虫和其他线虫的基因组信息数据库(Rogers et al. 2008)	http://www.wormbase.org/
蛋白质组/序列		
分析翻译后修饰的 CBS 工具套装	预测下列化学基团：磷酸化[NetPhos(Blom et al. 1999)、NerPhosK (Blom et al. 2004)、NetPhosYeast(Ingrell et al. 2007)]；*O*-连接的糖基化[NetOGlyc(Julenius et al. 2005)、YinOYang(Gupta and Brunak 2002)、DictyOGlyc(Gupta et al. 1999)]；*N*-连接的糖基化（NetNGlyc）；*C*-连接的糖基化[NetCGlyc(Julenius 2007)]；糖化[NetGlycate(Johansen et al. 2006)]；乙酰化[NetAcet (Kiemer et al. 2005)]；硫酸化；脂质附加[LipoP(Juncker et al. 2003)]。 分析多肽剪切的工具：信号肽[SignalP(Bendtsen et al. 2004); LipoP(Juncker et al. 2003); TatP(Bendtsen et al. 2005a; 2005b)]；前肽[ProP(Duckert et al. 2004)]；转运肽[TargetP(Emanuelsson et al. 2007); ChloroP(Emanuelsson et al. 1999)]；病毒多聚蛋白处理[NetCorona(Kiemer et al. 2004); NetPicoRNA(Blom et al. 1996)]；半胱天冬酶剪切、蛋白分选和亚细胞定位；分泌[SecretomeP(Bendtsen et al. 2005a; 2005b)]；进入线粒体和叶绿体（ChloroP）；出核[NetNES(La Cour et al. 2004)]	http://www.cbs.dtu.dk/services/
CSA	催化残基信息数据库，部分人工注释，部分根据同源性(Porter et al. 2004)	http://www.ebi.ac.uk/thornton-srv/databases/CSA/
FireDB/Firestar	功能性残基注释数据库(Lopez et al. 2007a)和一个未注释序列的功能性残基预测工具(Lopez et al. 2007b)	http://firedb.bioinfo.cnio.es/
Gene3D	功能注释数据库，寻找未注释蛋白和任何已知原始和 CATH 结构域的相似性(Yeats et al. 2008)	http://gene3d.biochem.ucl.ac.uk/Gene3D/
Interpro	包含不同数据库注释的数据库联盟(Mulder et al. 2007)	http://www.ebi.ac.uk/interpro/
iProClass	蛋白质功能元件整合数据库(Wu et al. 2004)	http://pir.georgetown.edu/iproclass

续表

数据源	描述	网址
KEGG	包含基因、功能、分类、通路、配体信息的数据源(Kanehisa et al. 2008)	http://www.genome.jp/kegg/
MEMSAT	预测全螺旋跨膜蛋白结构及螺旋组分在膜内的位置(Jones 2007)	http://bioinf.cs.ucl.ac.uk/memsat/
Panther	基因和蛋白质的功能分配数据库(Thomas et al. 2003)	http://www.pantherdb.org/
Pfam	蛋白质结构域和保守区域的多重比对数据库(Finn et al. 2008)	http://www.sanger.ac.uk/software/Pfam/
PIR	基因组和蛋白质组研究的数据库和工具(Wu et al. 2007)	http://pir.georgetown.edu/
PMut	根据神经网络预测病理突变的服务器(Ferrer-Costa et al. 2005a; 2005b)	http://mmb.pcb.ub.es/PMut/
PRIDE	蛋白质组数据库，允许用户提交、检索和比较实验数据(Jones and Côté 2008)	http://www.ebi.ac.uk/pride/
Prints	蛋白质家族的指纹特征数据库(Attwood 2002)	http://www.bioinf.manchester.ac.uk/db-browser/PRINTS/
ProDom	由 SwissProt 和 TrEMBL 序列产生的蛋白质结构域家族数据库(Bru et al. 2005)	http://prodom.prabi.fr/
Prosite	包含蛋白质指纹特征的功能结构域数据库(Hulo et al. 2006)	http://www.expasy.ch/prosite/
ProtoNet	为了预测蛋白质结构和功能而对蛋白质进行聚类的服务器(Kaplan et al. 2005)	http://www.protonet.cs.huji.ac.il/
PupaSuite	分析单核苷酸多态性的网络工具(Conde et al. 2006)	http://pupasuite.bioinfo.cipf.es/
SMART	基于同源序列的隐马尔可夫模型的功能结构数据库(Schultz et al. 1998)	http://smart.embl-heidelberg.de/
Superfamily	完全测序物种的功能结构域分配（在 SCOP 超家族水平）数据库(Gough et al. 2001)	http://supfam.cs.bris.ac.uk/SUPERFA-MILY/
TIGRFAMs	基于隐马尔可夫模型的蛋白质家族收集和注释数据库(Haft et al. 2003)	http://www.tigr.org/TIGRFAMs/index.shtml
TMHMM	蛋白质跨膜螺旋的预测(Krogh et al. 2001)	http://www.cbs.dtu.dk/services/TMHMM
UniprotKB/SwissProt	蛋白质信息特征数据库(The UniProt Consortium 2008)	http://www.ebi.ac.uk/swissprot/
UniprotKB/TrEMBL	EMBL 数据库的翻译版本(The UniProt Consortium 2008)	http://www.ebi.ac.uk/TrEMBL/
蛋白质组/结构		
CATH	基于结构特征（二级结构、结构框架、拓扑结构）和同源性聚类的蛋白质结构域分类(Greene et al. 2007)	http://www.cathdb.info/
Genomic Threa-Ding Database	根据结构折叠识别的蛋白质组注释(McGuffin et al. 2004)	http://bioinf.cs.ucl.ac.uk/GTD/
ModBase	同源性建模构建的三维模型数据库(Pieper et al. 2006)	http://modbase.compbio.ucsf.edu
MoDEL	分子动态轨迹及其分析数据库(Rueda et al. 2007)	http://mmb.pcb.ub.es/MODEL/
MSD	大分子结构的收集、管理和分布(Tagari et al. 2006)	http://www.ebi.ac.uk/msd/
PDBsum	蛋白质数据库中每一个 3D 结构的结构性注释(Laskowski et al. 2005a)	http://www.ebi.ac.uk/thornton-sn/data-base/pdbsum/
PISA	为了预测大分子相互作用和四级结构状态而分析 PDB 结构的工具(Krissinel and Henrick 2007)	http://www.ebi.ac.uk/msd-srv/prot_int/pistart.html
Procognate	酶结构的同源配体数据库(Bashton et al. 2008)	http://www.ebi.ac.uk/thornton-srv/data-bases/procognate/
ProFunc	根据 3D 结构识别一个蛋白质可能的生化功能(Laskowski et al. 2005b)	http://www.ebi.ac.uk/thornton-srv/data-bases/ProFunc/
RCSB PDB	PDB 数据库中蛋白质 3D 结构地图(Berman et al. 2002)	http://www.rcsb.org
SwissModel	构建同源性模型的服务器(Schwede et al. 2003)	http://swissmodel.expasy.org/SWISS-MODEL.html
SCOP	基于进化信息和拓扑学的蛋白质结构分类(Andreeva et al. 2004)	http://scop.mrc-lmb.cam.ac.uk/scop/

续表

数据源	描述	网址
wwPDB	用于维护一个包含大分子结构数据的单一蛋白质数据库的数据仓库(Berman et al. 2003)	http://www.wwpdb.org/index.html
其他		
ArrayExpress	已注释的表达谱数据库(Parkinson et al. 2007)	http://www.ebi.ac.uk/microarray-as/aew/
Babelomics	对基因功能进行不同分析的整合系统(Al-Shahrour et al. 2006)	http://babelomics.bioinfo.cipf.es/
Brenda	包含酶功能信息（如 K_m 或底物）的数据库(Barthelmes et al. 2007)	http://www.brenda-enzymes.info/
ChEBI	小化合物字典(Degtyarenko et al. 2008)	http://www.ebi.ac.uk/chebi/
GEPAS	对基因表达进行不同分析的整合系统(Montaner et al. 2006)	http://gepas.bioinfo.cipf.es/
GSCAN	搜索基因组中的单核苷酸多态性（SNP）和数量性状位点（QTL）的服务器(Valdar et al. 2006)	http://gscan.well.ox.ac.uk/
IntAct	分子相互作用数据库(Kerrien et al. 2007)	http://www.ebi.ac.uk/intact/
MACiE	酶反应数据库(Holliday et al. 2007)	http://www.ebi.ac.uk/thornton-srv/databases/MACiE/

资料来源：Reeves et al. 2009

表 7.3 基于研究团体的注释项目和软件

研究团体	工具	网址	模式生物
J. Craig Venter Institute	Manatee	http://manatee.sourceforge.net/	原核生物
Welcome Trust Sanger Institute	Artemis and ACT	http://www.sanger.ac.uk/Software/ Artemis; http://www.sanger.ac.uk/Software/ACT	无脊椎动物
Welcome Trust Sanger Institute	Zmap and Otterlace	http://www.acedb.org/Software/ Downloads; ftp://ftp.sanger.ac.uk/pub2/jgrg	脊椎动物
The *Arabidopsis* Information Resource	Apollo	http://apollo.berkeleybop.org/current/index.html	拟南芥、植物
The Broad Institute of MIT	Argo	http://www.broadinstitute.org/annotation/argo/	

注释策略与方法

注释一个新测序的基因组有两种基本途径：从头计算法（*ab initio* approach）和基于参考序列的方法（reference-based approach）。以下谈到的软件程序和注释策略都是针对真核生物的，特殊说明的除外。

从头计算法

从头基因组注释法是只依据基因组序列的模式识别来确定基因组功能元件，而基因组序列的模式识别可以基于单基因组方法和多基因组的比较基因组方法。由于真核基因组功能元件具有多样性，如编码基因、**外显子和内含子**、非编码 RNA、启动子区、UTR、重复序列、假基因等，所以单纯基于序列的预测方法就很困难。尽管还有一些其他的基于隐马尔可夫模型的软件存在，GENSCAN 和 GeneID 还是最受欢迎的软件。预测的准确性方面，利用单基因组的从头计算法只能从一个新组装的基因组中识别一部分真实基因模型（20%~30%）。基于比较基因组方法需要多个相关物种的基因组组装信息。与基于单基因组的方法相比，这种方法能够利用物种间的保守特征改进基因组注释，以获得更优的基因模型、更少的元件缺失和更高的准确性。

基于参考序列或功能的方法

基于参考序列注释基因组的方法需要利用该物种已有的基因或基因组模型对基因预测程序进行训练，可以选择一组表达序列标签或蛋白质结构域作为参考序列。利用NGS技术最新进展的优势，基于参考序列的注释策略得到了扩展和加强。一种**从头 RNA 组装**方法通过全转录组的完全测序得以实现。这种策略在理论上允许快速探测整个转录组家族，并建立一套完整的表达 RNA 转录物的参考序列，用于注释组装的基因组序列。表 7.4 列出了一些有用的注释工具和软件。

表 7.4 从头计算和基于证据的基因组注释的软件工具

软件名	贡献者	网址链接	主要功能
AUGUSTUS	Mario Stanke、Rasmus Steinkamp、Stephan Waack 和 Burkhard Morgenstern	http://augustus.gobics.de/	真核模式系统的基因预测
CONTRAST	S.S. Gross、C.B. Do、M. Sirota 和 S. Batzoglou	http://contra.stanford.edu/contrast	基因预测
EUGENE	T. Schiex、A. Moisan 和 P. Rouzé。计算生物学 O. Gascuel 和 M.-F. Sagot	http://eugene.toulouse.inra.fr/	真核生物的基因发现
ExonHunter	Brona Brejova、Daniel G. Brown、Ming Li 和 Tomas Vinar	http://compbio.fmph.uniba.sk/exonhunter/	在多重系统中预测基因和外显子
FGENESH	Softberry 的商用软件包	http://linux1.softberry.com/berry.phtml	多模式系统基因预测包
GeneID	E. Blanco、G. Parr 和 R. Guigó	http://genome.crg.es/geneid.html	真核生物从头计算基因模式预测
GeneMark	M.Borodovsky 和 J. Mclninch	http://exon.gatech.edu/	真核生物和原核生物的从头计算基因模式预测
GenScan	C. Berge	http://genes.mit.edu/GENSCAN.html	真核生物从头计算基因模式预测
GLIMMER	A.L.Delcher、D. Harmon、S. Kasif、O. White 和 S. L. Salzberg	http://www.cbcb.umd.edu/software/glimmer/	原核生物从头计算基因模式预测
Gnomon	NCBI	http://www.ncbi.nlm.nih.gov/projects/genome/guide/gnomon.shtml	真核生物模式系统的基因预测
mGene	G.Rätsch	http://www.fml.tuebingen.mpg.de/raetsch/suppl/mgene	基因预测
mSplicer	Gunnar Rätsch、Sören Sonnenburg、Jagan Srinivasan、Hanh Witte、Klaus-Robert Müller、Ralf Sommer 和 Bernhard Schölkopf	http://www.fml.tuebingen.mpg.de/raetsch/suppl/msplicer	线虫基因组的基因剪切预测
NNPP	M.G. Reese	http://www.fruitfly.org/seq_tools/promoter.html	启动子预测
NNSPLICE	M.G. Reese	http://www.fruitfly.org/seq_tools/splice.html	剪切位点预测
ORF FINDER	T. Tatusov 和 R. Tatusov	http://www.ncbi.nlm.nih.gov/gorf/gorf.html	寻找可读框
SGP	G. Parra、P. Agarwal、J.F. Abril、T. Wiehe、J.W. Fickett 和 R. Guigó	http://jakob.genetik.uni-koeln.de/bioinformatik/software/	交叉参考基因发现
SLAM	Simon Cawley、Lior Pachter 和 Marina Alex	http://bio.math.berkeley.edu/slam/	交叉参考基因发现
SNAP	I. Korf	http://homepage.mac.com/iankorf/	多模式系统从头计算基因预测
TWINSCAN/N-SCAN	I. Korf、P. Flicek、D. Duan 和 M. R.Brent	http://mblab.wustl.edu/software/twinscan/	交叉参考基因发现

注释策略和流程

基因组注释是一个多步骤、多层次的过程。基因组测序领域广泛使用的一般策略是：①从表达序列标签文库、蛋白质结构域数据库或 BLAST 比对已知基因组中收集基因模型证据；②构建基于证据的基因模型；③利用收集的证据训练基因预测程序；④预测基因模型和其他基因组功能元件；⑤分配基因名称和报告注释的准确性。

趋势及高级实践

基因组注释是一项耗时和多层次的处理过程。没有任何一种从头计算或更为复杂的计算机工具能够对一个基因组的基因模型达到 50%以上的预测准确率。团队协作和努力对基因组注释显得越来越重要。得益于研究专家持续深入的注释工作及第二代测序和软件开发的技术进步，GENCODE 联盟和其他合作团队（如 GMOD，通用模式生物数据库）创建了一个多种模式生物基因组的注释框架。

NGS 技术不仅使基因组测序更加快捷和低廉，也使研究者能够更高效地产出转录组学证据和遗传学相关证据。最近的研究表明这项新技术进一步发展了基于证据的基因组注释。这里，两种基于 RNA 从头组装的技术发展促进了我们所关注的基于证据的基因组注释。

用 Velvet 和 Oases 程序从头组装转录组

我们综合使用 Velvet 和 Oases 程序包把非常短的 RNA 测序标签进行从头 RNA 组装。这项技术能让研究者在没有完整组装基因组的条件下进行转录组研究。研究中的 RNA 短 **read** 可以有多个用途，如组装整个转录组或研究基因差异表达等转录事件。传统方法是在获得组装基因组的条件下进行全基因组水平的转录组研究，与此相比，这项新技术可以更加快速和低廉地对一个新的基因组进行全基因组水平的基因表达研究。而且，从头 RNA 组装会进一步有助于基因组组装和注释。

用 Trinity 软件包从头组装转录组

用 Trinity 软件包从头组装转录组需要更长的短 read，通常测序两端需 76 bp。这将增加一些测序成本，但可以提高转录组组装的质量。

参 考 文 献

Al-Shahrour F, Minguez P, Tárraga J, Montaner D, Alloza E, Vaquerizas JM, Conde L, Blaschke C, Vera J, Dopazo J. 2006. BABELOMICS: A systems biology perspective in the functional annotation of genome-scale experiments. *Nucleic Acids Res* **34:** W472–W476.

Andreeva A, Howorth D, Brenner SE, Hubbard TJP, Chothia C, Murzin AG. 2004. SCOP database in 2004: Refinements integrate structure and sequence family data. *Nucleic Acids Res* **32:** D226–D229.

Attwood TK. 2002. The PRINTS database: A resource for identification of protein families. *Brief Bioinform* **3:** 252–263.

Barthelmes J, Ebeling C, Chang A, Schomburg I, Schomburg D. 2007. BRENDA, AMENDA and FRENDA: The enzyme information system in 2007. *Nucleic Acids Res* **35:** D511–D514.

Bashton M, Nobeli I, Thornton JM. 2008. PROCOGNATE: A cognate ligand domain mapping for enzymes. *Nucleic Acids Res* **36:** D618–D622.

Bendtsen JD, Nielsen H, von Heijne G, Brunak S. 2004. Improved prediction of signal peptides: SIGNALP 3.0. *J Mol Biol* **340:** 783–795.

Bendtsen JD, Kiemer L, Fausbøll A, Brunak S. 2005a. Non-classical protein secretion in bacteria. *BMC Microbiol* **5:** 58.

Bendtsen JD, Nielsen H, Widdick D, Palmer T, Brunak S. 2005b. Prediction of twin-arginine signal peptides. *BMC Bioinform* **6:** 167.

Benson DA, Karsch-Mizrachi I, Lipman DJ, Ostell J, Wheeler DL. 2008. GenBank. *Nucleic Acids Res* **36:** D25–D30.

Berman HM, Battistuz T, Bhat TN, Bluhm WF, Bourne PE, Burkhardt K, Feng Z, Gilliland GL, Iype L, Jain S, et al. 2002. The Protein Data Bank. *Acta Crystallogr D Biol Crystallogr* **58:** 899–907.

Berman H, Henrick K, Nakamura H. 2003. Announcing the worldwide Protein Data Bank. *Nat Struct Biol* **10:** 980.

Blom N, Hansen J, Blaas D, Brunak S. 1996. Cleavage site analysis in picornaviral polyproteins: Discovering cellular targets by neural networks. *Protein Sci* **5:** 2203–2216.

Blom N, Gammeltoft S, Brunak S. 1999. Sequence and structure-based prediction of eukaryotic protein phosphorylation sites. *J Mol Biol* **294:** 1351–1362.

Blom N, Sicheritz-Pontén T, Gupta R, Gammeltoft S, Brunak S. 2004. Prediction of post-translational glycosylation and phosphorylation of proteins from the amino acid sequence. *Proteomics* **4:** 1633–1649.

Bru C, Courcelle E, Carrère S, Beausse Y, Dalmar S, Kahn D. 2005. The PRODOM database of protein domain families: More emphasis on 3D. *Nucleic Acids Res* **33:** D212–D215.

Castrignano T, D'Antonio M, Anselmo A, Carrabino D, D'Onorio De Meo A, D'Erchia AM, Licciulli F, Mangiulli M, Mignone F, Pavesi G, et al. 2008. ASPICDB: A database resource for alternative splicing analysis. *Bioinformatics* **24:** 1300–1304.

Conde L, Vaquerizas JM, Dopazo H, Arbiza L, Reumers J, Rousseau F, Schymkowitz J, Dopazo J. 2006. PUPASUITE: Finding functional single nucleotide polymorphisms for large-scale genotyping purposes. *Nucleic Acids Res* **34:** W621–W625.

Degtyarenko K, de Matos P, Ennis M, Hastings J, Zbinden M, McNaught A, Alcántara R, Darsow M, Guedj M, Ashburner M. 2008. CHEBI: A database and ontology for chemical entities of biological interest. *Nucleic Acids Res* **36:** D344–D350.

Duckert P, Brunak S, Blom N. 2004. Prediction of proprotein convertase cleavage sites. *Protein Eng Des Sel* **17:** 107–112.

Emanuelsson O, Nielsen H, von Heijne G. 1999. CHLOROP, a neural network-based method for predicting chloroplast transit peptides and their cleavage sites. *Protein Sci* **8:** 978–984.

Emanuelsson O, Brunak S, von Heijne G, Nielsen H. 2007. Locating proteins in the cell using TARGETP, SIGNALP and related tools. *Nat Protoc* **2:** 953–971.

The ENCODE Project Consortium. 2011. A user's guide to the Encyclopedia of DNA Elements (ENCODE). *PLoS Biol* **9:** 1–21.

Ferrer-Costa C, Gelpí JL, Zamakola L, Parraga I, de la Cruz X, Orozco M. 2005a. PMUT: A web-based tool for the annotation of pathological mutations on proteins. *Bioinformatics* **21:** 3176–3178.

Ferrer-Costa C, Orozco M, de la Cruz X. 2005b. Use of bioinformatics tools for the annotation of disease-associated mutations in animal models. *Proteins* **61:** 878–887.

Finn RD, Tate J, Mistry J, Coggill PC, Sammut SJ, Hotz H-R, Ceric G, Forslund K, Eddy SR, Sonnhammer EL, Bateman A. 2008. The PFAM protein families database. *Nucleic Acids Res* **36:** D281–D288.

Flicek P, Aken BL, Beal K, Ballester B, Caccamo M, Chen Y, Clarke L, Coates G, Cunningham F, Cutts T, et al. 2008. ENSEMBL 2008. *Nucleic Acids Res* **36:** D707–D714.

Gough J, Karplus K, Hughey R, Chothia C. 2001. Assignment of homology to genome sequences using a library of hidden Markov models that represent all proteins of known structure. *J Mol Biol* **313:** 903–919.

Greene LH, Lewis TE, Addou S, Cuff A, Dallman T, Dibley M, Redfern O, Pearl F, Nambudiry R, Reid A, et al. 2007. The CATH domain structure database: New protocols and classification levels give a more comprehensive resource for exploring evolution. *Nucleic Acids Res* **35:** D291–D297.

Grumbling G, Strelets V. 2006. FLYBASE: Anatomical data, images and queries. *Nucleic Acids Res* **34:** D484–D488.

Gupta R, Brunak S. 2002. Prediction of glycosylation across the human proteome and the correlation to protein function. *Pac Symp Biocomput* **7:** 310–322.

Gupta R, Jung E, Gooley AA, Williams KL, Brunak S, Hansen J. 1999. Scanning the available *Dictyostelium discoideum* proteome for *O*-linked GlcNAc glycosylation sites using neural networks. *Glycobiology* **9:** 1009–1022.

Haft DH, Selengut JD, White O. 2003. The TIGRFAMs database of protein families. *Nucleic Acids Res* **31:** 371–373.

Hamosh A, Scott AF, Amberger J, Bocchini C, Valle D, McKusick VA. 2002. Online Mendelian inheritance in man (OMIM), a knowledgebase of human genes and genetic disorders. *Nucleic Acids Res* **30:** 52–55.

Holliday GL, Almonacid DE, Bartlett GJ, O'Boyle NM, Torrance JW, Murray-Rust P, Mitchell JBO, Thornton JM. 2007. MACIE (mechanism, annotation and classification in enzymes): Novel tools for searching catalytic mechanisms. *Nucleic Acids Res* **35:** D515–D520.

Hulo N, Bairoch A, Bulliard V, Cerutti L, De Castro E, Langendijk-Genevaux PS, Pagni M, Sigrist CJ. 2006. The PROSITE database. *Nucleic Acids Res* **34:** D227–D230.

Ingrell CR, Miller ML, Jensen ON, Blom N. 2007. NETPHOSYEAST: Prediction of protein phosphorylation sites in yeast. *Bioinformatics* **23:** 895–897.

Johansen MB, Kiemer L, Brunak S. 2006. Analysis and prediction of mammalian protein glycation. *Glycobiology* **16:** 844–853.

Jones DT. 2007. Improving the accuracy of transmembrane protein topology prediction using evolutionary information. *Bioinformatics* **23:** 538–544.

Jones P, Côté R. 2008. The PRIDE proteomics identifications database: Data submission, query, and dataset comparison. *Methods Mol Biol* **484:** 287–303.

Julenius K. 2007. NETCGLYC 1.0: Prediction of mammalian C-mannosylation sites. *Glycobiology* **17:** 868–876.

Julenius K, Mølgaard A, Gupta R, Brunak S. 2005. Prediction, conservation analysis, and structural characterization of mammalian mucin-type *O*-glycosylation sites. *Glycobiology* **15:** 153–164.

Juncker AS, Willenbrock H, Von Heijne G, Brunak S, Nielsen H, Krogh A. 2003. Prediction of lipoprotein signal peptides in Gram-negative bacteria. *Protein Sci* **12:** 1652–1662.

Kanehisa M, Araki M, Goto S, Hattori M, Hirakawa M, Itoh M, Katayama T, Kawashima S, Okuda S, Tokimatsu T, Yamanishi Y. 2008. KEGG for linking genomes to life and the environment. *Nucleic Acids Res* **36:** D480–D484.

Kaplan N, Sasson O, Inbar U, Friedlich M, Fromer M, Fleischer H, Portugaly E, Linial N, Linial M. 2005. PROTONET 4.0: A hierarchical classification of one million protein sequences. *Nucleic Acids Res* **33:** D216–D218.

Karolchik D, Kuhn RM, Baertsch R, Barber GP, Clawson H, Diekhans M, Giardine B, Harte RA, Hinrichs AS, Hsu F, et al. 2008. The UCSC Genome browser database: 2008 update. *Nucleic Acids Res* **36:** D773–D779.

Kerrien S, Alam-Faruque Y, Aranda B, Bancarz I, Bridge A, Derow C, Dimmer E, Feuermann M, Friedrichsen A, Huntley R, et al. 2007. INTACT—Open source resource for molecular interaction data. *Nucleic Acids Res* **35:** D561–D565.

Kiemer L, Lund O, Brunak S, Blom N. 2004. Coronavirus 3CLpro proteinase cleavage sites: Possible relevance to SARS virus pathology. *BMC Bioinform* **5:** 72.

Kiemer L, Bendtsen JD, Blom N. 2005. NETACET: Prediction of N-terminal acetylation sites. *Bioinformatics* **21:** 1269–1270.

Kim N, Alekseyenko AV, Roy M, Lee C. 2007. The ASAP II database: Analysis and comparative genomics of alternative splicing in 15 animal species. *Nucleic Acids Res* **35:** D93–D98.

Krissinel E, Henrick K. 2007. Inference of macromolecular assemblies from crystalline state. *J Mol Biol* **372:** 774–797.

Krogh A, Larsson B, von Heijne G, Sonnhammer EL. 2001. Predicting transmembrane protein topology with a hidden Markov model: Application to complete genomes. *J Mol Biol* **305:** 567–580.

La Cour T, Kiemer L, Mølgaard A, Gupta R, Skriver K, Brunak S. 2004. Analysis and prediction of leucine-rich nuclear export signals. *Protein Eng Des Sel* **17:** 527–536.

Laskowski RA, Chistyakov VV, Thornton JM. 2005a. PDBSUM more: New summaries and analyses of the known 3D structures of proteins and nucleic acids. *Nucleic Acids Res* **33:** D266–D268.

Laskowski RA, Watson JD, Thornton JM. 2005b. PROFUNC: A server for predicting protein function from 3D structure. *Nucleic Acids Res* **33:** W89–W93.

Liolios K, Mavromatis K, Tavernarakis N, Kyrpides NC. 2008. The genomes on line database (GOLD) in 2007: Status of genomic and metagenomic projects and their associated metadata. *Nucleic Acids Res* **36:** D475–D479.

Lopez G, Valencia A, Tress M. 2007a. FIREDB—A database of functionally important residues from proteins of known structure. *Nucleic Acids Res* **35:** D219–D223.

Lopez G, Valencia A, Tress ML. 2007b. FIRESTAR—Prediction of functionally important residues using structural templates and alignment reliability. *Nucleic Acids Res* **35:** W573–W577.

McGuffin LJ, Street SA, Bryson K, Sørensen S-A, Jones DT. 2004. The genomic threading database: A comprehensive resource for structural annotations of the genomes from key organisms. *Nucleic Acids Res* **32:** D196–D199.

Montaner D, Tárraga J, Huerta-Cepas J, Burguet J, Vaquerizas JM, Conde L, Minguez P, Vera J, Mukherjee S, Valls J, et al. 2006. Next station in microarray data analysis: GEPAS. *Nucleic Acids Res* **34:** W486–W491.

Mulder NJ, Apweiler R, Attwood TK, Bairoch A, Bateman A, Binns D, Bork P, Buillard V, Cerutti L, Copley R, et al. 2007. New developments in the INTERPRO database. *Nucleic Acids Res* **35:** D224–D228.

Parkinson H, Kapushesky M, Shojatalab M, Abeygunawardena N, Coulson R, Farne A, Holloway E, Kolesnykov N, Lilja P, Lukk M, et al. 2007. ARRAYEXPRESS—A public database of microarray experiments and gene expression profiles. *Nucleic Acids Res* **35:** D747–D750.

Pieper U, Eswar N, Davis FP, Braberg H, Madhusudhan MS, Rossi A, Marti-Renom M, Karchin R, Webb BM, Eramian D, et al. 2006. MODBASE: A database of annotated comparative protein structure models and associated resources. *Nucleic Acids Res* **34:** D291–D295.

Porter CT, Bartlett GJ, Thornton JM. 2004. The catalytic site atlas: A resource of catalytic sites and residues identified in enzymes using structural data. *Nucleic Acids Res* **32:** D129–D133.

Pruitt KD, Tatusova T, Maglott DR. 2007. NCBI reference sequences (REFSEQ): A curated non-redundant sequence database of genomes, transcripts and proteins. *Nucleic Acids Res* **35:** D61–D65.

Reumers J, Schymkowitz J, Ferkinghoff-Borg J, Stricher F, Serrano L, Rousseau F. 2005. SNPEFFECT: A database mapping molecular phenotypic effects of human non-synonymous coding SNPs. *Nucleic Acids Res* **33:** D527–D532.

Rogers A, Antoshechkin I, Bieri T, Blasiar D, Bastiani C, Canaran P, Chan J, Chen WJ, Davis P, Fernandes J, et al. 2008. WORMBASE 2007. *Nucleic Acids Res* **36:** D612–D617.

Rueda M, Ferrer-Costa C, Meyer T, Pérez A, Camps J, Hospital A, Gelpí JL, Orozco M. 2007. A consensus view of protein dynamics. *Proc Natl Acad Sci* **104:** 796–801.

Schultz J, Milpetz F, Bork P, Ponting CP. 1998. SMART, a simple modular architecture research tool: identification of signaling domains. *Proc Natl Acad Sci* **95:** 5857–5864.

Schwede T, Kopp J, Guex N, Peitsch MC. 2003. SWISS-MODEL: An automated protein homology-modeling server. *Nucleic Acids Res* **31:** 3381–3385.

Smigielski EM, Sirotkin K, Ward M, Sherry ST. 2000. DBSNP: A database of single nucleotide polymorphisms. *Nucleic Acids Res* **28:** 352–355.

Stamm S, Riethoven JJ, Le TV, Gopalakrishnan C, Kumanduri V, Tang Y, Barbosa-Morais NL, Thanaraj TA. 2006. ASD: A bioinformatics resource on alternative splicing. *Nucleic Acids Res* **34:** D46–D55.

Stein L. 2001. Genome annotation: From sequence to biology. *Nat Rev Genet* **2:** 493–503.

Swarbreck D, Wilks C, Lamesch P, Berardini TZ, Garcia-Hernandez M, Foerster H, Li D, Meyer T, Muller R, Ploetz L, et al. 2008. The *Arabidopsis* information resource (TAIR): Gene structure and function annotation. *Nucleic Acids Res* **36:** D1009–D1014.

Tagari M, Tate J, Swaminathan GJ, Newman R, Naim A, Vranken W, Kapopoulou A, Hussain A, Fillon J, Henrick K, Velankar S. 2006. E-MSD: Improving data deposition and structure quality. *Nucleic Acids Res* **34:** D287–D290.

Thomas PD, Campbell MJ, Kejariwal A, Mi H, Karlak B, Daverman R, Diemer K, Muruganujan A, Narechania A. 2003. PANTHER: A library of protein families and subfamilies indexed by function. *Genome Res* **13:** 2129–2141.

The UniProt Consortium. 2008. The Universal Protein Resource (UniProt). *Nucleic Acids Res* **36:** D190–D195.

Valdar W, Solberg LC, Gauguier D, Burnett S, Klenerman P, Cookson WO, Taylor MS, Rawlins JN, Mott R, Flint J. 2006. Genome-wide genetic association of complex traits in heterogeneous stock mice. *Nat Genet* **38:** 879–887.

Wheeler DL, Barrett T, Benson DA, Bryant SH, Canese K, Chetvernin V, Church DM, DiCuccio M, Edgar R, Federhen S, et al. 2007. Database resources of the National Center for Biotechnology Information. *Nucleic Acids Res* **35:** D5–D12.

Wilming LG, Gilbert JGR, Howe K, Trevanion S, Hubbard T, Harrow JL. 2008. The Vertebrate Genome Annotation (VEGA) database. *Nucleic Acids Res* **36:** D753–D760.

Wu CH, Huang H, Nikolskaya A, Hu Z, Barker WC. 2004. The IPROCLASS integrated database for protein functional analysis. *Comput Biol Chem* **28:** 87–96.

Wu Q, Gaddis SS, MacLeod MC, Walborg EF, Thames HD, DiGiovanni J, Vasquez KM. 2007. High-affinity triplex-forming oligonucleotide target sequences in mammalian genomes. *Mol Carcinog* **46:** 15–23.

Yeats C, Lees J, Reid A, Kellam P, Martin N, Liu X, Orengo C. 2008. GENE3D: Comprehensive structural and functional annotation of genomes. *Nucleic Acids Res* **36:** D414–D418.

网 络 资 源

http://www.ensemblgenomes.org/ Ensembl 基因组注释系统

8

使用第二代测序技术检测序列变异

Jinhua Wang，Zuojian Tang 和 Stuart M. Brown

一般来说，预测单核苷酸变异包括以下几个步骤。每个步骤都可以根据测序质量、**覆盖度**和实验设计的情况进行选择或者优化，以获得最好的实验结果。我们将具体的实验步骤概括如下：

1. 质量控制、误差模型（重叠 read、**双末端 read**、read 末端的高错误率、过滤问题、质量过滤等）。

2. BAM 处理和分析工具。

3. 单核苷酸变异（single nucleic variation，SNV）检测：从 **RNA 测序**、DNA 外显子组和全基因组中读取 SNV，在没有**参考基因组**序列的情况下获取 SNV（例子和工具）。

4. SNV 评估和注释，在人类转录组中广泛存在的 RNA 和 DNA 的序列差异（工具和流程）。

5. 癌症特异性变异的发现（工具和例子）。

简　　介

序列变异的检测是**第二代测序技术**（NGS）最基本的应用之一。这种方法被广泛应用于基础研究，如遗传多样性和进化分析，也直接用于临床应用，如癌症基因组学和发现罕见遗传疾病的关键突变。序列变异有许多不同的发生方式，包括单碱基对的变化（通常称为单核苷酸多态性，single-nucleotide polymorphism，SNP）、插入和缺失（**插入缺失**）事件（可能小到只有一个碱基对，也可能大到数百万个碱基对）、易位、倒位和在重复序列区的拷贝数变异（copy number variation，CNV）。SNP 和单碱基的插入或缺失事件通常被统称为单核苷酸变异（single nucleic variation，SNV），这是因为很多软件包同时检测两者，并且它们对基因功能有相似的影响。易位、倒位、大的缺失（或者插入），以及拷贝数变化通常被统称为结构变异（structural variant，SV），因为它们都拥有使基因功能发生巨大改变的可能性，包括多基因的丢失、基因表达倍增，产生具有潜在主导作用的新基因融合等。上述的每一种序列变异都可以通过 NGS 检测，但是每一次检测都需要优化实验设计和软件。虽然一些已经发表的重要生物学发现是利用 NGS 检测序列变异的，但是由于检测方法仍处在发展阶段，基本标准和最好的实践方法还没有建立起来。

在 NGS 仪器被开发出来之前，SNP 的检测和研究已经建立得很完善了。1998 年，GenBank 数据库创立了单核苷酸多态性基因数据库（dbSNP），它作为一个中心公共知识库存储人类和模式生物的遗传变异信息（Sherry et al. 1999；2001）。截至第 132 版（2010 年 9 月），已经有 3800 万个人类 SNP 可以定位到人类基因组**参考序列**的唯一位置上。由此得出一个近似的变异频率估计值，即任何一个人相对于人类参考基因组或者任何两个随机选取（不相关）的人之间每 1200 个碱基中有一个 SNP。一般来说，dbSNP 中的变异以较高的频率（>5%）存在于至少一部分人群中，而且许多 SNP 已经在几个不同的种族群体样本中进行了基因分型。dbSNP 中的变异信息被许多商家（包括 Illumina、Affymetrix 和 Agilent）用于构建基于**芯片**的全基因组范围 SNP 基因分型检测，这成为全基因组关联（genome wide association study，GWAS）研究领域的基础。

SNP 的发现是通过测序、将实验得出的新序列比对到参考基因组上，以及识别序列差异这一系列步骤实现的。发现 SNP 的关键部分是证实在一个测序片段中发现的新变异真实存在于被取样细胞基因组中，而不是**克隆**和测序引入的人为假象。大多数 SNP 发现流程要求有多条不同的 read 包含相同的变异。这是很复杂的，因为人类（及其他大多数真核生物）是**二倍体**生物。因此，一个变异可能是**杂合的**，而且覆盖这个特定位点的 read 中仅有 50%会存在这个变异。另一个问题是所有的测序技术都会产生误差——错误读取的碱基（见第 1 章）。在某些情况下，这些误差是系统误差而不是纯粹的随机误差，因此，一个特定位点可能在多个 read 中以同一种方式被错误读取。在某些（不是所有的）情况下，由相反链确定的序列可以避开一部分系统误差。每一个碱基发生测序错误的概率被捕获为序列质量分值。由 Phred 程序估算的 ABI 荧光测序仪（凝胶板和毛细管机器）**Sanger 测序**的质量分值是非常准确的（见第 2 章）。NGS 测序仪产生序列的质量分值由制造商所开发的软件进行估算。对于 **Illumina 测序仪**，质量分值代表的是一个碱基的最强荧光信号与次强信号的比值。一些研究认为这些质量分值并不能准确反映每一个碱基发生测序错误的真实概率（Bravo and Irizarry 2010）。特别是一个碱基在一条 **read** 中的位置（在开头、中间或者结尾）会对其错误概率产生很大影响，这并不能由 NGS 仪器提供的质量分值完全反映出来。直接的序列环境（邻近的碱基）也可能会导致测序错误。在每一个测序平台上，特定的二核苷酸都更容易出现测序误差。质量分值重校准是目前许多**变异检测**方法的一个特点，如 GATK（McKenna et al. 2010）在比对后重新计算质量分值，综合考虑序列位置（机器周期）、二核苷酸环境及预期错误率的底线信息（通过计算那些预期不含 SNP 的位点得到）。

现有的针对 NGS 数据进行 SNP 发现的软件工具都是先将 read 比对到一个参考基因组后再进行处理（见第 4 章），或者是在比对过程中检测 SNP。一部分工具需要由特定软件包产生比对结果，而其他的工具能读取标准数据格式下的比对结果，如 **FASTQ** 和 **SAM/BAM**（见第 3 章）。这些工具将 read 和参考基因组之间的差异确认为 SNP，然后经过一系列规则进行过滤，包括测序覆盖度的深度、read 中变异碱基的频率、变异位点和邻近位点的碱基读取质量，以及从局部序列区域得到的其他线索如是否存在重复序列、是否存在包含插入/缺失变异的 read。一个局部 SNP 簇可能是由一个或多个低质量 read 或者是一个比对错误导致的。靠近插入缺失的 SNP 会被过滤掉，是因为比对软件在处理插入缺失上有困难，不能正确认定空位位置，以致一个插入缺失之后的 read 短末端常常不能正确比对。比对的质量分值对于**变异检测**也是很重要的信息（Li et al. 2008）。以上这些过滤器都是通过对假阳性的经验观测开发出来的。实验必须极端严格，因为即使基因组序列中每一百万个碱基中只有一个假阳性结果，那么在一个患者的临床测序实验中就会找到数千个假突变。

在存在测序错误的情况下（Illumina 测序中通常是 0.5%~1%），低覆盖度是一个明显的问题，因为在一个单个 read 中找到的单个变异不能与随机错误区分开，但是在 10 个或 20 个 read 中有 40%的 read 都发现了同一个变异就不能归结为测序错误。在特定区域的低覆盖度暗示我们可能存在由本地序列异常引起的比对问题，这些异常包括拷贝数变异、结构重排，或者是比对样本相对于参考基因组存在的较大的序列变异。主要的组织相容性复合位点常常被标记为一个比对和 SNP 读取有问题的区域，其中既存在结构重排也包括局部序列变异。非常高的覆盖度（比基因组其他部分高很多）则告诉我们可能是 PCR 扩增的人工产物或者比对错误（如重复序列）。我们通常推荐去除重复 read，因为它们会对覆盖度和**等位基因**频率的计算产生偏差，使得到的结果不能准确反映样本的真实信息。理想的测序覆盖度通常是在 20×~50×的范围内。一般来说，样本和参考基因组的差异过大也会使比对更加困难，接下来就会使变异检测更不准确。

在千人基因组计划和癌症基因组图谱这种大规模基因组测序计划中，SNP 检测的缜密研究揭示出，仅依赖于单个样本或一道测序数据通过“从头计算”方法获取 SNP 会出现令人无法接受的高错误率。人们已经开发出改进的 SNP 读取方法，使用贝叶斯架构估计一个样本中每种可能的基因型的概率，既考虑 read 数据，也考虑来自参考基因组特定位点的早期数据（Li et al. 2009）。早期数据的来源包括 dbSNP、HapMap 和 SeattleSNPs，也包括从同一研究项目或同一测序中心搜集来的其他样本的 read。家族和群体组成也是有价值的协变量信息。如果已知相关人群中存在某个类型的一个序列变异，并且等位基因频率是 18%，那么患者的这个基因组特定位点的 read 中有 12%存在这个 SNP 时，读取这个 SNP 就变得非常容易。这种方法被进一步扩展到考察已知的跨基因组间隔的单体型频率（Altshuler et al. 2010）。但是，早期数据信息对于读取罕见的或者新的 SNP 是不太有帮助的，这些方法也只在有一个大的全基因组基因型数据库时才有用——在这一点上，只有人是可以实现的。

癌症特异性变异的发现

通过第二代测序来预测肿瘤样本的 SNV 是极具挑战性的。现有很多工具可以从 NGS 数据中发现 SNV，但是这些工具中很少有特别适合处理肿瘤数据的，这是由于肿瘤细胞的可变倍数和特殊细胞结构会影响对 SNV 发现的统计期望。癌症肿瘤样本对序列变异检测提出了特殊的挑战。预期的大多数体细胞突变仅发生在一条染色体上，因此这些突变就是杂合的。另外，肿瘤活体样本都是肿瘤细胞和正常体细胞的混合体，因此，一个 SNV 的预期等位基因频率实际上要少于 50%，这会使真实的突变与测序误差难以区分，除非测序覆盖度非常高。

癌症是一种遗传改变性疾病。特别是在许多人类癌症类型中，SNV 作为存在于生殖细胞或体细胞的点突变，对肿瘤发生和细胞增殖是至关重要的。生殖细胞突变的发现确定了癌症中一些重要的基因功能；然而，单个生殖细胞的等位基因对癌症的群体总量只具有较低的贡献。相对而言，肿瘤发生机制的确定则主要集中于体细胞突变。目前，来源于小规模或者靶向方法的癌症体细胞突变全景促进了在多种癌症类型中由体细胞突变影响的关键基因的发现。使用基于 Sanger 的**外显子**重测序技术，更多深入的研究表明突变全景的特点是由相对少量的具有频繁突变的基因和大量具有罕见体细胞突变的基因组成。这些突变也被称为“驱动者”，能够直接导致细胞增殖或其他病理学过程，或者被称为“乘客”，仅在癌症前期或癌细胞中使 DNA 复制和 DNA 修复系统功能失调。

癌症测序计划通常将一个肿瘤样本（活体组织）的基因组与来自同一个患者的正常组织做比较，目的是寻找特定的致癌或者导致恶性转化的体细胞突变。这些突变在临床上可能很重要，能够指导特定用药或其他治疗干预措施。在这个方案中，要建立严格的过滤条件，用来去除假阳性的 SNV 读取，但是这样会导致一个假阴性的新问题。我们将肿瘤样本中找到的突变在正常样本中扫描，目的是寻找肿瘤的特异性突变。在许多情况下，这些肿瘤的特异性突变确实是假阴性的——这些突变出现在正常样本中但是被过于严格的阈值过滤掉了。这个问题的一个实际解决方法是对肿瘤样本和正常样本使用不同的 SNV 读取阈值，但是这种做法太粗略。

MAQ

MAQ（具有质量分值的比对和组装）是在高通量 NGS 数据中（从 Illumina GA 和 ABI SOLiD 得到）第一个广泛用于 SNV 检测的工具。MAQ 将**短 read** 定位到一个参考基因组上，允许匹配错误，并使用质量分值去定义 SNV（Li et al. 2008）。这个软件的作者已经转向其他方法的研究，因此这个软件已不再更新（SourceForge 上的 MAQ 的最新版本是 2008 年发布的：http://sourceforge.net/projects/maq/files）。因为 MAQ 能够比对的最大读长是 63 bp，所以它不能处理来自 Illumina HiSeq 和其他较新测序仪的数据。MAQ 可以在 10 个 CPU h 内将约 100 万条 read 定位到人类基因组上。请注意，MAQ 在单线程上运行，不能以任何方式被并行化。每一个比对到基因组上的 read 都会计算出一个质量分值（比对错误概率）。它根据比对到每一个碱基的 Phred 概率质量读取**一致性**基因型，包括纯合子和杂合子的多态性。MAQ 还可以用双末端测序数据检测短的和长的插入缺失。

MAQ 执行无空位比对，它能够将 read 定位到参考基因组上，最多允许有 3 个错配。它找到所有错配的碱基并根据一个统计模型读取 SNP，这个模型会最大化后验概率并根据一致性计算每一个位置的 Phred 质量分值，在这个过程中也能发现杂合子。

MAQ 相对来说易于使用，但要求一定的 UNIX 技巧。安装它需要一个 GNU 的 make 指令：[./configure; make; make install]；如果对此不熟悉，可以借助帮助文件。MAQ 的大多数功能被编写成一个 Perl 脚本中的一个单独的 easyrun 命令：maq.pl easyrun -d outdirref.fastareads.fastq，其中 *ref.fasta* 是 **FASTA 格式**的参考序列，*reads.fasta* 是 **FASTQ 格式**的 NGS 数据。通过这个指令，MAQ 可以得到一个具有质量分值的全局一致性比对结果和一个 SNP 列表。另外，也可以使用“**pileup**”比对格式，即参考序列中每一个碱基都作为一行输出。结果的每一行由染色体、位置、参考序列的碱基、深度、覆盖这个位置的 read 上的碱基（碱基与参考序列一致地被表示为一个逗号或者圆点，read 碱基不同于参考序列时表示为字母）、碱基质量和定位质量组成。这个 pileup 格式可以用作其他 SNP 读取和基因组可视化软件的输入。

SNP 输出文件有自己的格式。每一行由以下部分组成：染色体、位置、参考序列的碱基、一致性碱基、Phred 相似一致性质量分值、read 深度、覆盖这个位置的 read 的平均数、覆盖这个位置的 read 的最高定位质量、该位点两边各 3 bp（总共 6 bp）的最小一致性质量、第二好的结果、第二好和第三好结果的似然概率的对数值及第三好的结果。

MAQ 在 SNP 读取过程中有较少的调整选项，但是有一个额外的指令 `maq.pl SNPfilter` 提供了一些参数：

d *INT [3]*	满足读取 SNP 的最小 read 深度
-D *INT [256]*	满足读取 SNP 的最大 read 深度（<255，否则忽略）
-Q *INT [40]*	覆盖 SNP 的 read 的最小定位质量
-q *INT [20]*	最小一致性质量
-n *INT [20]*	最小邻近一致性质量
-w *INT [3]*	潜在插入缺失的窗口大小。插入缺失附近的 SNP 会被抑制

BWA 和 SAMtools

BWA 和 SAMtools 是更加强大的 NGS 短 read 与参考基因组比对及 SNV 检测工具，已经替代了 MAQ。BWA 是基于 Burrows-Wheeler 比对的工具，它根据 **Burrows-Wheeler 变换法**将短 read 比对到一个参考基因组上（Li and Durbin 2009）。BWA 是目前最先进的 NGS 比对工具，它的速度远超过早期的算法，如 **Smith-Waterman**、**BLAST** 或者 MAQ。BWA 能够在一个 CPU（使用大约 3 GB 的内存）上约 20min 内将 200 万 NGS 短 read 比对到人类参考基因组上，并且对于错配和插入缺失具有可变容忍性。BWA 通过将参考基因组压缩成一个后缀数组的高效索引方案（Burrows-Wheeler 变换法）提高它的运行速度，详见第 4 章中关于 BWA 使用的**比对算法**的讨论。

BWA 本身并不能检测 SNV，但是它以 SAM 格式（序列比对/定位）输出比对结果，这种格式可以被多种变异检测工具处理。SAM 格式已经广泛应用于比对到参考基因组上的 NGS 数据的储存和转换过程。SAM 格式包含一个可选的数据头和一行带有 11 个强制字段的结果，提供的信息包括 read、质量、参考基因组上的位置、用 CIGAR 速记代码定义的 read 与参考序列之间的差异（SNV）。SAM 格式的文件能够被压缩成一个称为 BAM 的树状数组形式，这种 BAM 格式在磁盘空间利用和速度上更有效率，通过软件可以从这种文件格式中获取数据（表 8.1）。

SAMtools 是一个从 SAM（和 BAM）格式的 NGS 数据比对结果中发现 SNV 的软件。它有一系列可调节的参数（http://samtools.sourceforge.net/samtools.shtml）。SAMtools 需要将参考基因组按照其特有格式进行索引，还需要按照位置排列的 NGS 数据比对文件。SAMtools 产生的输出文件是相对较新的变异读取模式（Variant Call Format，VCF；http://vcftools.sourceforge.net/specs.html）（表 8.2）。

表 8.1 SAM/BAM 格式中字段的说明

列	字段	类型	正则表达式/范围	简要说明
1	QNAME	String	[!-?A-~]{ 1,255}	查询模板名称
2	FLAG	Int	[0,216-1]	位标记
3	RNAME	String	*|[!-()+-<>-~][!-~] *	参考序列名称
4	POS	Int	[0,229-1]	左边第一个碱基的比对位置
5	MAPQ	Int	[0,28-1]	比对质量
6	CIGAR	String	* | ([0-9] +[MIDNSHPX=]) +	CIGAR 串
7	RNEXT	String	*|=|[!-()+-<>-~][!-~] *	配对/第二部分的参考序列名称
8	PNEXT	Int	[0,229-1]	配对/第二部分的位置
9	TLEN	Int	[-229+1,229-1]	被观测的模板长度
10	SEQ	String	* |[A-Za-z=.] +	部分序列
11	QUAL	String	[!-~] +	Phred 校正的碱基质量 ASCⅡ值+33

表 8.2 VCF 文件格式中字段的说明

列	字段	说明
1	CHROM	染色体名称
2	POS	第一个碱基的位置。对于一个插入缺失，这个位置在插入缺失之前
3	ID	变异确认。通常是 dbSN PrsID
4	REF	包含变异的 POS 的参考序列。对于一个 SNP，它是单个碱基
5	ALT	逗号隔开的替代序列的列表
6	QUAL	Phred 校正的所有样本成为纯合子参考序列的概率
7	FILTER	分号隔开的，变异未通过的过滤列表
8	INFO	用分号隔开的变异信息列表
9	FORMAT	冒号分开的，接下来的字段中单独基因型的格式列表
10+	Sample(s)	由 FORMAT 定义的单独基因型信息

SAMtools 能够通过考察覆盖度（read 深度）、包含参考碱基和替代碱基的 read 数量、参考碱基和替代碱基的平均质量分值、read 的定位质量，以及使用碱基比对质量（base alignment quality）来评价 read 中是否存在邻近的插入缺失（容易导致假阳性结果）等因素来过滤 SNP。SAMtools 已经被广泛地应用于一系列大规模人类基因组重测序项目中，如癌症基因组图谱等。SAMtools 已经添加了许多功能用于支持在多个样本中同步读取变异，包括两个不同组的样本之间（联合检验）、亲子三人组及其他组合形式的种群等位基因频率和微分等位基因频率。

对于如何使用 SAMtools 做变异检测，网址 http://samtools.sourceforge.net/mpileup.shtml 提供一个很好的教程。

例如，使用如下 SAMtools 命令：

```
samtools mpileup -uf ref.fa aln1.bam | bcftools view -bvcg ->var.raw.bcf
bcftools view var.raw.bcf | vcfutils.pl varFilter -D100 > var.flt.vcf
```

SAMtools 对 SNP 读取的默认模型是与 MAQ 一致的贝叶斯模型。也可以使用一个简化的 SOAPsnp 模型。插入缺失可以通过一个简单的贝叶斯模型进行读取。这个软件通过局部序列重比对复原插入缺失，此类插入缺失发生在一条 read 末端但好像是连续错配模式。

varFilter 按以下顺序过滤 SNP/插入缺失：

d：低深度

D：高深度

W：一个窗口有太多 SNP

G：靠近一个高质量的插入缺失

Q：低的定位质量

g：有更多的证据表明靠近另一个插入缺失（只是插入缺失）

GATK

基因组分析工具包（Genome Analysis Toolkit，GATK）是一个由博德研究所编写（McKenna et al. 2010）的结构化软件库，包含多种用于分析 NGS 数据的工具，特别侧重于人类医疗重测序数据的 SNV 检测。GATK 提供了一个 SAMtools 中 SNV 检测工具的扩展版本，执行流程包括：定位⇒质量分值重校准⇒多重序列重比对⇒SNP/索引获取（DePristo et al. 2011）。Map/Reduce 数据处理方法能够对覆盖到基因组特定位置上（从一个分类并索引的 BAM 文件中）的所有 read 进行有效读取，这样能够在假定的 SNV 的位置上快速地执行质量分值重校准和多重序列重比对。

使用 GATK 进行变异检测可以参照教程，具体教程和样本数据集合见 http://www.broadinstitute.org/gsa/wiki/index.php/Best_Practice_Variant_Detection_with_the_GATK_v3。

在教程中假定原始 read（FASTQ 格式）已经通过 BWA 比对软件比对到一个参考基因组上，得到了已经分类并且索引好的 BAM 格式结果。推荐的工作流程是首先去除重复 read 或者含有相同的起始和终止位置的配对 read，重新比对插入缺失周围的 read，然后重新校准每一条 read 上每个碱基的质量分值。同时处理大量相似样本能够得到较好的结果，因为不同样本中的变异能够贡献额外的信息，但是这样做需要巨大的计算资源。

重新处理的比对结果可以用于发现变异。质量分值可信度 Q30 被用作默认值，但前提是基因组覆盖度在 10×以上。可信度最低为 Q4 时，变异识别能够在较低覆盖度下进行。Basic SNP 过滤的目标是去除比对结果中的人为因素。VariantFiltrationWalker 标记同一聚类的 SNP（3 个 SNP 互相在 10 bp 范围内），以及位于定位质量不好的区域的 SNP，这些区域超过 10%的 read 定位质量为 0。变异质量分值重校准工具（variant quality score recalibration tool）是利用已知的变异位点信息，动态构建一个自适应误差模型，然后应用这个模型去评估每一个变异是真实的遗传变异还是机器误差（如假阳性）的概率。这是一个基于知识的评估方法，训练集可以使用由以前的测序项目如 HapMap 计划和千人基因组计划等得到的序列变异。

值得再次强调的是，SNP 识别非常困难。想做高准确性的从头预测变异检测并达到可接受的低水平假阳性和假阴性率是不可能的。必须通过一大堆相似的已知真实数据来学习真实变异的特征和常见的假阳性。

Cancer SNVfinder

Cancer SNVfinder 是专门设计用于推断肿瘤样本 NGS 数据中的 SNV 的软件工具。首先，它以等位基因的数量作为观测值构建模型，使用最大期望值（expectation maximization，EM）算法推断 SNV 和模型参数，因此它能够适应不稳定的肿瘤基因组所固有的等位基因频率的偏差。第二，它通过概率权重构建核苷酸和 read 定位质量的模型，权重的计算考虑一条 read/核苷酸在推断一个 SNV 时的贡献，同时也考虑碱基获取和 read 比对的可信度。最后，在构建质量概率权重的同时，结合过滤掉的低质量数据。

参 考 文 献

Altshuler D, Durbin RM, Abecasis GR, Bentley DR, Chakravarti A, Clark AG, Collins FS, De La Vega FM, Donnelly P, Egholm M, et al. (1000 Genomes Project Consortium). 2010. A map of human genome variation from population-scale sequencing. *Nature* **467:** 1061–1073.

Bravo HC, Irizarry RA. 2010. Model-based quality assessment and base-calling for second-generation sequencing data. *Biometrics* **66:** 665–674.

DePristo M, Banks E, Poplin R, Garimella K, Maguire J, Hartl C, Philippakis A, del Angel G, Rivas MA, Hanna M, et al. 2011. A framework for variation discovery and genotyping using next-generation DNA sequencing data. *Nat Genet* **43:** 491–498.

Li H, Durbin R. 2009. Fast and accurate short read alignment with Burrows–Wheeler transformation. *Bioinformatics* **25:** 1754–1760.

Li H, Ruan J, Durbin R. 2008. Mapping short DNA sequencing reads and calling variants using mapping quality scores. *Genome Res* **18:** 1851–1858.

Li R, Li Y, Fang X, Yang H, Wang J, Kristiansen K, Wang J. 2009. SNP detection for massively parallel whole-genome resequencing. *Genome Res* **19:** 1124–1132.

McKenna A, Hanna M, Banks E, Sivachenko A, Cibulskis K, Kernytsky A, Garimella K, Altshuler D, Gabriel S, Daly M, DePristo MA. 2010. The Genome Analysis Toolkit: A MapReduce framework for analyzing next-generation DNA sequencing data. *Genome Res* **20:** 1297–1303.

Sherry ST, Ward M, Sirotkin K. 1999. dbSNP-database for single nucleotide polymorphisms and other classes of minor genetic variation. *Genome Res* **9:** 677–679.

Sherry ST, Ward MH, Kholodov M, Baker J, Phan L, Smigielski EM, Sirotkin K. 2001. dbSNP: The NCBI database of genetic variation. *Nucleic Acids Res* **29:** 308–311.

网 络 资 源

http://samtools.sourceforge.net/mileup.shtml SAMtools 网页

http://sourceforge.net/projects/maq/files MAQ 包含一系列定位和组装的程序

http://vcftools.sourceforge.net/specs.html VCF（变异读取格式）主页

http://www.broadinstitue.org/gsa/wiki/index.php/Best_Practice_Variant_Detection_with_GATK_v3 GATK v3 教程

9

ChIP-seq

Zuojian Tang，Christina Schweikert，D. Frank Hsu 和 Stuart M. Brown

染色质免疫共沉淀（chromatin immunoprecipitation，ChIP）是研究基因组范围上蛋白质-DNA 相互作用的一种方法。ChIP 能用于确定转录因子和修饰的**组蛋白**在基因组上的结合位置。它的一个明显长处是它能够确定活细胞或组织中蛋白质-DNA 相互作用在基因组上的位置，使研究者获取这些相互作用在实验重要时间点的快照。

ChIP 通过直接使用抗体作用于已经交联到 DNA 上的蛋白质来免疫沉淀 DNA 片段。现有两种类型的 ChIP：一种是用声波打断的染色质，称为交联 ChIP（XChIP）；另一种使用由微球菌核酸消化酶打断的天然染色质，称为天然 ChIP（NChIP）。XChIP 通常用于定位转录因子结合位点或者弱结合染色质关联蛋白质，NChIP 更适合于组蛋白修饰。

ChIP 的实验原理是活细胞中的 DNA 结合蛋白能够在如甲醛这样的试剂的作用下交联到 DNA 上。细胞溶解后，用超声或者微球菌核酸消化酶将 DNA 打断成小片段（200~1000 bp）。这里，使用一个针对已知的 DNA 相互作用蛋白的特异抗体进行免疫沉淀反应，去分离已与目标蛋白结合的 **DNA 片段**（Solomon et al. 1988）。DNA 片段随后通过逆交联被释放出来并被纯化。通常认为纯化后的 DNA 片段与活体内的目标蛋白相关。

通常，我们使用基因特异引物的 PCR 来评估从 ChIP 实验中获取的 DNA 片段。将感兴趣的区域上富集的 DNA 片段与来自对照样本的 PCR 产物进行比较，如未经处理的基因组 DNA 或抗 IgG 抗体的沉积物。这个方法的优点是可以使用实时定量 PCR 去准确评估质疑位点的富集水平。然而，这是一项劳动密集型工作，且无法扫描新靶标。

研究者通过**芯片**杂交来鉴定通过 ChIP 获得的目标 DNA 片段，这种方法被称为 ChIP-on-chip（Huebert et al. 2006）或者 ChIP-chip（Kim et al. 2008）。因为芯片包含大量已知基因组序列的探针，所以通过它能在全基因组范围观察 DNA-蛋白质相互作用。

第二代测序（NGS）技术的出现替代了芯片技术，如 Illumina 基因组分析仪能够用来直接确认通过 ChIP 富集的 DNA 片段，这种方法被称为 **ChIP-seq**，它在最近被开发后就广泛用于确认染色质上的蛋白质结合位点（Johnson et al. 2007；Robertson et al. 2007）。ChIP-seq 只需要 30~50 bp 长的 **read**，就能将片段比对到**参考基因组**上并确定结合位点。第一个使用 ChIP-seq 技术的研究工作是人类 T 细胞（Barski et al. 2007）和小鼠胚胎干（ES）细胞（Mikkelsen et al. 2007）的组蛋白修饰位置的定位，以及人类 T 细胞（Johnson et al. 2007）和人类 HeLa S3 细胞（Robertson et al. 2007）的转录因子位置的定位。大多数被研究的DNA结合蛋白是转录因子、RNA聚合酶结合位点和染色质结构标记（组蛋白修饰，DNase敏感位点）。使用ChIP-seq可直接研究DNA分子的修饰，如DNA甲基化的模式。

与ChIP-chip相比，ChIP-seq具有很多优点（Hoffman and Jones 2009；Park 2009；Liu et al. 2010）。首先，它提供较高精度，一个因子的真实结合位点能够确定在基因组上10~30 bp的范围内（Kharchenko et al. 2008；Zhang et al. 2008；Hoffman and Jones 2009）。第二，ChIP-seq不要求潜在结合位点的先验知识，它可以用于在基因组范围发现新的结合位点。第三，对于ChIP-chip，在杂交过程中有许多不确定因素，如探针之间的杂交，这在ChIP-seq中是不会出现的。第四，ChIP-seq允许将结合位点定位在重复区域，而这类位点不能被ChIP-chip检测到。有10%~30%的结合位点在重复区域内（Bourque et al. 2008）。使用36~72 bp的NGS read，有80%~90%的基因组定位率。部分read能够被定位到唯一序列和重复序列之间的边界区域（Park 2009；Rozowsky et al. 2009）第五，深度测序的ChIP-seq的性价比很高。每一个含有100万~600万探针的ChIP-chip芯片需要400~800美元（Park 2009）。有时，需要使用多重芯片研究整个基因组（Barrera et al. 2008）。随着NGS仪器测序通量的提高，ChIP-seq的花费在快速降低，以致在单道中可以测多重样本（见第1章）。第六，ChIP-seq要求的输入材料量要远少于ChIP-chip。正常情况下，ChIP-chip需要4~5mg的材料，而ChIP-seq仅需要10 ng（Hoffman and Jones 2009）。鉴于这些优点，ChIP-seq技术的使用越来越广泛，已经基本替代ChIP-chip成为研究DNA-蛋白质相互作用的标准技术。

ChIP-seq能利用任何NGS技术，如ABI SOLiD、Roche 454和Illumina Genome Amalyzer，但是Illumina已经成为这个领域中最流行的测序仪，如Illumina HiSeq2000测序仪每轮反应的测序通量为600 GB，这意味着它每道能产生23亿条read，对应成本大约为1000美元。它也提供多重测序，也就是多个样本可以在同一道上一起测序，降低成本。这么大的数据输出需要大量的计算资源和数据存储能力（见第12章）。

ChIP-seq峰值检测

ChIP-seq实验检测来自与蛋白质交联的DNA片段末端的短序列标签，这是免疫共沉淀的目标。首先通过与参考基因组**比对**确定每一个标签的定位。因为NGS读长达到大约30个碱基就足够确定70%~80%的标签在基因组上的唯一位置，所以使用较长的read或末端配对read意义不大。实验得到的数据经过过滤去除质量检查结果较差的数据点后，就构成了每一个标签的结合位置列表。

这些数据的分析主要以两种方式来完成。第一种利用标签比对位置指定初始碱基（通常是36个碱基，但是某些测序仪产生更长的序列）。如果标签起始部分比较紧密，那么标签就会重叠并“堆叠”在基因组的各个区域。因此可以绘制一个曲线，在这个曲线中基因组每一个位置的高度等于重叠的标签起始部分的数量。因为开始于同一基因组位置的重复标签会被过滤掉以降低PCR人工误差的影响，所以曲线上可能的最大值等于一条标签的两倍长度（允许read位于DNA双链上）。

第二个方法是假设一个函数$P(x)$，代表一个标签结合在染色体的正链（或负链）

上的起始于“x”位置的可能性。在此模型中，搜集这个概率函数样本的数据，并将其重建为概率曲线的产出峰值。测量数量越大，P 值估计得越好（这在许多学科中是一个标准问题，最典型的如高能物理学，不得不估计实验测量中相对小概率事件的一个粒子相互作用的横截面）。一旦已经知道或对 $P(x)$ 有充分准确的估计，就可以用它去推断基因的位置。

当测量的位置数量 N 有限时，有多种方法能够获得一个 $P(x)$ 的合理估计。一种方法是通过有限频的傅里叶变换去获得 P 估计值，即变换平滑测量的结果。另一个方法是用预期的峰形卷积测量位置。这种方法能够快速计算，并产生能显示所有整齐峰形位置的曲线。

在两种方法中需要着重注意的是，短标签来自一个较长的由结合蛋白保护的 DNA 片段（长度 d）的两个末端。在结果中，结合位点区域内，可以看见“+”和“–”链标签的峰形，峰形偏差被原始的被保护链长度近似抵消。对目标位点位置的最好估计是在“+”和“–”链峰值中间的位置。移动“+”链峰形向右 $d/2$ 并移动“–”链峰形向左 $d/2$，然后对两个位置取平均值，就可以提供在基因组上结合位点的优化估计。

峰值搜索任务的第一步是估计被保护 DNA 片段的长度 d。对于以转录因子为目标进行免疫共沉淀的 ChIP-seq 实验，一个直接的方式是使用基因组中所有基因（人类大约 24 000 个）的转录起始位点（transcription start site，TSS）作为保护蛋白最有可能的结合位置，然后在每一个 TSS 为中心的窗口为所有的“+”和“–”链标签建立一个结合位置的柱状图。图 9.1 展示了一个典型的结果。在这个实例中，最好的间隔初始估计值是 136 bp，这个值能够被用于计算峰位置，然后去重新估计 d。

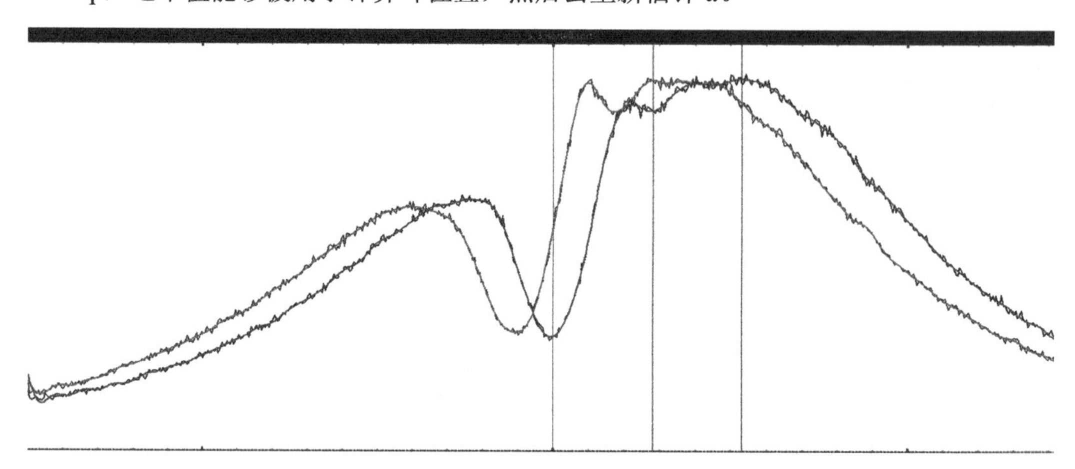

图 9.1　基因组中所有基因的 TSS 位置的 +（蓝色）和 –（绿色）链 read 的定位位置图（另见彩图）

这些数据来源于一个人类 H3K4 ChIP-seq 样本，在 TSS 位置出现 read 峰形、分离的+和–链序列，以及在 TSS 上游约 150 bp 自由核小体结合位置的 read 分布中清晰的下降（图由 Phillip Ross Smith 提供）

一旦获得了曲线（来自堆积、概率或者卷积），就立刻能够得到明显的峰形。两个主要的问题仍然存在：哪个峰形是显著的？显著的峰形中哪一个最能准确表示基因的位置？显著性的评估主要通过两种方式进行：通过检测定位在局部区域的标签数量来评估峰形的统计显著性，或者通过设计上近似模拟原实验的一个对照实验数据集中发现的标签数量来评估峰形是否有显著性。如果研究者特别关注逆向的假阳性概率，那么可以把这些方法组合使用。一些峰形读取软件包有嵌入的峰形统计学显著性评价功能，因此需要一个对照数据集以便行使功能，而其他的软件则不需要。保持峰形确认的步骤和显著性评估都单独操作的一个好处是，峰形能通过对应多个对照数据集被评估和逐步筛减。

峰值读取软件包

现在有很多可用的峰值读取软件包，已经有多篇文章对它们进行深度评论。使用不同软件去分析同一数据集可能会得到明显不同的结果。如这些文章中所说，评价方法的问题在于没有真实的数据集能提供一个黄金标准，用于比较这些方法得到的峰值读取结果。原则上，人工数据集应该可以用于测试和比较峰值读取**算法**，但实际上，人们发现这种数据集也不能提供更多的辨识力。Wilbanks 和 Facciotti（2010）用 3 个实验（NRSF、GABP、FoxA1）测试了 11 个此前发布的 ChIP-seq 数据分析软件包，每个软件包的调试参数均采用默认设置，读取的峰值数量有 3~4 倍的变化。所有 11 个软件包共同发现的峰值集仅为某些软件包找到的峰值数量的大约 1/10。

MACS 算法（Zhang et al. 2008）自 2008 年发布以来，被广泛使用并在相互比较测试中表现良好。然而，通过比较可以清晰地看出，峰值读取算法的选择需要由研究者视具体情况具体分析，并且这些算法需要持续努力逐步改进。在本章后面部分，我们完成了一个 MACS 数据分析实例，同时我们也成功发展了自己的峰值读取软件并取得了很好的效果。

所有 NGS 实验中需处理和整合的数据量都非常庞大。考虑到可能有成千上万的潜在峰值，研究者需要更多标准去评估结果。这些标准通常是来自实验本身的生物学问题。另外，应当注意的是任何峰值读取算法都包含某种阈值，它们应当作为参数进行设置或者从数据中计算得来。一些峰值会不可避免地处于阈值附近。当进行两个样本、两种处理方法或实验条件等因素之间的生物学比较时，这些邻近阈值的峰值可能会成为可变性来源，如果处理不够仔细，就可能将它们添加到差异调控基因的列表中。因此，ChIP-seq 与任何生物检测一样需要重复实验和细致的统计学分析。

算 法 实 现

我们实验室已经开发了两个新的方法解决峰值读取问题。第一，我们基于标签结合的概率模型，构建了一个快速峰值检测和可视化的计算软件包。使用卷积核心的数据进行初始卷积，像 MACS 程序中所使用的那样（但是这个程序不能由研究者根据实验所符合的标准来进行设计），在每一个标签结合位置计算一个分值。分值中的峰值用于估计标签峰值的位置。在邻近分值峰值的标签结合位置的傅里叶平滑性会使得我们对 P 值和峰值位置的估计更可信。在 P 值中每一个峰值的位置会通过一个或多个标准进行统计显著性检验，包括与合适的背景对照数据集进行比较。

处理有 3 个步骤：第一是对数据集打分；第二是选择初始峰值高度的临界值，使用可视化工具展示一个峰值附近的数据，并用于深度探讨感兴趣的区域；最后，采用初始峰值位置的估值，运行峰值读取程序，以改进峰值位置并评估它们的统计显著性。

NGS 测序仪产生序列之后，ChIP-seq 数据的基础分析是相对直接的，它包括 QC、在一个参考基因组上定位 read 和寻找峰值。将序列比对到一个已知的参考基因组上需要使用严格的**短 read 比对算法**。Illumina 提供它自己的比对软件，称为 CASAVA（序列和变异的一致性评估，Consensus Assessment of Sequence and Variation）。CASAVA 版本 1.8 发布于 2011 年 6 月，能够并行比对长度在 30~200 bp 的序列，错误率小于 1%~2%。还有很多开放的比对程序，如 SOAP（短寡聚核苷酸比对程序，Short Oligonucleotide Alignment Program）（Li et al. 2008a）、SeqMap（Jiang andWong 2008）、MAQ（基于质量分值的比对和组装，Mapping and Assemblies with Qualities）（Li et al. 2008b）、RMAP（Smith et al. 2008；2009）、ZOOM（Lin et al. 2008）、提供给非营利组织中非营利项目的 Novoalign（http://novocraft.com）、Bowtie（Langmead et al. 2009）、BWA（Li and Durbin 2009）、SOAP2（Li et al. 2009b）等（见第 4 章）。大多数软件的输入文件都是 **FASTQ 格式**，这是 Illumina 流程的标准输出格式。不同的软件中比对参数会有变化，但考虑到测序错误、SNP/**插入缺失**，大多数方法都允许每个种子（16~32 bp）有 1 或 2 个错配。不能比对到基因组上唯一位置的 read 通常被舍弃。更敏感的（低严格）DNA 比对方法通常不会改进 ChIP-seq 实验结果的质量。大多数短序列比对软件以 SAM 或 **BAM 文件**格式保存比对结果（Li et al. 2009a）。这种文件能够被大多数可视化软件读取，如 Genome Studio 软件（Illumina 公司）、GBrowse（Stein et al. 2002）、IGV（Robinson et al. 2011）、IGB（Nicol et al. 2009）、GenomeView（http://genomeview.org/）等。

ChIP-seq 数据的偏差有许多来源（Barski and Zhao 2009；Liu et al. 2010）。

1. 建库过程中的偏差。高表达的或者染色质上没有自由组蛋白结合的区域更容易被声波或 DNase 片段化。已经观测到片段选取过程对 GC 富集区域有偏好性（Dohm et al. 2008；Quail et al. 2008）。

2. PCR 步骤中的偏差。一些**测序片段**可能更容易被扩增而产生大量的重复 read。为解决这种偏差，大多数分析流程会去除重复 read。

3. 非特异区域的偏差。ChIP 目标蛋白与 DNA 的非特异相互作用、非结合 DNA 片段的共沉淀或者多种污染和扩增人工产物都可能会出现。这可能会导致某些与目标蛋白的结合无关的区域在 ChIP-seq 数据中富集。这种偏差可以通过使用对照库的方式消除，如使用 IgG 抗体模仿 ChIP 或未处理的“输入 DNA”。使用计算背景模型如二项式模型或**泊松模型**对移除非特异偏差的效果比较小。

4. TSS 区域附近的偏差。对于 ChIP-seq 应用程序，即使是对照库也容易在 TSS 区域有富集，其原因包括局部染色体结构、DNA 扩增或基因组拷贝数变异（Zhang et al. 2008；Vega et al. 2009）。对照库的使用也能部分解决这个问题。

当 read 被定位到基因组后，研究者就对找到那些 read 大量富集、标示为蛋白质结合（或组蛋白修饰）位置的基因组区域发生兴趣。有一些商业化或免费的峰值发现软件可用于寻找这些区域。确定峰值的简单算法是采用基因组序列窗口，该窗口包含被定位标签的次数大于一个背景临界值（Johnson et al. 2007；Robertson et al. 2007）。峰值发现软件可以使用一个带有随机分布背景模型（如泊松或二项式模型）的单端 ChIP-seq 数据文件或使用带有对照背景数据的 ChIP-seq 数据配对文件，来寻找明显富集的区域。许多不同的方法都会使用对照样本。可能的用法是，标准化每个基因组间隔（窗口）的 read 计数，然后直接减去来自 ChIP 样本中的对照 read，计算每个窗口内样本和对照的比率，或者根据对照样本中的峰值设置样本的假发现临界值。Rozowsky 等（2009）发现对照样本在 ChIP 样本峰值对应的位置上包含密集的 read，可能的原因是 TSS 区域的松弛组蛋白结构增强了这些位点对 DNase 消化和物理剪断的敏感性。Nix 等（2008）对背景峰值分布和假阳性概率做了详细的观测，确认在 ChIP-seq 对照道中的测序标签不是随机分布的。如果不使用对照样本进行背景修正，ChIP-seq 峰值检测方法会得到很高的假阳性率。

因为复杂的真核生物基因组有数十亿计的碱基长度，所以准确并且可重现地确定和量化 ChIP-seq 峰值的高度和/或区域，需要复杂的计算解决方案。最近开发了很多 ChIP-seq 数据分析的计算方法，包括 GenomeStudio（Illumina Inc.）、FindPeaks（Fejes et al. 2008）、基于扩展 read 重叠区的峰值检测（Robertson et al. 2007）、ChIP-seq Peak Finder/E-RANGE（Johnson et al. 2007；Mortazavi et al. 2008）、SISSR（Jothi et al. 2008）、Cis Genome（Ji et al. 2008）、QuEST（Valouev et al. 2008）、USeq（Nix et al. 2008）及 MACS（Zhang et al. 2008）。一些综述罗列了可用的软件（Barski and Zhao 2009; Hoffman and Jones 2009；Park 2009；Pepke et al. 2009；Liu et al. 2010）。Wilbanks 和 Facciotti（2010）和 Laajala 等（2009）提供了对这些峰值发现软件的很好的评价。总的说来，不同的软件包在默认参数下明显能检测到不同数量的峰值。当参数被调整到产生相似数量的检测峰值时，不同方法检测到的峰值位置的重叠性很差。ChIP-seq 峰值发现软件的持续增加表明不存在对于大多数研究者来说都表现很好的经过广泛验证的通用方法。

ChIP-seq 分析软件的比较和基准本身就是一个困难的生物信息学问题。一个方法是把已报道的峰值与外部数据源如 RefSeq 基因注释进行关联，其基本假设是有效的 ChIP-seq 峰值（对于大多数转录因子和许多组蛋白修饰）与已知基因的启动子是相关的（图 9.2）。尽管这个验证方法远不够完美，但是每一个软件包能够优化它自己的参数，并最大化所找到的靠近基因转录起始位点（TSS）的峰值和最小化定位在远离 TSS 位置的峰值（高敏感性、低假阳性）。在某些情况下，也可以将相同实验系统下的 ChIP-seq 峰值和 ChIP-chip 数据进行关联。然而，这些外部数据集都不能提供一个充足的“黄金标准”，用于评价峰值检测结果的特异性和敏感性。已发表的 ChIP-seq 实验结果表明峰值检测与 ChIP-chip 结合位点的预测仅存在 30%~40%的相关性（Robertson，2007；Ji et al. 2008）。我们根据技术重复的峰值重现性研究 ChIP-seq 峰值检测软件。即使是这个方法，也不能为峰值检测软件的准确性提供真实评价，因为我们没法用经验去决定，在技术重复之间或不同软件之间的峰值检测不一致是否由假阳性或假阴性结果导致。理想状态下，所有软件都要经过共同的“黄金标准”数据集检验，这个“黄金标准”数据集由生物学充分研究并已知所有结合位点的系统所提供的大量重复的 ChIP-seq 数据组成（Handstad et al. 2011），并且包含加入对照序列峰值的综合数据集。

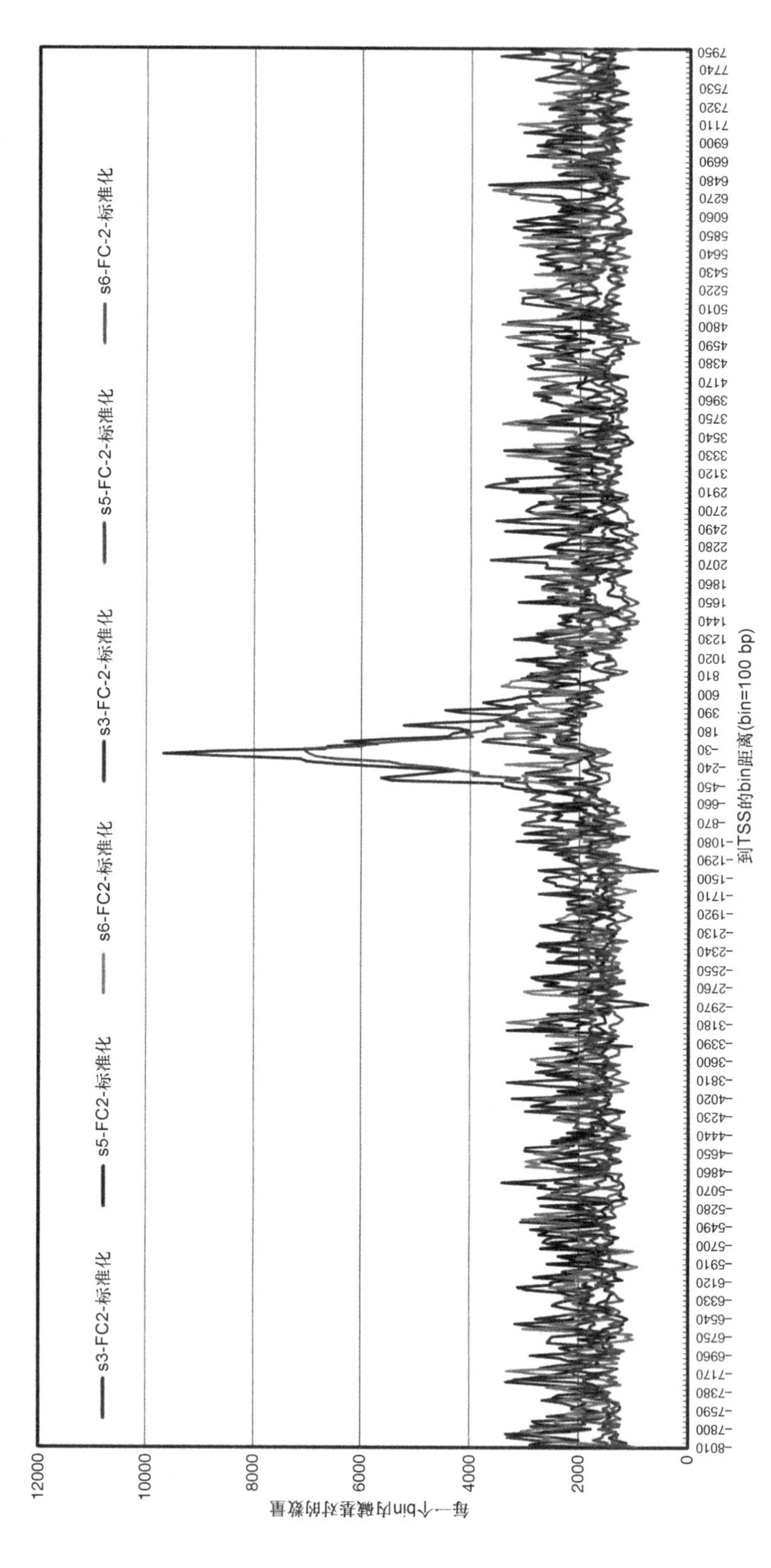

图 9.2　两个 ChIP-seq 样本（红线和蓝线）清楚地表示出靠近基因 TSS 的 read 聚类（总体跨越整个基因组），在−30 的位置有最大值，而其他 4 个样本的 read 在 TSS 附近位置没有聚集出现（另见彩图）

MACS（基于模型的 ChIP-seq 分析，Model-Based Analysis of ChIP-seq）（Zhang et al. 2008）首先根据经验使用双峰富集模式为 ChIP-seq 标签的转变尺寸构建模型，包括正链标签的上游富集和负链标签的下游富集，以便更精确地定位结合位点。然后根据泊松分布 p 值的显著标签富集来确认候选峰值。它接受单个 ChIP 样本或配对样本和对照数据（如 IgG 或输入 DNA）。对于对照样本，它使用一个动态的参数 λ，为每一个峰值区域捕获基因组内的局部偏好性。它输出 p 值低于用户定义的临界值的候选峰值，这个临界值是 ChIP-seq read 数对于局部 λ 之间的倍数富集比率。对于有对照数据可用的实验，它也输出假阳性概率（FDR）值，FDR 的定义是对照峰值的数目/ChIP 峰值的数目。MACS 已经成为使用最广泛的峰值读取软件，它已被 Galaxy 网页版基因组工具箱采用，成为 ChIP-seq 峰值读取的标准方法。

商业化的 GenomeStudio 应用程序（Illumina Inc.）针对通过 ELAND（有效的核酸数据库的大规模比对）比对方法定位到参考基因组上的 read 数据，使用一个简单的窗口/临界值去检测峰值。我们的评估表明 400 bp 窗口大小和 5~10 个标签/窗口的标签临界值最适合转录因子结合和组蛋白修饰位点的确认。这些方法既不提供任何形式的背景（对照样本）修正，也不提供假阳性概率（FDR）或者 p 值计算以支持预测的峰值。不同重复样本的峰值区域检测的重现性在 38%到 90%的区间变化，这主要依赖于测序深度（标签密度）和用于 ChIP 实验的抗体靶标的种类（表 9.1）。

表 9.1 峰值检测重现性

实验	标签相关性	PeakFinder/%	SISSR/%	GenomeStudio/%
E2F4	0.86	17.2	23.4	38.0
Sin3b	0.76	20.7	16.0	56.1
H3K4	0.98	66.4	25.6	90.0

FindPeaks（Fejes et al. 2008）是第一个用于 ChIP-seq 峰值发现的开源程序。它直接统计重叠 read（read 可能会被延长到 ChIP 分离的原始 DNA 片段的长度），然后计算在一个富集区域内部任意碱基位置上最大数量的重叠标签作为峰值高度（相似于 Robertson et al. 2007）。可选择的是，它要求峰值高度要大于一个假发现临界值集合，该集合通过蒙特卡罗模拟在整个基因组上随机分布 read 来设定。我们已经观测到泊松或者蒙特卡罗模型不能准确代表来自输入 DNA 或者抗 IgG 抗体的 read 背景分布。FindPeaks 没有提供去除背景或者比较实验样本与对照样本的方法。

ChIP-seq Peak Finder（Johnson et al. 2007）通过聚类 read 并使用 ChIP 与对照样本中的计数比率寻找峰值。

PeakSeq（Rozowskyt et al. 2009）使用输入 DNA 对照数据改善 ChIP-seq 实验中峰值区域的选择和打分，目的是提高对转录因子结合位点的确认。因为已经观测到对照数据中的信号峰值与潜在的结合位点有高度相关性，所以 PeakSeq 依据开放染色质结构用二传策略对这个信号进行补偿。PeakSeq 先将 ChIP-seq 数据中富集的峰值确认为候选区域。这些候选区域随后与标准化的对照做比较，将那些被定位测序标签与对照相比明显富集的区域确认为结合位点。PeakSeq 软件存放在 http://info.gersteinlab.org/PeakSeq。

短 read 位点识别（site identification from short sequence read，SISSR）使用泊松概率估计高 read 数量，读取那些峰值从正链移动到负链的区域（Jothi et al. 2008）。SISSR 方法的吸引力主要体现在它明确地使用了蛋白质结合位点附近的标签方向信息，正链标签将被发现在真实结合位点的上游，而负链标签将被发现在真实结合位点的下游。这个软件可以精确预测结合位点的位置。但是，这个方法在标签低密度区域或标签没有整齐定位的组蛋白甲基化 ChIP 区域表现不是很好。SISSR 倾向于创建许多横跨富集区域的小峰值，这不容易在重复实验中重现。

CisGenome（Ji et al. 2008）使用二传算法进行峰值检测，确保对 DNA 片段长度的调整。它能分析 ChIP-seq 和 ChIP-chip 数据，或者两者的组合数据。为了校正由样本准备、扩增、测序（或杂交）及比对带来的多种系统性偏差，它同时使用了一个 ChIP 样本和一个对照样本（输入 DNA 或用 IgG 模仿的 ChIP）去计算每一个特定位置的 FDR。它也提供方法进行结合区域检测、峰值定位及过滤。CisGenome 是用 GUI 精心设计的 Windows 软件。它包含一个基因组可视化工具和一个对转录结合位点进行详细分析的序列基序寻找程序，具有从被确认的 ChIP-seq 峰值的位点集合中归纳序列标志的能力（http://www.biostat.jhsph.edu/~hji/cisgenome）。

QuEST（Valouev et al. 2008）用数据驱动的统计分析模型进行峰值读取，该模型利用了测序和比对的 DNA read 的关键属性，如方向性（方向定向）和 ChIP 分离的 DNA 片段的原始尺寸。统计框架使用的是内核密度概率估计方法，这有利于聚合起源于蛋白相互作用位点附近密集 read 的信号。QuEST 的 FDR 统计估计程序要求每个实验样本有两个对照数据样本，这对大多数研究者来说都不太便利。

USeq 软件包（Nix et al. 2008）使用对照数据去计算 4 个不同方法的窗口汇总统计（窗口计数、减掉对照计数的窗口计数、标准差、基于随机二项式分布的 p 值）。它通过预过滤去除所有在对照数据（背景峰值）中带有显著提高 p 值的基因组区域。即使小心处理 FDR，应用不合适的 p 值，仍可能会获得窗口临界值。如果不考虑峰值高度，与背景峰值定位在相同基因组区域的真实峰值就不会被检测到。

由于在 ChIP 中使用抗体靶向蛋白质的类型不同，现有 ChIP-seq 软件包的峰值检测能力变化很大。转录因子，如 E2F4，可以强结合到靠近一个基因的转录起始位点的一段特异性 DNA 序列（基序），产生明显的宽约 400 bp 的 ChIP-seq 峰形（约为 ChIP DNA 片段尺寸的两倍），定位标签近似符合正态分布（图 9.3A）。第二种模式的转录因子，如 Sin3a，与辅助因子一起弱结合到 DNA 上，产生较宽的 ChIP-seq 峰形（800~1600 个碱基），峰值位置的标签分布密度较低且平坦并不具方向性（图 9.3B），而重复实验具有更大的变化性。组蛋白修饰蛋白质，如 H3K4-3met，是第三种 ChIP-seq 目标，它能生成更宽的峰形（大约 4000 个碱基）和不具方向性的标签（图 9.3C）。

峰值读取的重现性对于许多研究者都特别重要，他们希望使用 ChIP-seq 技术研究生物学差异——去挖掘响应各种发育的、环境的、遗传的或者其他因子的改变时，对应的转录因子结合或者组蛋白甲基化发生的变化。为了检测有意义的生物学差异，峰值发现方法必须同时具有敏感性和鲁棒性（在重复实验中能产生一致结果）。那些只能确认由许多重叠序列标签支持的结合位点最强信号的峰值检测技术不足以剖析微妙的全基因组变化。

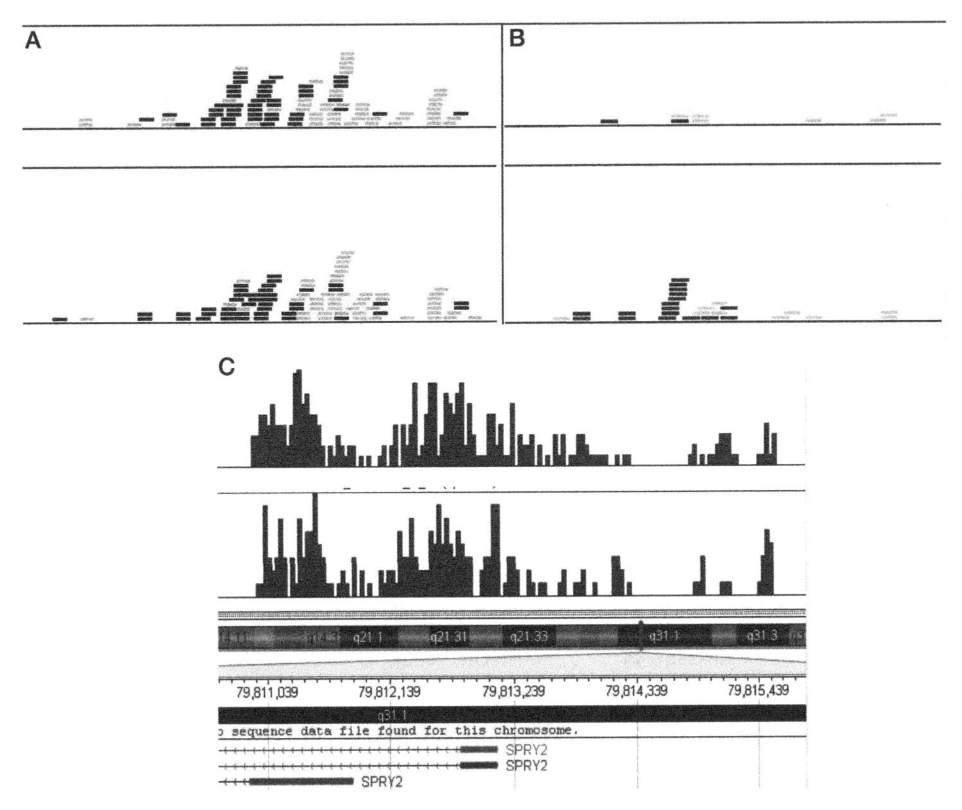

图 9.3 （A）来自 E2F4 ChIP-seq 的单个峰值的方向性标签。（B）来自 Sin3b ChIP-seq 的峰值区域表现为较弱且更分散的结合。（C）来自 H3K4-3met 组蛋白 ChIP-seq 的峰值区域具有更大范围的富集标签，这些标签延伸到下游，超过了基因 *SPRY2* 的第一个外显子

Illumina ChIP-seq 测序

GAⅡ、GAⅡx 或者 HiSeq 测序仪生成的 IlluminaChIP-seq 数据在进行 ChIP-seq 分析之前，需要经过多个步骤的处理。

1. 图像分析和碱基读取。真实 read 从图像中产生，而图像在 Illumina 测序仪上在**化学合成测序**的过程中获取。在测序仪运行时使用 Illumina 实时分析软件进行图像分析和碱基读取。

2. 短 read 比对到基因组上。Illumina CASAVA 流程(当前版本 1.8)中提供了 ELAND 算法。ELAND 对每一个样本输出一个标准的比对文件 sampleId_ Index_ Llane#_ Read#_serial#_export.txt.gz，文件中列出所有的 read 及它们各自在基因组上的坐标。CASAVA 也能以 FASTQ 格式输出不进行比对的序列文件。这个序列 FASTQ 文件被称为 sampleId_Index_Llane#_Read#_serial#_fastq.gz。所有的 read 都列在 FASTQ 文件里。

3. CASAVA 流程生成一个结果总结文件 Flowcell_Summary_FCID.htm file。这个文件包含综合的结果和对分析运行表现的测量。

对于给定的 Illumina 的输出，推荐进行下面这些附加的质量分析。

1. 不依赖任何峰值预测软件，在全基因组范围内测量 read 在基因组上的总体聚类。快速浏览这些值能够预测出是否能在数据集中找到明显的峰值（蛋白质结合位点），由此决定是否应在优化峰值发现软件的参数上花费时间。

a. read 距离分布是对 read 的全部聚类的测量。含有许多强烈且宽阔的峰形的数据集会显示出大量的重叠 read，然而背景 read 应该在整个基因组呈随机的扩散分布，伴随着小的重叠和邻近 read 间的均匀分布。read 距离分布图可以帮助理解这个问题。x 轴代表 read 和它邻近 read 间的距离。如果两个 read 恰好定位在基因组的同一个位置，那么这两个 read 间的距离就是 0。y 轴代表特定距离 read 的百分比。有趣的是，所有的图都表现出在 read 间距离为 1 bp 位置出现的峰值会随着距离的增加而逐步下降的趋势。read 分布图倾向短距离的偏度是用于预测蛋白质-DNA 相互作用位点的峰值质量分值和密度的直接反映。在某些情况下，输入 DNA 在 read 距离分布图上也呈现短 read 间距离的偏度，沿着基因组有明显的峰值，但无法作为理想的输入 DNA。使用这种类型的输入 DNA 作为背景进行峰值预测会干扰 ChIP 实验数据中真实峰值的确认。符合理论泊松分布的 read 曲线图不具有短的重叠距离（如没有峰值）的偏度，但是根据我们的经验，每一个真实背景 DNA 样本都有一些峰值，并在 read 分布曲线图中短距离间略有上升（图 9.4）。

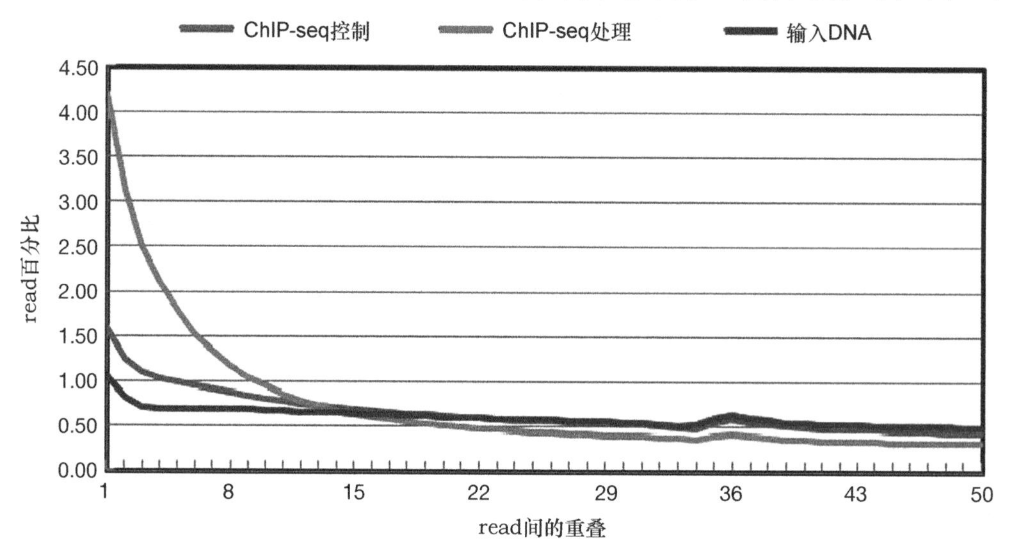

图 9.4 用一系列 ChIP-seq 处理、对照和输入 DNA 样本进行的带有强 ChIP 峰值的实验的 read 距离分布曲线（另见彩图）

read 在基因组上的随机（或非选择的）分布可能几乎没有重叠（假设低基因组覆盖度，如 1000 万~2000 万条 36-bp read），然而强 ChIP 信号可能产生更大比例的重叠序列

b. 基因组**覆盖度**分布是关于基因组 read 的测量。覆盖度能够通过曲线图可视化，图中 x 轴代表基因组中每个核苷酸位置的覆盖度深度，而 y 轴代表在每一个覆盖度水平下基因组中的核酸百分比。有许多强烈的和高峰值的数据集会表现高的覆盖度百分比，然而背景 read 数据应该以深度覆盖区域的一个较低的百分比来随机覆盖整个基因组。含有相似 read 距离分布的两个数据集（ChIP 和对照）之间，如果有不同的基因组覆盖度分布，则可能有明显的确认峰值。一个带有明显峰值的数据集在曲线图中可能会有一个左侧上移的覆盖度分布（图 9.5）。

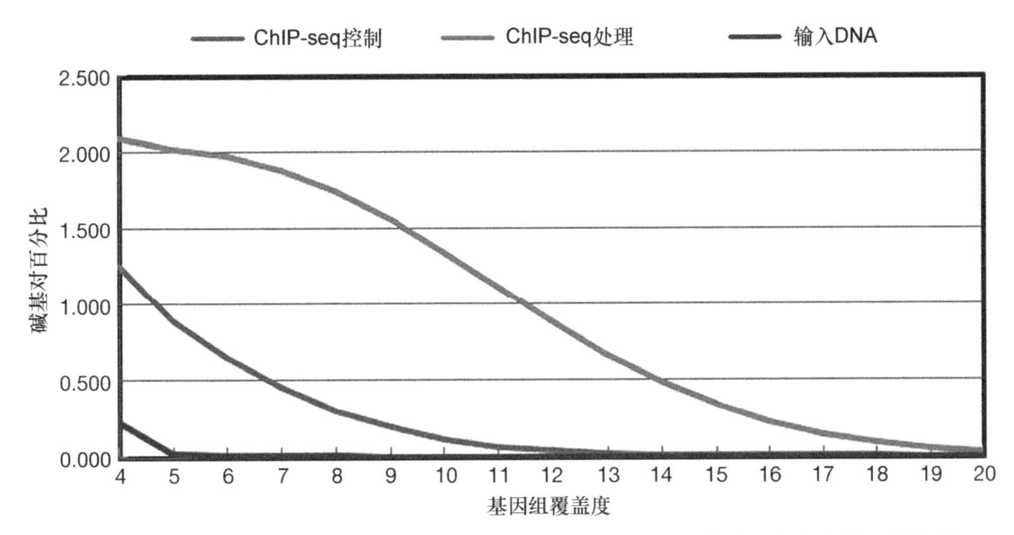

图 9.5 与图 9.4 中相同的 ChIP 处理、对照和输入数据的基因组覆盖度分布曲线图（另见彩图）

ChIP 处理样本在较高百分比的基因组上有较深的覆盖度，而输入样本表明只有少部分基因组位置覆盖度高于 4×

在某些情况下，ChIP 处理和输入 DNA 的 read 距离分布曲线图没有表现出明显的差异（图 9.6A），但是从基因组覆盖度曲线图上可以看出在 ChIP 样本中的明显峰值（图 9.6B）。

在 ChIP 实验中可以观测到另外一种模式，实验目标影响基因组很大一部分区域，如以组蛋白修饰为目标的表观遗传学研究。使用输入 DNA 作为背景，在 ChIP-seq 数据中发现大量非特异性峰值（较宽且高度较低）（图 9.3C）。这导致 ChIP 样本的 read 距离分布曲线图中有较大百分比的重叠 read（图 9.7A），但是在基因组覆盖度曲线图中却没有明显差异（图 9.7B）。在一些实验中，ChIP 不能成功分离单一的 DNA-蛋白质相互作用，导致 ChIP 和输入 DNA 样本之间的 read 距离和基因组覆盖度曲线图没有明显差异（图 9.8）。

2. read 重复百分比的统计分析

QC 步骤完成后，可以通过峰值查找软件分析数据，同时用于下游注释分析和基因组上峰值位置的分析。

a. 峰值发现。可以使用局部开发（如 TRLocator；https://sourceforge.net/projects/chipseqtools/files）和公共可用的峰值查找软件寻找明显的峰值。这个步骤对于 ChIP-seq 数据分析是最重要且困难的步骤。

b. 峰值注释。使用内部开发软件进行峰值注释。

c. 结合位点分布。提供结合位点与 TSS 距离的分布。

d. 结合位点比较。比较在不同生物学处理条件下的样本间的结合位点差异。

e. 基因组范围/局部区域峰值分布。根据基因表达数据信息提供局部区域或基因组范围内的峰值分布。

教程和样本数据

在这个部分我们提供一个分析由 Illumina 的 Genome Analyzer 产生的 ChIP-seq 数据的教程。

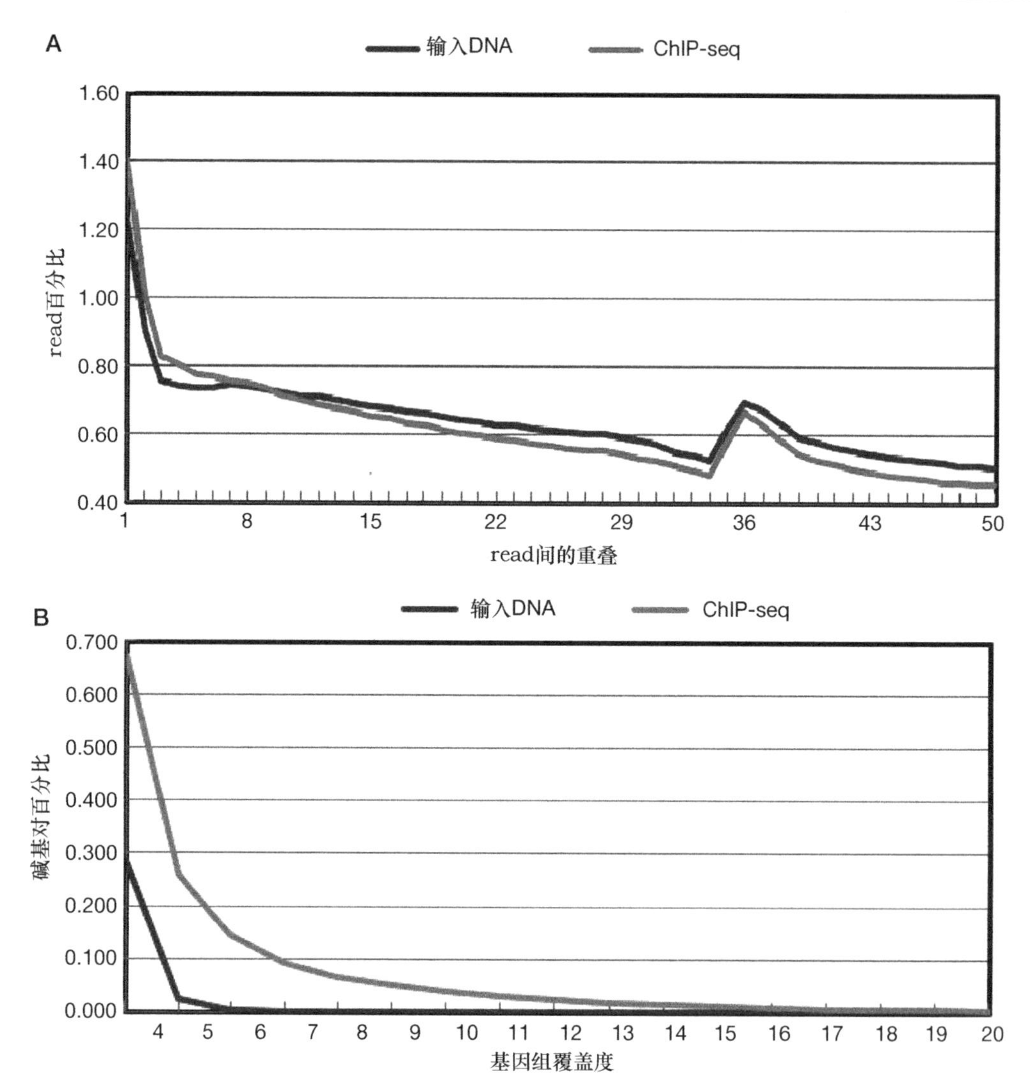

图 9.6　（A）在这个实验中，read 距离分布曲线图显示在输入 DNA 和 ChIP 样本之间的微小差异。（B）然而，基因组覆盖度曲线图表现出在 ChIP 样本中一些基因组位置有更深的覆盖率，表明在这些数据中能够找到明显的峰值

通常 Illumina's Real Time Analysis（RTA）软件可以在测序仪运行时，进行实时碱基读取。如果其中包含一个 Phix 对照通道，那么将被 HCS/SCS（系统控制软件，HCS 适用于 Hiseq，SCS 适用于 Genome Analyser）用于矩阵和相位校正估计。HCS/SCS 会计算一个只基于该通道基底的中值矩阵。否则，HCS/SCS 会使用所有的流式细胞的基底来计算这些值。

来自 HiSeq 或者 Genome Analyzer 的 RTA 初始输出文件是二进制碱基读取文件（*.bcl 文件）和*.filter 文件。每一个*.bcl 文件包含碱基读取和每个循环的质量分值。*.filter 文件详细指明一个聚类是否通过 QC 过滤。RTA 会输出包含每循环综合统计的*.stat 文件，以及包含每个聚类的 x、y 位置的*.locs 或*.clocs 文件。在测序运行中，通常设置 RTA 传送这些文件到一个远端服务器。

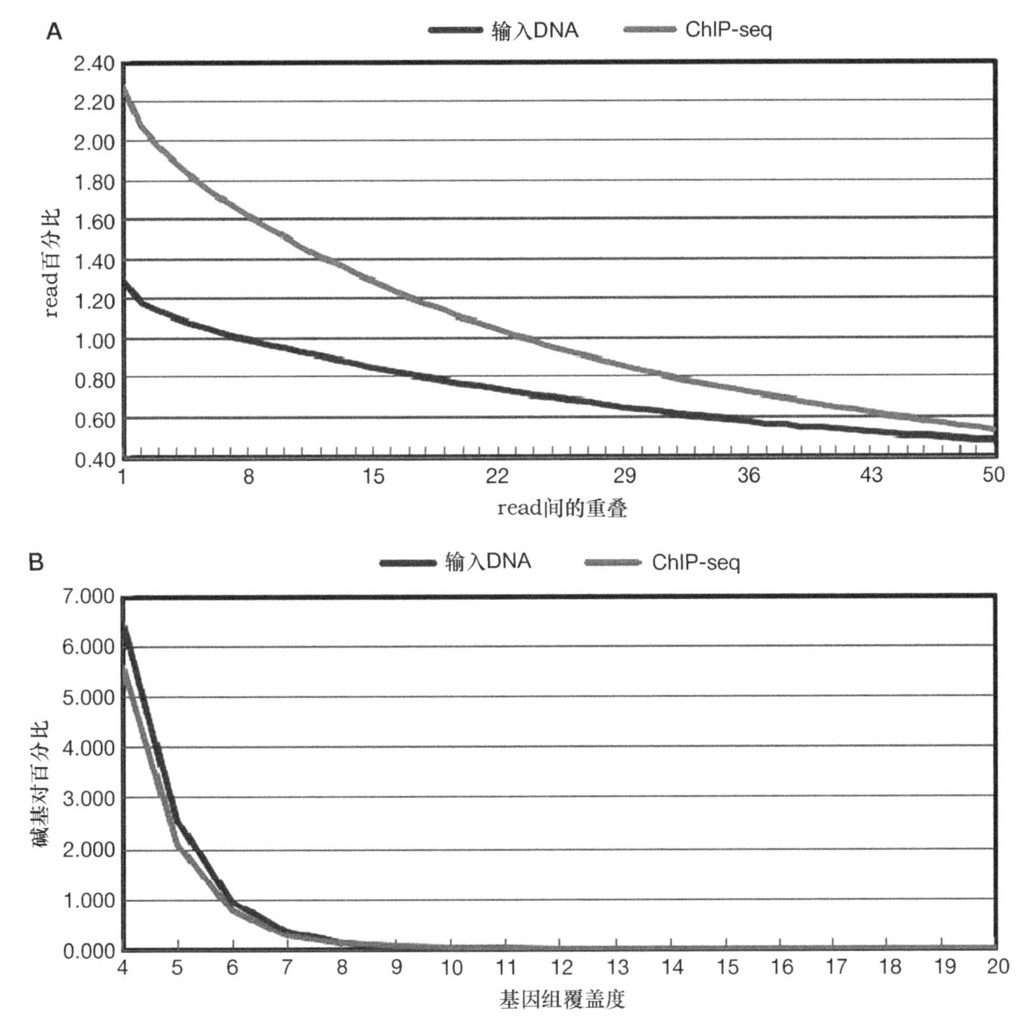

图 9.7 （A）与输入 DNA 相比，甲基化的组蛋白（H3K4）的 ChIP-seq 在 read 距离曲线图上产生一个 read 间高重叠的模式。（B）基因组覆盖度分布图在 ChIP 和输入样本间表现出很小的差异

初始分析的第一步是将 bcl 文件转换为 FASTQ 文件，这是 Illumina 下游分析软件 CASAVA（当前版本 1.8）的输入文件。

第二步是评估每次测序运行的质量分值。Illumina CASAVA 程序生成一个 Summary.htm 文件。这个文件包括生成的原始聚类的数量、通过过滤的原始聚类的百分比、比对到参考基因组上的通过过滤的聚类的百分比，以及错误率百分比（比对的聚类的错配百分比）（表 9.2）。

大多数研究者会使用 FASTQ 格式的输出文件分析 ChIP-seq 实验数据。大多数 ChIP-seq 实验使用单端测序。在这个教程中，我们使用两个 FASTQ 文件作为初始文件。一个 FASTQ 文件来自一个 ChIP 样本，另一个 FASTQ 文件来自背景对照，也就是我们研究中的输入 DNA。

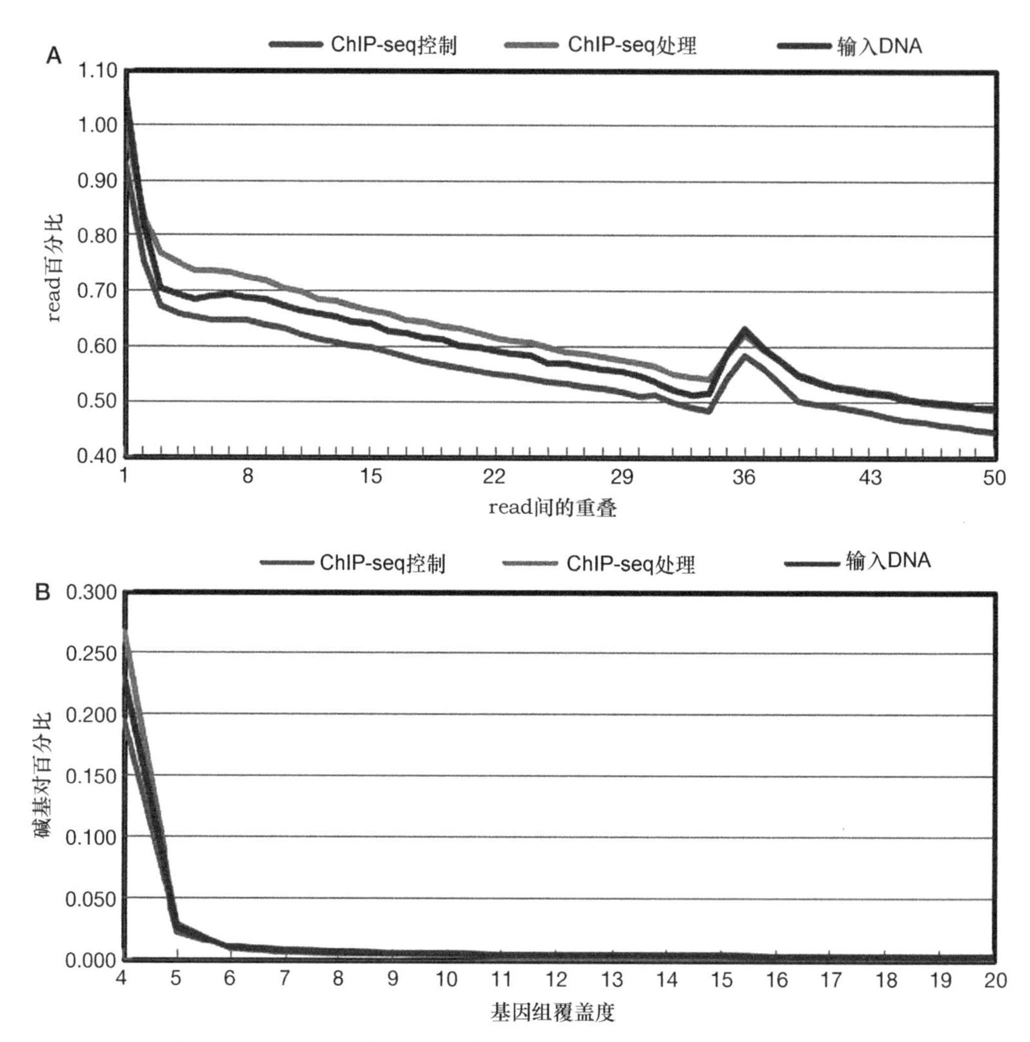

图 9.8　在 ChIP 处理、ChIP 对照和输入 DNA 之间，read 距离分布（A）或基因组覆盖度（B）曲线图均未表现出差异（另见彩图）

FASTQ 文件的比对

FASTQ 格式的序列文件是大多数比对软件常见的输入文件，如 BWA、Bowtie 和 Illumina 的 ELAND。在这个教程中，我们使用 Illumina 的 CASAVA 流程生成的 FASTQ 文件作为输入文件，然后用 BWA 将序列比对到参考基因组上。

参考基因组的准备

序列比对要求有一个参考基因组，参考基因组可以从 NCBI 网站（ftp://ftp.ncbi.nih.gov/genomes）或 UCSC 网站（http://hgdownload.cse.ucsc.edu/downloads.html）上以 **FASTA 格式**下载。BWA 需要索引的参考基因组文件以构建 ***k*-mer** 哈希表。bwa index 命令对人类基因组 hg18 进行索引：

表 9.2 CASAVA 总结文件

道	每道产量/kb	聚类（原始）	聚类（PF）	第一个循环整数（PF）	20 个循环后密度（PF）/%	PF 聚类/%	比对（PF）/%	比对值（PF）	错误率（PF）/%
1	789 787	277 620±22 577	221 602±22 142	301±9	85.86±4.43	79.94±8.09	79.18±3.10	74.65±4.40	0.25±0.36
2	894 690	316 300±14 671	248 525±7 310	310±8	85.59±2.83	78.66±2.20	80.24±0.32	75.76±1.44	0.25±0.29
3	869 623	329 261±7 722	241 562±38 078	290±10	83.38±11.53	73.46±11.77	75.81±11.19	71.72±11.51	0.33±0.84
4	907 316	318 993±6 080	252 033±3 524	272±11	82.93±2.27	79.03±1.44	98.90±0.00	160.52±0.09	0.12±0.00
5	782 202	264 062±6 363	217 279±4 383	269±12	86.97±2.42	82.30±0.95	78.19±0.14	75.38±0.16	0.19±0.01
6	829 880	388 383±5 665	230 522±10 574	269±11	84.87±13.20	59.38±3.05	80.95±0.35	76.44±0.95	0.24±0.12
7	908 670	347 218±12 829	252 409±2 606	277±6	88.09±2.35	72.78±2.31	81.91±0.15	77.99±0.70	0.20±0.14
8	819 793	292 730±14 448	227 720±7 359	281±18	88.53±3.78	77.87±2.10	79.18±0.74	74.66±3.06	0.42±0.65

```
bwa index -a bwtsw Homo_sapiens_assembly18.fasta
```

BWA 比对

BWA 比对的第一步是找到每一个单独 read 的高分值后缀数组（suffix array，SA）坐标。bwa aln 命令将每一个 read 与索引进行匹配：

```
bwa aln -m 10000000 -t 8 -I -f
s_7_sequence.txt.sai
Homo_sapiens_assembly18.fasta
s_7_sequence.txt
```

BWA 比对的下一步是将 SA 坐标转换成染色体坐标，并生成 SAM 格式的比对结果。bwa samse 命令创建单端 read 的坐标：

```
bwa samse -f s_7_sequence.txt.sam
Homo_sapiens_assembly18.fasta
s_7_sequence.txt.sai
s_7_sequence.txt
```

比对结果可视化和文件格式转换

SAM（序列比对/定位，Sequence Alignment/Map）是一种通用的比对文件格式，用制表符分隔且具有可读性。尽管大多数峰值发现软件接受 SAM 格式的比对结果，但是更通用的方法是将 SAM 转换为二进制格式如 BAM（Li et al. 2009a）。BAM 格式也是大多数可视化工具要求的文件格式。SAMtools 是一个开源工具，能对 SAM 格式进行转换和操作，如分类、合并和索引（http://samtools.sourceforge.net/）。在将 SAM 文件转换为 BAM 文件之前，对 FASTA 格式的**参考序列**进行索引是有帮助的。这将会生成一个 Homo_sapiens_assembly18.fasta.fai 文件，它将被用于下一个步骤：

```
samtools faidx
Homo_sapiens_assembly18.fasta
```

将 SAM 文件转换为 BAM 文件的命令如下：

```
samtools view -b -S -t
Homo_sapiens_assembly18.fasta.fai
-o s_7_sequence.txt.bam s_7_sequence.txt.sam
```

如果需要可视化比对结果，大多数可视化软件如 IGV、GenomeView 和 GBrowse 都要求一个经过分类和索引的 BAM 文件。分类一个 BAM 文件的命令如下：

```
samtools sort s_7_sequence.txt.bam s_7_sequence.txt.sort.bam
```

这会生成一个已分类的 s_7_sequence.txt.sort.bam 文件。对一个已分类的 BAM 文件进行索引的命令如下：

```
samtools index s_7_sequence.txt.sort.bam
```

这会生成一个名为 s_7_sequence.txt.sort.bam.bai 的 BAM 索引文件。

如果同时有 ChIP 数据和对照（输入 DNA）数据，则需要对这两个数据分别进行上面所有步骤的处理。

峰值确认

下一个步骤是使用比对结果找到峰值。经过上述比对步骤之后，应该有两个分别针对 ChIP 数据和对照数据的经过比对、分类和索引的 BAM 文件。现在使用 MACS 峰值发现软件找到峰值：

```
macs14 -t s_8_sequence.txt.sort.bam -c s_7_sequence.txt.sort.
bam -f BAM -g hs -nchipseq-exa，ple
```

这会生成许多有用的文件。

1. chipseq-example_peaks.xls 是包含读取的峰值信息的表格式文件。它包括染色体名称、峰形起始位点、峰形终止位点、峰形长度、峰形顶点位置、read 总数、–10*log10（*p* 值）、这个区域对于使用 λ 的随机泊松分布的倍数富集及 FDR 百分比。

2. chipseq-example_peads.bed 是 BED 格式的峰值文件，对应峰值与 chipseq-example_peaks.xls 文件中的一致。这个文件能被上传到多个可视化工具中，如 UCSC Genome Browser、IGV 和 IGB。

3. chipseq-example_summits.bed 是 BED 格式的，它包含每一个峰值的峰值顶点位置，这个文件中的第五列是片段堆积的顶点高度。

4. chipseq-example_negative_peaks.xls 是包含负向峰值信息的表格式文件，负向峰值是通过互换 ChIP-seq 和对照数据读取的。

5. chipseq-example_model.r 是一个 R 脚本，能够产生一个 PDF 文件，其中包含基于你的数据构建的模型图。

一旦通过 MACS 确认了峰值，就能在 Integrative Genomics Viewer（IGV）中观察全部的数据集（Robinson et al. 2011）。从网站首页打开 IGV（http://www. broadinstitute. org/igv/startingIGV）。首先需要确认你的工作站空闲内存至少有 2 GB。然后加载输入对照样本和每一个 ChIP-seq 样本的 BAM 文件，并加载由 MACS 创建的包含峰值读取的 **BED 文件**（图 9.2 和图 9.3）。

峰值注释

第四步是注释峰值发现软件检测到的峰值。在标准工作流程中，我们通过一个自定义脚本使用 UCSC 的 RefSeq 数据库注释每个峰值。用每个峰形的中心位置计算与最近的基因转录起始位点（TSS）的距离，并和距离临界值比较。任何与一个基因的 TSS 距离在临界值内的峰值会被注释上这个基因和相应的距离。任何超出距离临界值的峰值归为基因间区（图 9.9）。这个注释可通过 Galaxy 网页工具来完成（图 9.10）。

Galaxy 是一个基于网站的基因组区间的生物信息学分析工具（http://main.g2.bx.psu.edu）。它非常适合进行像 ChIP-seq 分析中峰值注释这样的任务。Galaxy 也包括用于将单个 read 定位到一个参考基因组上的 BWA 比对器和峰值发现软件 MACS，但目前

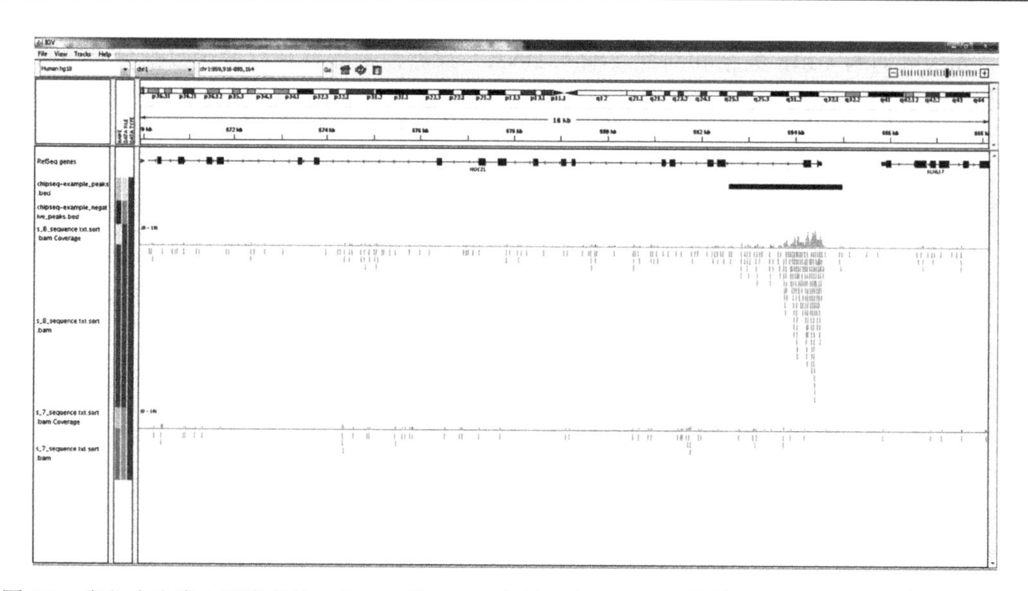

图 9.9　定位在人类 1 号染色体 *NOC2L* 基因 TSS 上的一个 ChIP-seq 峰值（MACS Peak-5）在 Integrative Genomics Viewer 中的展示（Robinson et al. 2011）

在 ChIP BAM 文件 A 中出现许多 read，在输入 BAM 文件 B 中 read 很少

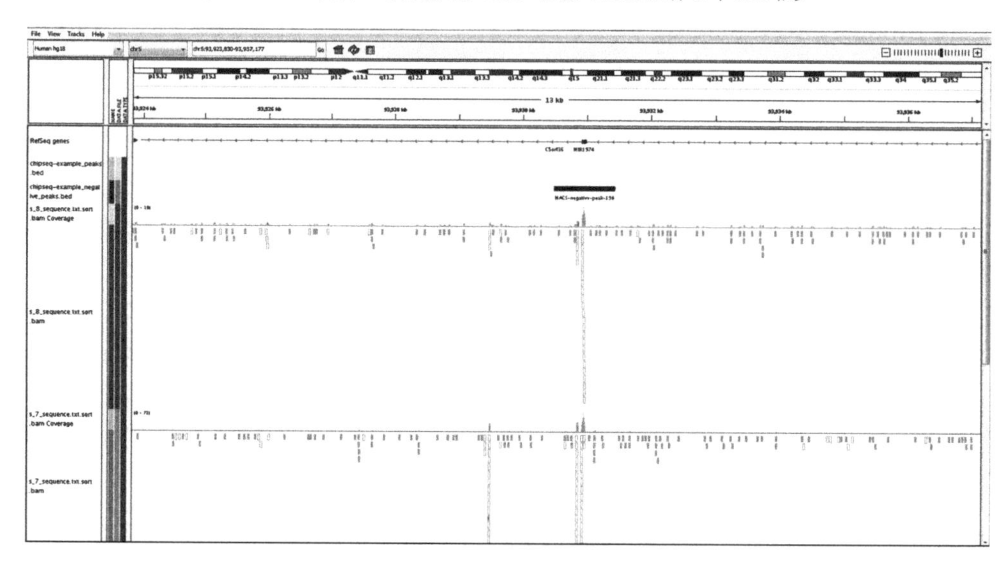

图 9.10　人类 5 号染色体上一个预测基因中间的假阳性 ChIP 峰值同时定位在 ChIP 和输入（对照）样本上图为在 Integrative Genomics Viewer 中的展示（Robinson et al. 2011）

NGS 测序文件太大，以致将它们上传到公共网站服务器并不现实（Illumina FASTQ 文件大概有 4~20 GB）。大多数测序核心实验室和商业承包商提供比对到参考基因组上的序列作为标准输出文件。然后只需要在本地计算机上运行 MACS 就能生成压缩后的描述峰值位置的.bed 文件（<1 MB）。

Cistrome 网站服务（http://cistrome.org/ap）是 Galaxy 的定制版本，专门用来分析 ChIP-seq 和 RNA-seq NGS 数据。使用“Import Data”命令从你的工作站上传一个 BED 数据文件（图 9.11）。

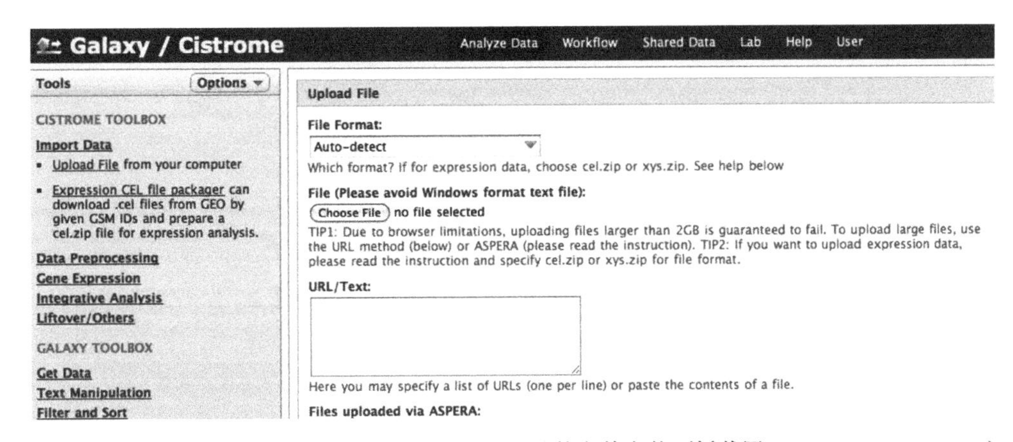

图 9.11 基于 NGS 数据分析工具的 Galaxy/Cistrome 网站的文件上传面板截屏（http://cistrome.org/ap）

然后使用“Integrative Analysis”菜单中的 *peak2gene* 注释工具将每一个峰值定位到附近的基因上（图 9.12）。在一个特定的间隔内（通常使用 10 000 bp）每一个峰值的中心与每一个 RefSeq 基因 TSS 的距离（和方向）会被计算出来。

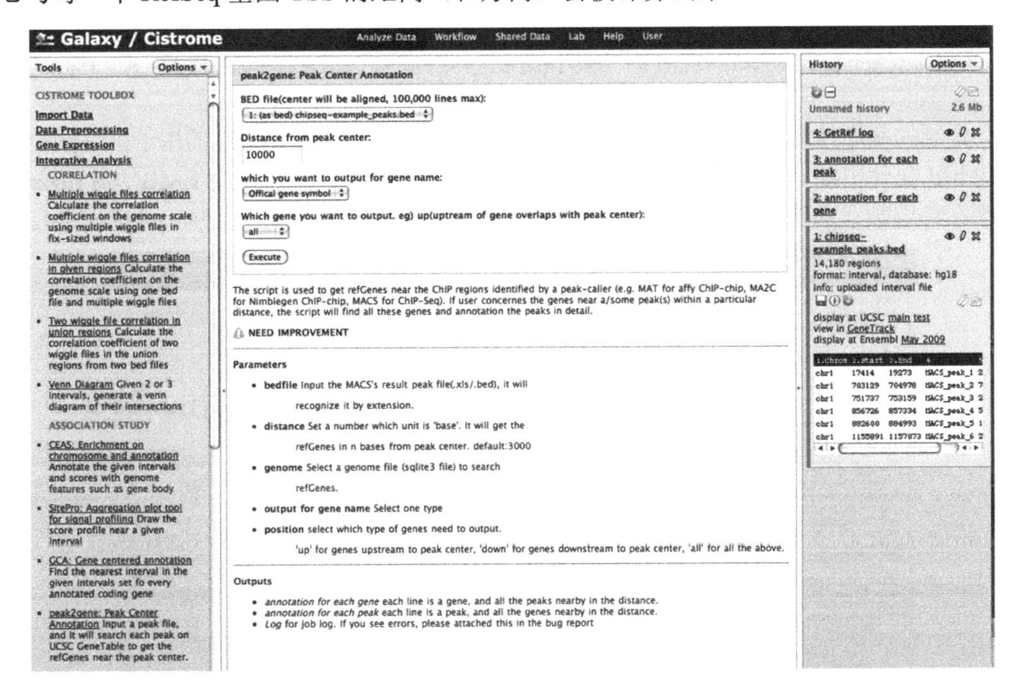

图 9.12 Galaxy/Cistrome（http://cistrome.org/ap）*peak2gene* 工具的截屏，用于注释与基因 TSS 最近的 ChIP-seq 峰值（默认距离是 10 000 bp）

peak2gene 的输出文件用制表符分割，列出了距离每个峰值最近的基因及峰值中心和 TSS 之间的距离和方向（图 9.13）。在特定距离内注释上多个基因的结果放在不同列中并用竖线分开。RefSeq 注释通常在同一个基因名称的同一个 TSS 下列出许多基因异构体。

SeqPos 基序工具能非常容易地从多个已知转录因子结合位点数据库（Transfac、JASPAR 等）中寻找 ChIP-seq 峰值对应的基序，而 MDscan 方法用于从头发现富集的基序。标准的 Galaxy 服务（http://main.g2.bx.psu.edu）包括 EMBOSS 程序，它能够用来

```
Galaxy / Cistrome        Analyze Data   Workflow   Shared Data   Lab   Help   User

# Argument List:
# Name = output
# peak file = /data/CistromeAP/galaxy_database/files/000/167/dataset_167232.dat
# gene pos to peak = up,down
# distance = 5000 bp
# genome = /data/CistromeAP/static_libraries/ceaslib/GeneTable/hg18
# Output symbol as gene name = True
#chrom  pStart  pEnd     pName   pScore  NA      gene    strand  TSS2pCenter
chr1    100087979       100089175       region_687      0       0       AGL|AGL|AGL|AGL|AGL     +|+|+|+|+       55|-350|55|55|541
chr1    10014691        10017655        region_76       0       0       UBE4B|UBE4B     +|+     -546|-546
chr1    100207066       100209017       region_688      0       0       SLC35A3 +       86
chr1    100274806       100275554       region_689      0       0       HIAT1   +       1196
chr1    100275578       100276478       region_690      0       0       HIAT1   +       348
chr1    100368979       100372569       region_691      0       0       CCDC76|SASS6    +|-     519|-325
chr1    100486362       100488908       region_692      0       0       DBT     -       -362
chr1    100503484       100505614       region_693      0       0       RTCD1|RTCD1     +|+     -248|-248
chr1    10056667        10057467        region_77       0       0
chr1    100589121       100591345       region_694      0       0       CDC14A|CDC14A|CDC14A    +|+|+   377|377|377
chr1    100865171       100865960       region_695      0       0
chr1    101132751       101134167       region_696      0       0       EXTL2|SLC30A7|EXTL2|SLC30A7     -|+|-|+ 453|760|453|762
chr1    101263267       101264487       region_697      0       0       DPH5|DPH5|DPH5  -|-|-   -73|-73|-73
chr1    101432422       101433113       region_698      0       0
chr1    101438613       101439296       region_699      0       0
chr1    101474548       101476205       region_700      0       0       S1PR1   +       -484
chr1    101476698       101477383       region_701      0       0       S1PR1   +       -2148
chr1    10192519        10193183        region_78       0       0       KIF1B|KIF1B     +|+     499|499
chr1    10193815        10194719        region_79       0       0       KIF1B|KIF1B     +|+     -917|-917
chr1    10380864        10381785        region_80       0       0       PGD     +       347
chr1    10382117        10382858        region_81       0       0       PGD     +       -816
chr1    103840949       103842259       region_702      0       0       RNPC3   +       -439
chr1    10454165        10455760        region_82       0       0       DFFA|PEX14|DFFA -|+|-   -238|2627|-238
chr1    10456464        10458812        region_83       0       0       DFFA|PEX14|DFFA -|+|-   2438|-49|2438
chr1    10477328        10478353        region_84       0       0
chr1    10493126        10493964        region_85       0       0
chr1    10511209        10512087        region_86       0       0
chr1    108320011       108320668       region_703      0       0
chr1    108543124       108544070       region_704      0       0       SLC25A24        -       -900
chr1    108544620       108545562       region_705      0       0       SLC25A24        -       594
chr1    108904601       108905514       region_706      0       0       FAM102B +       -564
chr1    109035601       109037927       region_707      0       0       PRPF38B +       -310
chr1    109090179       109091154       region_708      0       0       STXBP3  +       141
chr1    109091259       109091990       region_709      0       0       STXBP3  +       -817
chr1    109160262       109161012       region_710      0       0
chr1    109174599       109175446       region_711      0       0
chr1    109221397       109222644       region_712      0       0       GPSM2   +       -895
chr1    109419298       109420517       region_713      0       0       TAF13   -       -240
```

图 9.13　来自 Galaxy/Cistrome（http://cistrome.org/ap）*peak2gene* 工具的注释输出文件

每一个峰值被注释上染色体、起始和终止位置，以及与附近基因 TSS 的距离。未注释的峰值没有定位在基因 TSS 的特定距离（默认 10 000 bp）内

建立定制的基序搜索。首先，使用 *Fetch Sequences* 工具从 MACS 创建的用于确认峰值区域的.bed 文件中以 FASTA 格式提取基因组 DNA（图 9.14）。然后使用 EMBOSS fuzznuc 程序在特定数量的错配下搜索这些序列中的基序（需要使用 fuzznuc 的正则表达式）。

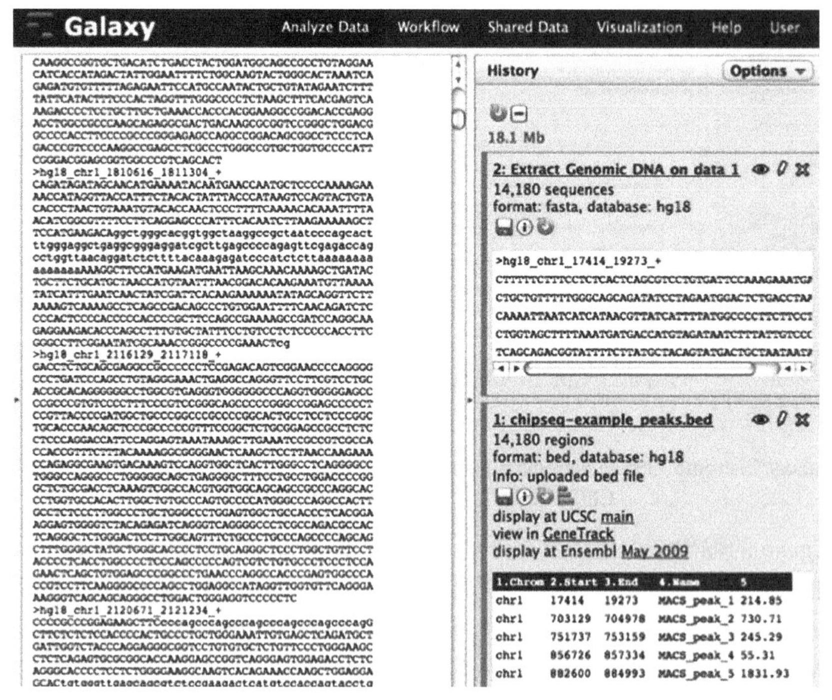

图 9.14　一个 BED 文件中指定的 DNA 序列的 ChIP-seq 峰值区域的一个 FASTA 文件，由 Galaxy 从参考基因组序列中提取

还有许多更复杂的方法用于在一系列 ChIP-seq 峰值中发现基序，包括 Hybird Motif Samper（http://www.sph.umich.edu/csg/qin/HMS）（Hu et al. 2010）、GimmeMotifs（http://www.ncmls.eu/bioinfo/gimme motifs）（van Heeringen and Veenstra2011）、CisFinder（http://lgsun.grc.nia.nih.gov/CisFinder）（Sharov and Ko 2009）、DREME（Bailey 2011）和 MEME-ChIP（http://meme.sdsc.edu/meme/cgi-bin/meme-chip.cgi）（Machanich and Bailey 2011）。图 9.15 为由 CisFinder 在一系列 ChIP-seq 峰值中找到的基序的输出例子。

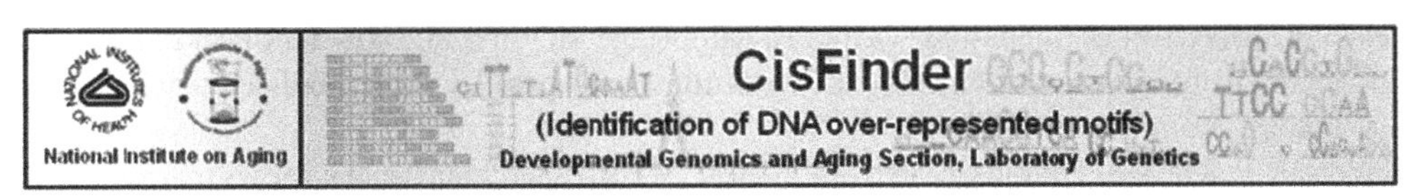

Motif M001

Freq	Ratio	Info	Score	FDR
1802	6.883	10.602	200.441	0.0000

Position Frequency Matrix (PFM)

Start position End position Reverse Name Add PFM to file

Save motif 1 14 motif_GalaxyExtractDNA

Position	A	C	G	T
1	7	45	38	8
2	4	32	18	44
3	7	20	72	0
4	10	72	15	1
5	1	18	80	0
6	0	67	32	0
7	57	24	18	0
8	0	18	24	57
9	0	32	67	0
10	0	80	18	1
11	1	15	72	10
12	0	72	20	7
13	44	18	32	4
14	8	38	45	7

图 9.15 由包含序列标志和位置特异打分矩阵的一系列 ChIP-seq 峰值通过 CisFinder (http://lgsun.grc.nia.nih.gov/CisFinder) (Sharov and Ko 2009) 确认的一个非常显著的基序的输出结果

参考文献

Bailey TL. 2011. DREME: Motif discovery in transcription factor ChIP-seq data. *Bioinformatics* **27**: 1653–1659.

Barrera LO, Li Z, Smith AD, Arden KC, Cavenee WK, Zhang MQ, Green RD, Ren B. 2008. Genome-wide mapping and analysis of active promoters in mouse embryonic stem cells and adult organs. *Genome Res* **18**: 46–59.

Barski A, Zhao K. 2009. Genomic location analysis by ChIP-Seq. *J Cell Biochem* **107:** 11–18.

Barski A, Cuddapah S, Cui K, Roh TY, Schones DE, Wang Z, Wei G, Chepelev I, Zhao K. 2007. High-resolution profiling of histone methylations in the human genome. *Cell* **129:** 823–837.

Bourque G, Leong B, Vega VB, Chen X, Lee YL, Srinivasan KG, Chew JL, Ruan Y, Wei CL, Ng HH, Liu ET. 2008. Evolution of the mammalian transcription factor binding repertoire via transposable elements. *Genome Res* **18:** 1752–1762.

Dohm JC, Lottaz C, Borodina T, Himmelbauer H. 2008. Substantial biases in ultra-short read data sets from high-throughput DNA sequencing. *Nucleic Acids Res* **36:** e105. doi: 10.1093/nar/gkn425.

Fejes AP, Robertson G, Bilenky M, Varhol R, Bainbridge M, Jones SJ. 2008. FindPeaks 3.1: A tool for identifying areas of enrichment from massively parallel short-read sequencing technology. *Bioinformatics* **24:** 1729–1730.

Håndstad T, Rye MB, Drabløs F, Sætrom P. 2011. A ChIP-Seq benchmark shows that sequence conservation mainly improves detection of strong transcription factor binding sites. *PloS ONE* **6:** e18430. doi: 10.1371/journal.pone.0018430.

Hoffman BG, Jones SJ. 2009. Genome-wide identification of DNA–protein interactions using chromatin immunoprecipitation coupled with flow cell sequencing. *J Endocrinol* **201:** 1–13.

Hu M, Yu J, Taylor JM, Chinnaiyan AM, Qin ZS. 2010. On the detection and refinement of transcription factor binding sites using ChIP-seq data. *Nucleic Acids Res* **38:** 2154–2167.

Huebert DJ, Kamal M, O'Donovan A, Bernstein BE. 2006. Genome-wide analysis of histone modifications by ChIP-on-chip. *Methods* **40:** 365–369.

Ji H, Jiang H, Ma W, Johnson DS, Myers RM, Wong WH. 2008. An integrated software system for analyzing ChIP-chip and ChIP-seq data. *Nat Biotechnol* **26:** 1293–1300.

Jiang H, Wong WH. 2008. SeqMap: Mapping massive amount of oligonucleotides to the genome. *Bioinformatics* **24:** 2395–2396.

Johnson DS, Mortazavi A, Myers RM, Wold B. 2007. Genome-wide mapping of in vivo protein–DNA interactions. *Science* **316:** 1497–1502.

Jothi R, Cuddapah S, Barski A, Cui K, Zhao K. 2008. Genome-wide identification of in vivo protein–DNA binding sites from ChIP-seq data. *Nucleic Acids Res* **36:** 5221–5231.

Kharchenko PV, Tolstorukov MY, Park PJ. 2008. Design and analysis of ChIP-seq experiments for DNA-binding proteins. *Nat Biotechnol* **26:** 1351–1359.

Kim TH, Barrera LO, Ren B. 2007. ChIP-chip for genome-wide analysis of protein binding in mammalian cells. *Curr Protoc Mol Biol* **79:** 21.13.1–21.13.22.

Laajala TD, Raghav S, Tuomela S, Lahesmaa R, Aittokallio T, Elo LL. 2009. A practical comparison of methods for detecting transcription factor binding sites in ChIP-seq experiments. *BMC Genomics* **10:** 618.

Langmead B, Trapnell C, Pop M, Salzberg SL. 2009. Ultrafast and memory-efficient alignment of short DNA sequences to the human genome. *Genome Biol* ***10:*** R25. doi: 10.1186/gb-2009-10-3-r25.

Li H, Durbin R. 2009. Fast and accurate short read alignment with Burrows–Wheeler transform. *Bioinformatics* **25:** 1754–1760.

Li R, Li Y, Kristiansen K, Wang J. 2008a. SOAP: Short oligonucleotide alignment program. *Bioinformatics* **24:** 713–714.

Li H, Ruan J, Durbin R. 2008b. Mapping short DNA sequencing reads and calling variants using mapping quality scores. *Genome Res* **18:** 1851–1858.

Li H, Handsaker B, Wysoker A, Fennell T, Ruan J, Homer N, Marth G, Abecasis G, Durbin R; 1000 Genome Project Data Processing Subgroup. 2009a. The Sequence Alignment/Map format and SAMtools. *Bioinformatics* **25:** 2078–2079.

Li R, Yu C, Li Y, Lam TW, Yiu SM, Kristiansen K, Wang J. 2009b. SOAP2: An improved ultrafast tool for short read alignment. *Bioinformatics* **25:** 1966–1967.

Lin H, Zhang Z, Zhang MQ, Ma B, Li M. 2008. ZOOM! Zillions of oligos mapped. *Bioinformatics* **24:** 2431–2437.

Liu ET, Pott S, Huss M. 2010. Q&A: ChIP-seq technologies and the study of gene regulation. *BMC Biol* **8:** 56.

Machanick P, Bailey TL. 2011. MEME-ChIP: Motif analysis of large DNA datasets. *Bioinformatics* **27:** 1696–1697.

Mikkelsen TS, Ku M, Jaffe DB, Issac B, Lieberman E, Giannoukos G, Alvarez P, Brockman W, Kim TK, Bernstein BE, et al. 2007. Genome-wide maps of chromatin state in pluripotent and lineage-committed cells. *Nature* **448:** 553–560.

Mortazavi A, Williams BA, McCue K, Schaeffer L, Wold B. 2008. Mapping and quantifying mammalian transcriptomes by RNA-Seq. *Nat Methods* **5:** 621–628.

Nicol JW, Helt GA, Blanchard SG Jr, Raja A, Loraine AE. 2009. The Integrated Genome Browser: Free software for distribution and exploration of genome-scale datasets. *Bioinformatics* **25:** 2730–2731.

Nix DA, Courdy SJ, Boucher KM. 2008. Empirical methods for controlling false positives and estimating confidence in ChIP-seq peaks. *BMC Bioinformatics* **9:** 523.

Park PJ. 2009. ChIP-seq: Advantages and challenges of a maturing technology. *Nat Rev Genet* **10:** 669–680.

Pepke S, Wold B, Mortazavi A. 2009. Computation for ChIP-seq and RNA-seq studies. *Nat Methods* **6:** S22–S32.

Quail MA, Kozarewa I, Smith F, Scally A, Stephens PJ, Durbin R, Swerdlow H, Turner DJ. 2008. A large genome center's improvements to the Illumina sequencing system. *Nat Methods* **5:** 1005–1010.

Robertson G, Hirst M, Bainbridge M, Bilenky M, Zhao Y, Zeng T, Euskirchen G, Bernier B, Varhol R, Delaney A, et al. 2007. Genome-wide profiles of STAT1 DNA association using chromatin immunoprecipitation and massively parallel sequencing. *Nat Methods* **4:** 651–657.

Robinson JT, Thorvaldsdóttir H, Winckler W, Guttman M, Lander ES, Getz G, Mesirov JP. 2011. Integrative genomics viewer. *Nat Biotechnol* **29:** 24–26.

Rozowsky J, Euskirchen G, Auerbach RK, Zhang ZD, Gibson T, Bjornson R, Carriero N, Snyder M, Gerstein MB. 2009. PeakSeq enables systematic scoring of ChIP-seq experiments relative to controls. *Nat Biotechnol* **27:** 66–75.

Sharov AA, Ko MS. 2009. Exhaustive search for over-represented DNA sequence motifs with Cis-Finder. *DNA Res* **16:** 261–273.

Smith AD, Xuan Z, Zhang MQ. 2008. Using quality scores and longer reads improves accuracy of Solexa read mapping. *BMC Bioinformatics* **9:** 128.

Smith AD, Chung WY, Hodges E, Kendall J, Hannon G, Hicks J, Xuan Z, Zhang MQ. 2009. Updates to the RMAP short-read mapping software. *Bioinformatics* **25:** 2841–2842.

Solomon MJ, Larsen PL, Varshavsky A. 1988. Mapping protein–DNA interactions in vivo with formaldehyde: Evidence that histone H4 is retained on a highly transcribed gene. *Cell* **53:** 937–947.

Stein LD, Mungall C, Shu S, Caudy M, Mangone M, Day A, Nickerson E, Stajich JE, Harris TW, Arva A, Lewis S. 2002. The generic genome browser: A building block for a model organism system database. *Genome Res* **12:** 1599–1610.

Valouev A, Johnson DS, Sundquist A, Medina C, Anton E, Batzoglou S, Myers RM, Sidow A. 2008. Genome-wide analysis of transcription factor binding sites based on ChIP-seq data. *Nat Methods* **5:** 829–834.

van Heeringen SJ, Veenstra GJ. 2011. GimmeMotifs: A de novo motif prediction pipeline for ChIP-sequencing experiments. *Bioinformatics* **27:** 270–271.

Vega VB, Cheung E, Palanisamy N, Sung WK. 2009. Inherent signals in sequencing-based chromatin-immunoprecipitation control libraries. *PloS ONE* **4**: e5241. doi: 10.1371/journal.pone.0005241.

Wilbanks EG, Facciotti MT. 2010. Evaluation of algorithm performance in ChIP-seq peak detection. *PloS ONE* **5**: e11471. doi: 10.1371/journal.pone.0011471.

Zhang Y, Liu T, Meyer CA, Eeckhoute J, Johnson DS, Bernstein BE, Nusbaum C, Myers RM, Brown M, Li W, Liu XS. 2008. Model-based analysis of ChIP-Seq (MACS). *Genome Biol* **9**: R137. doi: 10.1186/gb-2008-9-9-r137.

网 络 资 源

http://cistrome.org/ap Cistrome 网站服务器是 Galaxy 设计的用于 ChIP-seq 和 RNA-seqNGS 数据分析的一个自定义版本

http://genomeview.org/ GenomeView 是博德研究所开发的一个基因组浏览器和编辑器。©Thomas Abeel

http://hgdownload.cse.ucsc.edu/downloads.html 这个网页包含用于基因组组装的序列和注释数据下载的链接，是 UCSC Genome Browser 的特征网页

http://info.gersteinlab.org/PeakSeq PeakSeq 软件[Rozowsky 等（2009）描述]是一个用于确认和排序 ChIP-seq 实验中峰值区域的程序

http://lgsun.grc.nia.nih.gov/CisFinder CisFinder 是一个用于寻找过度表达的短 DNA 基序（如转录因子结合基序）的工具，它能直接从字的数量估计位置频率矩阵（position frequency matrix，PFM）。这个软件用于分析 ChIP-chip 和 ChIP-seq 数据，并能够处理长输入文件（50 MB）

http://main.g2.bx.psu.edu Galaxy 的一个开源的基于网页的平台，用于数据密集型生物医疗研究

http://meme.sdsc.edu/meme/cgi-bin/meme-chip.cgi MEME 主页

http://novocraft.com Novocraft Technologies 主页

http://samtools.sourceforge.net/ SAM（序列比对/定位）格式是存储大量核苷酸序列比对的通用格式

http://sourceforge.net/projects/chipseqtools/files TRLocator 软件用于 ChIP-seq 峰值检测，由纽约大学卫生信息学和生物信息学中心（CHIBI）开发

http://www.biostat.jhsph.edu/~hji/cisgenome 一个用于嵌合芯片、ChIP-seq、基因组和反式调控元件分析的整合工具。©约翰霍普金斯大学

http://www.broadinstitute.org/igv/startingIGV Intergrative Genomics Viewer 主页，博德研究所

http://www.ncmls.eu/bioinfo/gimmemotifs GimmeMotifs 是一个进行从头基序预测流程，特别适合于 ChIP-seq 数据集（van Heeringen and Veenstra 2011）

http://www.sph.umich.edu/csg/qin/HMS HMS（混合模体采样器）执行一种新颖的算法，专门用于从 ChIP-seq 数据发现转录因子结合位点（TFBS）模体。统计基因组中心，密歇根大学

10

使用第二代测序进行 RNA 测序

Stuart M. Brown，Jeremy Goecks 和 James Taylor

自 DNA 测序技术发明以来，RNA 测序已经成为其重要应用之一。通常，RNA 测序首先要将RNA通过反转录酶(依赖RNA的DNA聚合酶)转换成互补的DNA(cDNA)。反转录酶最初由 David Baltimore（1970）从 Rous 肉瘤反转录病毒和 Rauscher 小鼠白血病反转录病毒（R-MLV）中分离出来，Howard Temin（Temin and Mizutani 1970）也单独分离出反转录酶。在 1972 年，Verma 等（1972）和 Bank 等（1972）发展出一个有效的系统，可以通过添加 DNA 核苷酸三磷酸和寡聚核苷酸（dT）的方法，将信使 RNA（mRNA）复制成 cDNA，这些 DNA 核苷酸三磷酸和寡聚核苷酸（dT）可以杂交到 mRNA 的 poly（A）尾巴上，并作为反应引物。

cDNA 经常成为测序研究的主要对象，因为这是一个发现表达基因的编码序列或者寻找基因编码区的有效方法。Craig Venter 通过收集大量来自 mRNA 3′端的单端短 read，发展了 cDNA 测序方法，这些 read 被称为表达序列标签（expressed sequence tag，EST）。对人类细胞的早期 EST 测序非常高效，通过这种方法直接发现了数千个新基因（Adams et al. 1991；1992）。EST 方法可以对多种细胞的基因表达谱进行粗略分析，也可以进行一些差异表达分析。EST 测序也是**从头测序**项目中非常有价值的组成部分，能够提供大量表达信息用于基因组注释和基因发现。发明于 20 世纪 90 年代的**微阵列**技术会测量标记 cDNA 与芯片 DNA 探针的杂交情况，这里的 DNA 探针对应于已知基因的序列。微阵列方法用于在全基因组范围内发现由任何生物处理或条件变化导致的基因表达情况的变化（反映在 mRNA 水平的变化）。

基于 NGS 技术的 RNA 测序能够用于许多不同的科学应用。对 mRNA 的直接测序可以测量整个转录组的基因表达情况，这种方法比基于微阵列的技术更精确也拥有更大的动态范围（Marioni et al. 2008）。**RNA-seq 技术**能够用于检测个体生殖细胞或肿瘤细胞的体细胞突变中基因组转录部分的突变。RNA-seq 技术也是检测使同一基因产生不同转录物（最终产生不同的蛋白质）的选择性剪切事件的一个非常好的平台。通过把 RNA-seq 的 read 定位到剪切位点上，可以非常准确地鉴定已知的或未知的选择性剪切异构体。采用适当的样本制备方法，RNA-seq 技术也能够用于研究各种各样的非编码 RNA。

所有主流的 NGS 供应商都开发了 RNA 测序实验方案。在所有提取自原核和真核细胞的总 RNA 中**核糖体 RNA**（ribosomal RNA，rRNA）和转运 RNA（transfer RNA，tRNA）是非常丰富的（约占 RNA 分子的 75%）。高丰度的非编码 RNA 测序降低了 RNA-seq 技术中 mRNA 的产量和灵敏度，也增加了测序成本。在真核细胞中，大多数 RNA-seq 实验方案使用 poly（T）寡聚核苷酸来分离带有 poly（A）尾巴的 mRNA 或者使用 poly（T）

引物结合随机的反转录短寡聚物。经过 poly（A）纯化后，大多数实验方案将 mRNA 分子打断成小片段（100~300 bp），再将这些小片段连接到测序系统特定的寡聚物上。一些实验方案也开发出小的非编码 RNA 分子的测序方法，这些 RNA 分子包括小 RNA（microRNA，miRNA）、小干扰 RNA（small interfering，siRNA）、小核 RNA（small nuclear，snRNA）、小核仁 RNA（small nucleolar，snoRNA）、Piwi 蛋白相互作用 RNA（Piwi-interacting RNA，piRNA）等。

另一种办法是在测序前去除冗余的 rRNA、tRNA 和其他高丰度 RNA，称为双链特异性核酸酶（duplex-specific nuclease，DSN）标准化。这种方法使用一种核酸酶（堪察加蟹肝胰腺酶）特异性降解双链 DNA 并留下完整的单链 DNA 分子。这种方法利用了 DNA 复性动力学的优势（Zhulidov et al. 2004）。首先，全部的 RNA 反转录成为双链 cDNA，然后 cDNA 高温变性，在选定的退火条件下高丰度 cDNA 分子（rRNA、tRNA、mtRNA 和大多数高转录信使的 cDNA 克隆）形成双链而被降解，那些低丰度分子仍然保持单链而被保存下来。Illumina 已经提供了一些使用 DSN 标准化的 RNA-seq 初始数据（http://www.illumina.com/documents/seminars/presentations/2010-06_sq_03_lakdawalla_transcriptome_sequencing.pdf），这些数据表明 DSN 方法能较好地去除 rRNA，高度保留小的非编码 RNA，并且与 poly（A）纯化法相比没有 3′端偏好性。已经发表的使用 DSN 方法的 RNA 测序实验较少，因此对其在基因表达或者差异表达分析上的偏好还不是很清楚。

不管哪一种纯化法[poly（A）选择或者 DSN 标准化]RNA-seq 数据都可能包含大量潜在的 rRNA、tRNA 和线粒体 DNA。这些 RNA 可以用生物信息学流程过滤出去，方法是在 read 与基因组和/或剪切位点数据库定位之前，将所有 **read** 与包含目标物种 rRNA、tRNA 和 mtDNA 序列的“污染”文件进行**比对**。

计算基因表达量

在测序之后，RNA-seq 数据分析的标准方法是使用**序列比对**软件将所有 NGS read 定位到一个**参考基因组**上，并通过计算比对到编码区域的 read 的数量来计算每一个基因的表达量。数百万条 RNA-seq 短 read 的比对既可以使用基于 **Burrows-Wheeler 变换**的软件来完成，如 BWA（Li and Durbin 2009）或者 Bowtie（Langmead et al. 2009），也可以使用基于短 **k-mer** 哈希表(序列字符串)的方法来完成，如 SHRiMP（Rumble et al. 2009）、BFAST（Homer et al. 2009）和 Illumina ELAND aligner（见第 4 章）。所有的比对方法都在寻找最优匹配，这些匹配序列只含有一两个位置的错配和非常小的插入/缺失，并且已经过滤了与基因组多个位置匹配的重复序列。比对是任何 NGS 分析流程中计算需求最大的步骤，在**高性能计算机**集群上计算也需要很多个小时（见第 12 章）。

如何将 NGS RNA 短 read 作为查询序列比对到一个参考基因组 DNA 序列上是信息学上的挑战，因为 RNA 序列包含**内含子**被剪切时所产生的比对缺口。NGS 数据（包括基因组 DNA 数据和 RNA 数据）比对中常见的其他问题包括鉴定在实际测序样本的 RNA 和参考基因组之间的 SNP（或其他**序列变异**）、测序错误及比对到参考基因组多个位置的 read 处理等。RNA 编辑也是测序的 cDNA 片段与参考基因组之间差异的一个最新发现的来源（Li et al. 2011）。

解决内含子剪切问题的可能方法包括构建一个转录物序列的参考数据库，使用允许大空隙的比对方法，或者是建立一个用侧翼**外显子**序列预测剪切接头片段的补充数据库。假如参考数据库（如 RefSeq 基因注释）包括了每一个基因的可变转录物，那么基因表达定量化就会更加复杂。如果只与已知转录物进行定位，就降低了 RNA-seq 方法寻找新的剪切异构体和基因组未注释部分表达（新基因或已知基因的新外显子）的能力。

Illumina 已经开发了一个名为 ELAND/CASAVA 的软件方法，用于量化分析 Illumina 测序仪产生数据的基因表达情况。一个注释了每一个基因的外显子和内含子的参考基因组，被处理成一个剪切接头数据库。比 RNA-seq read 短几个碱基长度的侧翼外显子区域被提取出来组成接头序列，所以每一条 read 都要求横跨剪切接头并被锚定在两个外显子上。如果一个基因有多种剪切异构体，那么编码区域被认为是在任何异构体中都被注释为外显子的所有区域的集合，而且会有多种不匹配的剪切接头片段存在于接头数据库中。这种方法优先考虑大多数 RNA-seq read 与对应基因的正确定位，而不考虑定位到剪切接头有关的 read。Illumina 方法通过计算比对到每一个基因的外显子和剪切接头位置的所有 read 的碱基数量总和来计算基因表达值。CASAVA 软件也报道了能比对到每一个外显子的 read 数量、能完全比对到内含子的 read 数量，以及比对到已注释外显子区域之外（基因的 3′端和 5′端延长区）的 read 数量。Illumina 软件的使用者应该注意到 ELAND/CASAVA 方法的不同版本有很多变化，以致不同版本得到的 RNA-seq 基因表达值也可能随之发生改变。

TopHat/Cufflinks 软件包（Trapnell et al. 2009）采用另一种不同的方法来处理基因表达和内含子剪切。相对于依赖已知转录物异构体数据库的方法，TopHat 通过分析 read 与基因组比对结果的空隙来从头确认剪切接头。然后 Cufflinks 可以量化所有定位到一个基因的 read 的数量，包括定位到外显子和所有内含子剪切接头区的 read（Trapnell et al. 2010）。准确地从头发现剪切接头需要非常深的测序**覆盖度**，因为每一个剪切位点必须被多条 read 覆盖，这些 read 与外显子两端要有足够的重叠才能够比对上。

影响 RNA-seq 数据的质量和解析能力的重要因素是测序数据的总产量和数据在整个转录组水平的覆盖度。众所周知，基因在不同细胞类型中和不同条件下，会依照细胞对基因表达的需求，以不同的水平转录。在 RNA-seq 数据中不同基因的转录物丰度能够精确地表示多种细胞样本的基因表达谱，这一结果被 RNA 微阵列和定量 PCR 等其他技术所验证（Marioni et al. 2008）。随着 NGS 仪器测序通量的增加，RNA-seq 方法的敏感性在检测低表达基因转录物这方面已经远远超过基于芯片的方法。因为 RNA-seq 不依赖于已知序列数据所创建的探针，所以它能够测量未注释基因和已知基因中在以前转录物中未被观测到的部分的表达，如被观测到的 5′端和 3′端延伸区和各种选择性剪切异构体，而这些异构体中包括被注释为内含子的区域。

Pickrell 等（2010）发现大约 15%比对上的 RNA-seq read 被定位在注释的外显子以外的区域。图 10.1 展示了 *ADM* 基因周围的 RNA-seq 定位情况，其中大量 read 定位到已注释的外显子区上，但是也有一些 read 比对到内含子区和 5′端区域。

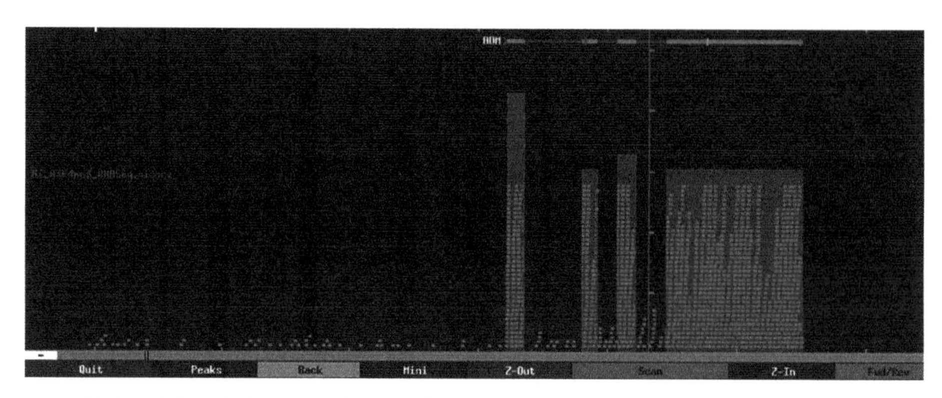

图 10.1　定位到人类基因组的 *ADM* 基因区域的 RNA-seq read（图像由纽约大学的 P. R. Smith 提供）

标准化和差异表达

RNA-seq 基因表达实验的基本设计与芯片方法非常相似。RNA-seq 实验最常见的目的是测量全基因组范围的基因表达变化（差异表达）。统计分析方法被用于确定在不同实验条件下基因表达丰度有显著变化的单个基因（和基因功能组）。虽然 RNA-seq 方法的技术重现性非常高，但是在生物样本中丰富的 RNA 分子拥有很高的底层可变性，因此有必要使用重复样本去研究不同实验手段处理的基因表达变化。

虽然 RNA-seq 的敏感性和特异性都很好，但是也存在一些关于如何精确定量基因表达的信息学问题。因为较长的 mRNA 转录物对测序文库贡献更多的片段，所以它们会得到更多的 read。序列特异性偏好可能会发生在从样本制备、测序到比对过程中的各个阶段。幸运的是，当计算同一组基因集在两种不同生物条件下的差异表达时，部分偏好性会被抵消。然而，样本准备和仪器特异性测序问题常常会导致在一个生物学实验的一系列样本中 read 总产出的差异。为了准确比较和计算每个基因的差异表达值，我们就需要跨样本的标准化方法。加利福尼亚理工学院 Wold 实验室开发了一种简单的 RPKM（reads per kilobase per million）标准化方法（Mortazavi et al. 2008），它目前已经成为了实际上的标准。RPKM 标准化是通过基因的 RefSeq 转录物的长度，划分每一个基因上定位的 read 数量，再按照每一个测序通道中每百万 read 的标准，按比例调整所有 read 的数量。如果缺少严格的标准化，较长基因就更有可能被鉴定为差异表达基因。更多最新的统计研究表明几个非常高的表达基因可能在 RPKM 值中导致偏差，因此基于分位数的标准化方法能够提供一种更准确的量度来测量低拷贝数基因的差异表达（Bullard et al. 2010）。

因为大多数 RNA-seq 的样本准备方案都包括纯化步骤，方法是连接到 poly（T）上，或者用带有 poly（T）寡聚核苷酸的反转录酶引物来启动，所以 read 在整个转录物上的分布呈现 3′端偏好。这可能对差异基因表达的计算没有太大的影响（假定一个实验所有样本中所有基因 3′端偏好性是一致的），但是它对选择性剪切的分析会产生极大影响，因为较长基因的 5′端区域可能只有很低的覆盖度且在整个样本中具有高变化性。如果一个实验中整个样本的 3′端偏好性有差异，那么它就会增加在同一通道中具有较大 3′端偏好性的较短基因的测量表达值。

RNA-seq 表达数据可以通过单个外显子计算。这些数据可以用于进一步分析不同生物条件下外显子表达的变化，这种变化有别于全基因水平的表达变化情况（外显子特异表达）。

选择性剪切

对一个 RNA-seq 数据集中的选择性剪切事件进行检测和量化分析是一个具有挑战性的生物信息学问题。将 read 定位到外显子的 CASAVA 方法依赖于一个“非重叠”外显子数据库，这个数据库组合了不同长度的重叠外显子（可变 3′端或 5′端剪切位点），忽略了完整内含子是否选择性剪切或保留的情况。事实上，研究选择性剪切最有挑战的方面就是如何定义选择性剪切事件和构建一个包含有效的选择性剪切转录物或异构体的数据库。Wang 等（2008）定义了 8 种类型的选择性转录事件：跳过外显子、内含子保留、选择性 5′端剪切位点、选择性 3′端剪切位点、互斥外显子、替代首个外显子、替代末尾外显子及串联 UTR。我们也时常观测到附加的首个外显子或末尾外显子的使用。任何量化选择性剪切的方法都必须首先定义每个基因可能的选择性转录物集合。依赖于已知转录物注释信息的数据库的方法对于其使用的数据库依赖性非常强。RefSeq 数据库对它的选择性转录物的定义是非常严格的，典型的特点是每个基因只包含四五个转录物。相对而言，AceView 数据库（Thierry-Mieg and Thierry-Mieg 2006）显示了每个基因具有更多剪切变化的证据（图 10.2）。

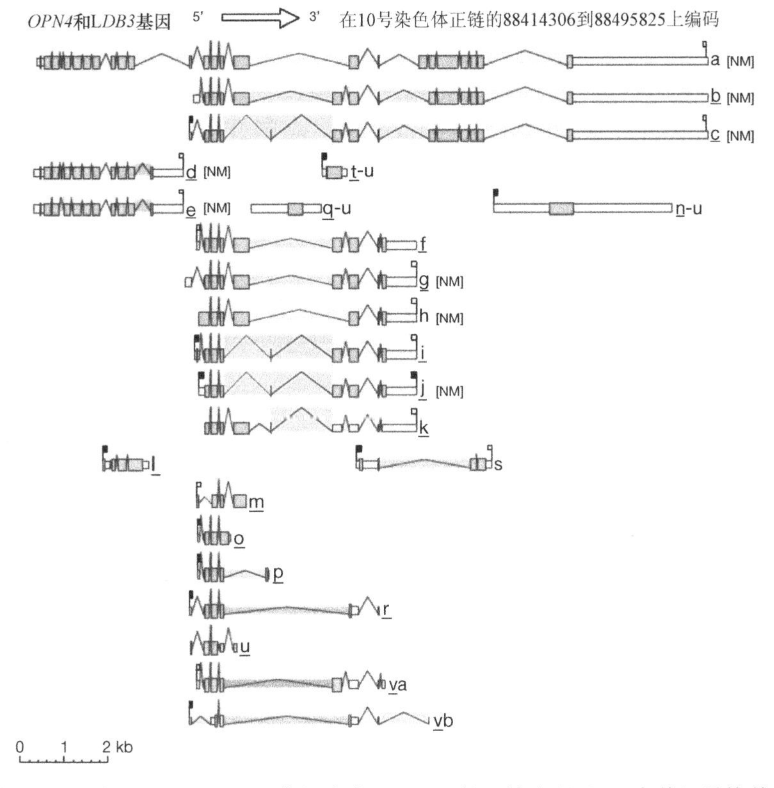

图 10.2 在 NCBI AceView 数据库中，*OPN4* 基因被注释了 23 个剪切异构体（http://www.ncbi.nlm.nih.gov/IEB/Research/Acembly/index.html?human）

RNA-seq 数据中选择性剪切分析所呈现的最大挑战是转录物的组装和表达丰度的估计，起因在于 read 有时无法准确归属于特定的选择性剪切异构体。因为单个基因的选择性剪切转录物通常共享多个外显子，所以比对到共享的外显子上的 read 不能指定到一个特定的异构体上（图 10.3）。只有那些横跨特定的预先注释的剪切接头或唯一比对到一个异构体上的序列（如盒式外显子）是有明确异构体归属的。目前已经开发出一些评估选择性剪切事件的 RNA-seq 数据分析软件方法。马里兰大学的 Cole Trapnell 和 Steven Salzberg 与加利福尼亚理工大学的 Wold 实验室及其他人员联合开发了 Cufflinks 程序（Trapnell et al. 2010），它能够直接从 RNA-seq read 定位的基因组信息，构建一系列的人工选择性剪切转录物，并计算每一个转录物的表达丰度值，而不依赖于外显子/内含子注释信息数据库。Cufflinks 可以与 Bowtie 和 TopHat 序列比对程序一起使用，它也可以使用以 SAM 或 BAM 格式保存的 RNA-seq 数据和参考基因组的比对文件，如 BWA 比对软件或 Illumina ELAND/CASAVA 软件包生成的比对结果。Cufflinks 最好使用**双末端 read**，它能够计算出用于测序的 RNA 片段的大小，也就能够提供关于剪切异构体的大量附加数据（mRNA 上的双末端 read 在参考基因组上定位位置的距离发生变化表示剪切异构体中的改变）。Cufflinks 包含 Cuffdiff 程序，该程序能找到在转录物表达、剪切和启动子使用（如选择性转录起始位点）方面的显著改变。为了使 Cufflinks 达到更好的效果，转录组必须在不增加 3′端偏好性的前提下具有较深的测序覆盖度。

目前的选择性剪切检测方法能够在特定细胞类型中提供基因组范围的剪切活动描述，并且能够检测不同样本中特定基因的异构体表达丰度的变化。然而，在分析一系列生物学条件下异构体在全基因组范围的改变时，这些方法易产生高的假阳性率。

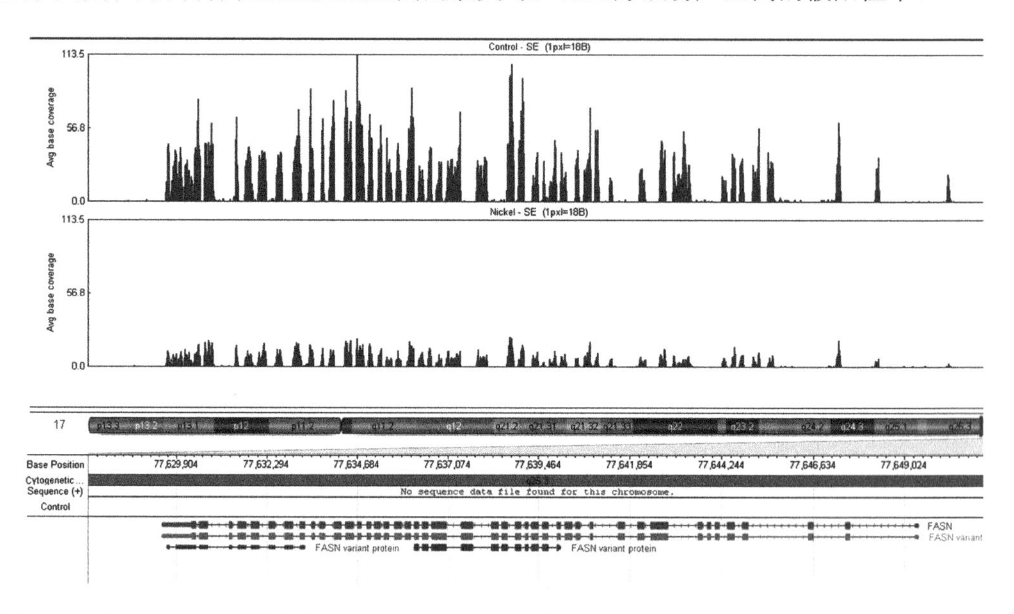

图 10.3　在 *FASN* 基因异构体中，外显子表达的复杂模式使得解析跨样本/处理的不同剪切更加困难（图像由纽约大学的 Z. Tang 提供）

下 游 分 析

一旦通过恰当的 RNA-seq 数据统计检验确定了差异表达基因（或选择性剪切），就可以使用与微阵列基因表达研究工具相似的方法进行这些基因的下游分析。差异调控基因集合可以通过基因集合富集或者采用超几何检验的 GO 分类富集来进行功能相关性的分析。这些工具可能需要根据 RNA-seq 数据内在的特殊偏好性进行校正，这些偏好性比微阵列数据的偏好性更容易清晰定义，如转录物长度的修正等。

RNA-seq 数据拥有巨大的数据整合潜力，整合对象是来自 NGS 平台的基于计数的其他类型基因组数据。特别是将 RNA-seq 基因表达测量与带有转录因子结合位点和/或**组蛋白**修饰模式的 **ChIP-seq** 测量相结合，能够提供一个更深入细致的基因表达活动图像。在结合基因组测序信息（或基因型）时，RNA-seq 技术能够用于衡量**等位基因**的特异性表达（图 10.4）。

教程：Galaxy RNA-seq 分析练习

从**算法**的复杂性和现有软件的可用性这两方面来看，RNA-seq 分析是一个有挑战性的计算问题，它还需要高性能计算机来把数百万条 read 定位并归纳到基因、外显子和转录物等区域。有一些商业软件包可以简化计算任务，即从 **FASTQ 文件**直接计算 RNA-seq 基因表达。许多核心实验室和测序供应商提供了标准化的 RNA-seq 数据分析流程，或包含在测序费用中或单独收取标准分析费用。Galaxy 网站服务提供了一个简化的 TopHat/Cufflinks RNA-seq 分析工具包界面，但是，它需要大量时间去上传数据并在 Galaxy 免费版本上执行这些计算。任何人如果计划分析大量的 RNA-seq 样本，要么使用一个安装并能够运行 TopHat/Cufflinks（或其他相似软件）的功能强大的 UNIX 服务器，并安装 Galaxy 的本地化版本，以使用具有高性能计算能力的简化界面（通过本地 IT 进行工作），要么使用一个按时出租计算机资源并预装工具系统的云服务（见第 12 章）。Galaxy 云项目（http://wiki.g2.bx.psu.edu/Admin/Cloud）能让你轻而易举地租用并访问在亚马逊弹性计算云（EC2）上为你设置的私人 Galaxy 拷贝。

Galaxy 项目小组已经建立了一个 RNA-seq 分析的教程，包括 QC、read 的低质量区修整、将 read 定位到一个参考基因组上、确定每个转录物上的 read 数量，以及寻找两个样本之间的差异表达基因（Goecks and Taylor 2011）。即使训练数据集只代表一轮真实 NGS RNA-seq 数据的一小部分，且这些数据已经上传并存储在 Galaxy 服务器上，这也是一个非常耗时的教程。这使我们再次认识到使用免费服务器分析大量数据的不可行性。

Galaxy 提供多种 RNA-seq 数据分析工具，见 http://main.g2.bx.psu.edu/u/jeremy/p/galaxy-rna-seq-analysis-exercise。这个练习介绍了这些工具并指导我们如何在示例数据集上使用这些工具；重要的 RNA-seq 分析工具包括 TopHat 和 Cufflinks。熟悉 Galaxy 和 RNA-seq 分析的一般概念对理解这个练习是非常有用的。完成这个练习需要 1~2 h。

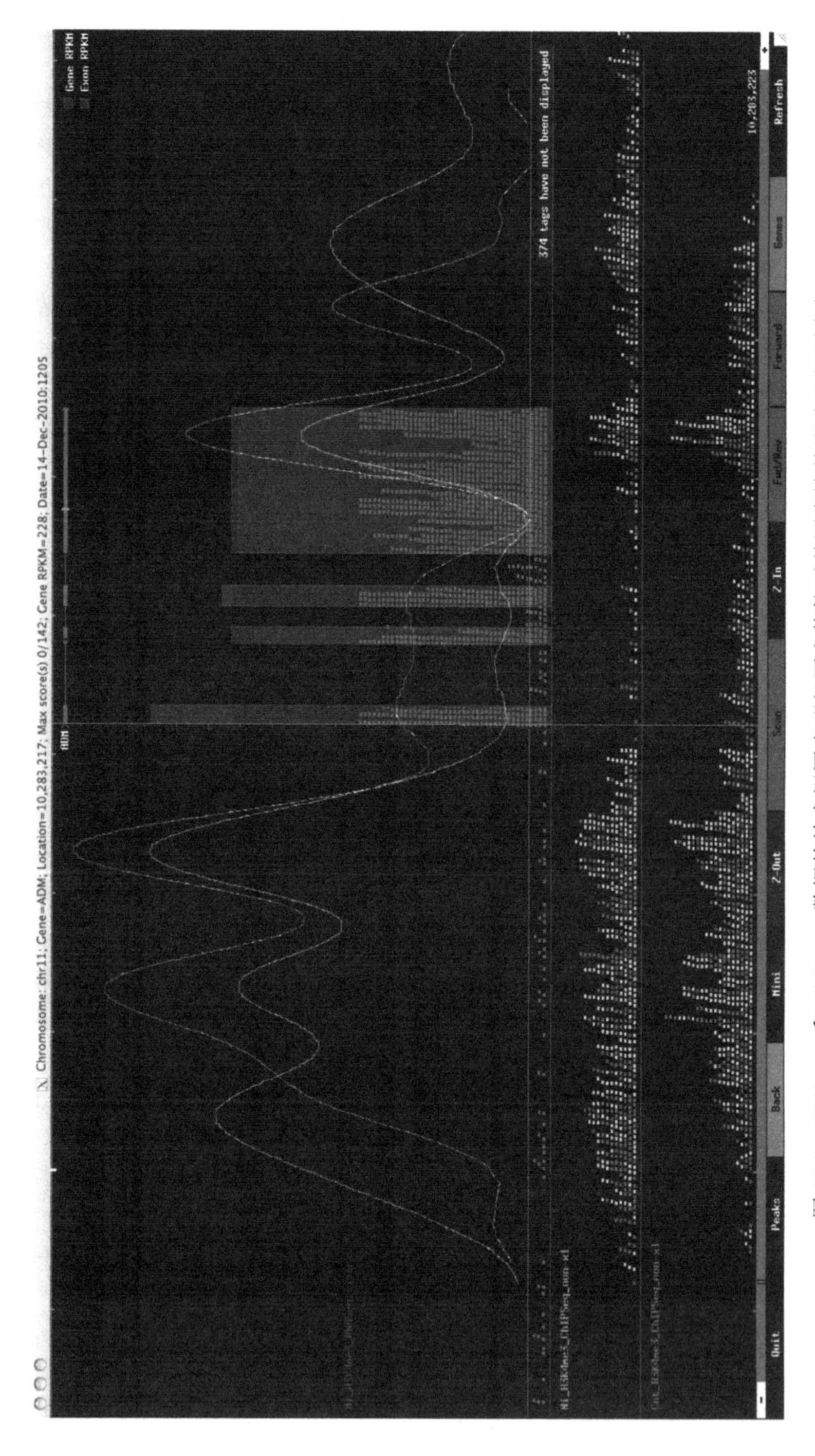

图 10.4　RNA-seq 和 ChIP-seq 数据的结合视图表明组蛋白修饰对基因表达的影响及组蛋白与 RNA 聚合酶的相互作用（图像由纽约大学的 P. R. Smith 提供）

下面是从ENCODE项目加利福尼亚理工大学 RNA-seq监测结果中得到的小样本数据集，数据集是h1-hESC和GM12878细胞系样本单端测序75 bp的read（图10.5）。这些样本的read绝大部分可以定位到Chr19上。通过点击标记为“Import”的绿色添加图标，可以导入数据集到历史记录。

http://main.g2.bx.psu.edu/datasets/7f717288ba4277c6/imp

http://main.g2.bx.psu.edu/datasets/257ca40a619a8591/imp

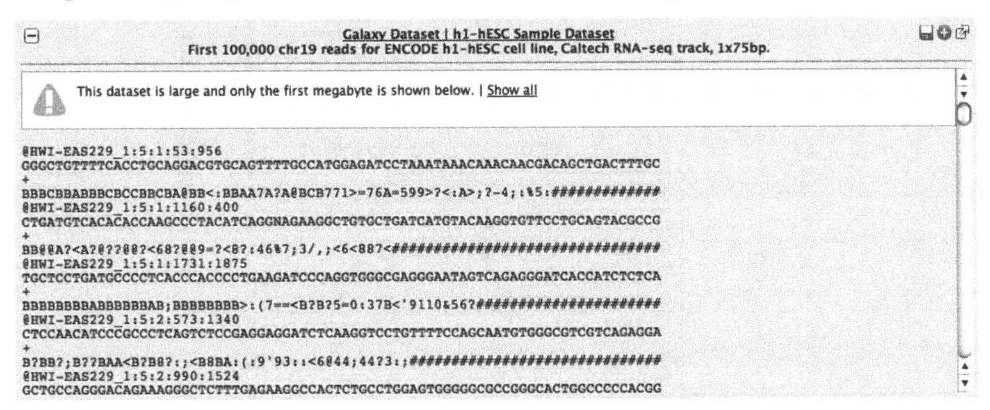

图10.5　读长为75-bp的来自RNA-seq样本集ENCODE h1-hESC的样本行
（http://main.g2.bx.psu.edu/）

理解和预处理read

在分析和预处理read之前，应该先对read有一定的理解。

步骤1：计算统计并构建每个read集合中碱基对质量分值的箱线图，使用[NGS：QC and manipulation ➢] FASTQ Summary Statistics 工具来计算统计，然后使用[Graph/Display Data ➢] Boxplot 绘制输出箱线图。一般情况下，这样做有助于过滤read以去除那些低于中位数（或最低的四分位数）值的碱基位置。对于这个练习，假设质量分值中位数低于15，则read不可使用（图10.6）。依据这个标准，数据集是否需要修整？如果需要，哪些碱基对应该被修整呢？

步骤2：如果需要，基于步骤1的答案使用[NGS：QC and manipulation ➢] FASTQ Trimmer 命令修整read。

定位预处理过的read

下一步是将预处理过的read定位到基因组上。RNA-seq read定位的主要挑战就是read本身，因为它们来自RNA，常常跨越剪切位点边界，而剪切位点又不存在于基因组的序列中，所以典型的NGS定位软件，如Bowtie和BWA，都不会给出理想的结果，因为它们对基因组序列并不做修改。取而代之，更好的选择是使用像TopHat这样的专门设计用于RNA-seq read定位的软件。

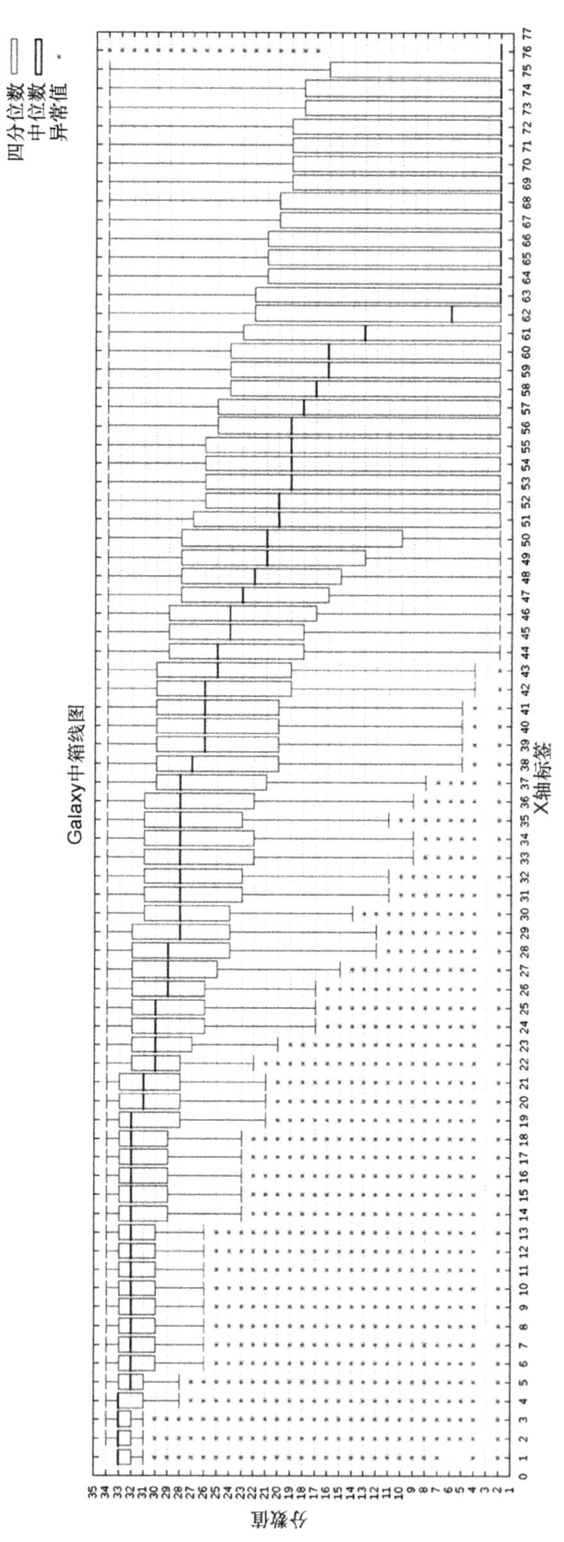

图 10.6　序列质量分值的 Galaxy 箱线图表明在 read 的 3′端质量值出现严重下滑（http://main.g2.bx.psu.edu/）

步骤 1：使用[NGS：RNA Analysis ➢] TopHat 工具将 RNA-seq read 定位到 hg18 版本的参考基因组上，这一步需要大约 10 min。查看文件并理解 TopHat 生成的两个数据集。TopHat 找到了多少个剪切位点？是否大多数剪切位点有多于或少于 10 个 read 支持（被跨过）？（提示：剪切位点数据集中的分数列有助于回答这个问题）

步骤 2：从 Galaxy 顶部的主菜单中选择 Visualization ➢ New Track Browser，建立一个简单的 Galaxy 可视化，观察 TopHat 的输出。在创建可视化之后，通过点击 Options ➢ Add Tracks 选项，添加数据集到你的可视化结果。你需要添加“接受命中”的 BAM 数据集和 TopHat 生成的“剪切位点”数据集，还有 19 号染色体的 UCSC 人类参考基因（refGene chr19）（在将它添加到你的可视化结果之前，需要导入数据集）：

http://mian.g2.bx.psu.edu/datasets/965c374b65239597/imp

使用可视化模块顶部的选择条导航到 chr19 并查看数据。可视化可以使你更清楚地看到你所分析的数据是多么小。放大去观察定位到染色体起始位置的数据。放大方式有两种：①双击可视化区域的任何地方去放大那个区域；②拖动可视化顶部的碱基数目区来建立一个放大区。你应该可以看到：①TopHat 定位的 read，包括剪切位点（在可视化中由一条细线连接的被剪切位点分开的 read）；②只是 TopHat 生成的剪切位点；③TopHat 定位的 read 和接头对应到 UCSC 上 RefSeq 基因的轨迹。找到两个已知外显子之间的一个剪切位点的例子，并找到一个剪切位点应该被发现但是没有发现的例子（图 10.7）。

组装和分析转录物

read 定位之后，下一步是将 read 组装成完整的转录物，这样就可以分析差异表达、剪切事件和转录起始位点等。

步骤 1：运行[NGS：RNA Analysis ➢] Cufflinks 去完成 TopHat 生成的每个 BAM 数据集的从头转录物组装。检查 Cufflinks 生成的数据集文件。当一个转录物含有多个外显子时，怎样区分不同转录物呢？

步骤 2：以 UCSC RefSeq 基因数据集作为参考注释信息，运行[NGS：RNA Analysis ➢] Cuffcompare，对组装的转录物进行注释。Cuffcompare 要求参考注释信息是 GTF 格式，因此我们使用这个版本的 UCSC RefSeq 基因。找到这样一些转录物，它们同时出现在两个样本中，且它们的 FPKM 置信区间并不重叠。可以查看由 Cuffcompare 生成的“转录追踪”数据集，阅读 Cuffcompare 文档来获取这些信息，并理解数据集中的数据。

步骤 3：添加 Cufflinks 组装的转录物数据集到先前创建的可视化结果中，这样可以观察已定位 read 旁边的转录物、剪切位点和参考基因组。你能否找到 Cufflinks/Cuffcompare 组装的一个完整的或近乎完整的转录物？

步骤 4：在(a) Cuffcompare 生成的组合转录物和(b)每一个数据集中 TopHat 命中的数据集上，运行[NGS：RNA Analysis ➢] Cuffdiff。Cuffdiff 生成多个输出数据集，你会想要浏览 Cuffdiff 文件去了解它们做了什么。可以查看异构体表达数据集——在两个样本之间是否有显著差异表达的异构体？还可以察看异构体 FPKM 跟踪数据集——找到一个新异构体的条目及一个匹配参考异构体的异构体条目。每一个条目最邻近的基因和转录起始位点是什么？（提示：你需要理解类代码，这个概念在 Cuffcompare 文档中有所解释）。

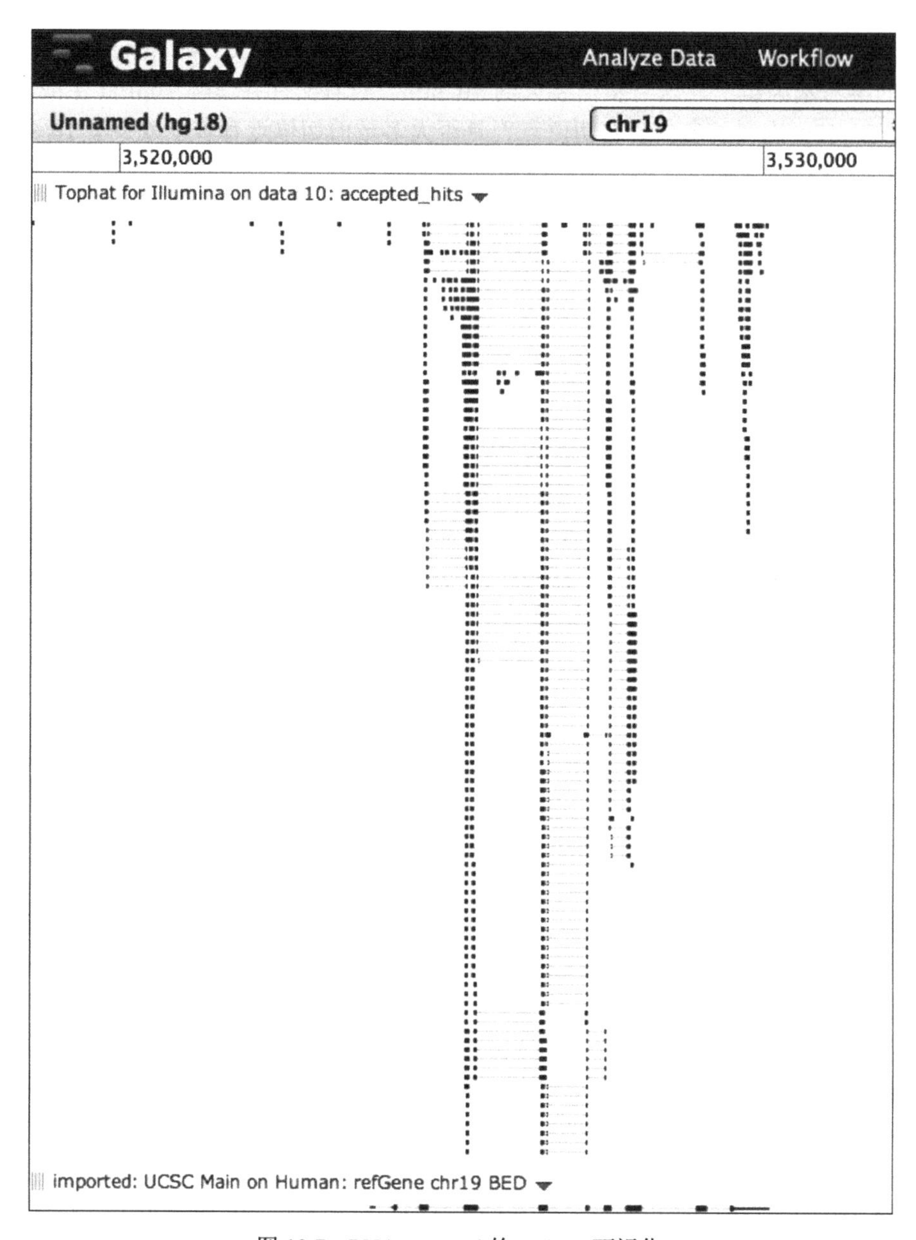

图 10.7　RNA-seq read 的 Galaxy 可视化

图为横跨人类 hg18 版本 19 号染色体上的 RefSeq 基因 NM_006339 剪切位点的 TopHat 比对结果(https://main.g2.bx.psu.edu)

注 意 事 项

1. 确认每组转录物中所有新的剪切位点和转录异构体。

2. 重新运行步骤 3，但是使用 UCSC RefSeq 基因作为参考来组装转录物。找到从头转录物组装/分析和参考引导的转录物组装/分析的不同。

参 考 文 献

Adams MD, Kelley JM, Gocayne JD, Dubnick M, Polymeropoulos MH, Xiao H, Merril CR, Wu A, Olde B, Moreno RF, et al. 1991. Complementary DNA sequencing: Expressed sequence tags and Human Genome Project. *Science* **252:** 1651–1656.

Adams MD, Dubnick M, Kerlavage AR, Moreno R, Kelley JM, Utterback TR, Nagle JW, Fields C, Venter JC. 1992. Sequence identification of 2,375 human brain genes. *Nature* **355:** 632–634.

Baltimore D. 1970. RNA-dependent DNA polymerase in virions of RNA tumour viruses. *Nature* **226:** 1209–1211.

Bank A, Terada M, Metafora S, Dow L, Marks PA. 1972. In vitro synthesis of DNA components of human genes for globins. *Nat New Biol* **235:** 167–169.

Bullard JH, Purdom E, Hansen KD, Dudoit S. 2010. Evaluation of statistical methods for normalization and differential expression in mRNA-Seq experiments. *BMC Bioinformatics* **11:** 94. doi: 10.1186/1471-2105-11-94.

Goecks J, Taylor J. 2011. Galaxy RNA-seq analysis exercise. http://main.g2.bx.psu.edu/u/jeremy/p/galaxy-rna-seq-analysis-exercise (accessed 8/10/2011).

Homer N, Merriman B, Nelson SF. 2009. BFAST: An alignment tool for large scale genome resequencing. *PLoS ONE* **4:** e7767. doi: 10.1371/journal.pone.0007767.

Langmead B, Trapnell C, Pop M, Salzberg SL. 2009. Ultrafast and memory-efficient alignment of short DNA sequences to the human genome. *Genome Biol* **10:** R25. doi: 10.1186/gb-2009-10-3-r25.

Li H, Durbin R. 2009. Fast and accurate short read alignment with Burrows–Wheeler transform. *Bioinformatics* **25:** 1754–1760.

Li M, Wang IX, Li Y, Bruzel A, Richards AL, Toung JM, Cheung VG. 2011. Widespread RNA and DNA sequence differences in the human transcriptome. *Science* **333:** 53–58.

Marioni JC, Mason CE, Mane SM, Stephens M, Gilad Y. 2008. RNA-seq: An assessment of technical reproducibility and comparison with gene expression arrays. *Genome Res* **18:** 1509–1517.

Mortazavi A, Williams BA, McCue K, Schaeffer L, Wold B. 2008. Mapping and quantifying mammalian transcriptomes by RNA-Seq. *Nat Methods* **5:** 621–628.

Pickrell JK, Marioni JC, Pai AA, Degner JF, Engelhardt BE, Nkadori E, Veyrieras JB, Stephens M, Gilad Y, Pritchard JK. 2010. Understanding mechanisms underlying human gene expression variation with RNA sequencing. *Nature* **464:** 768–772.

Rumble SM, Lacroute P, Dalca AV, Fiume M, Sidow A, Brudno M. 2009. SHRiMP: Accurate mapping of short color-space reads. *PLoS Comput Biol* **5:** e1000386. doi: 10.1371/journal.pcbi.1000386.

Temin HM, Mizutani S. 1970. RNA-dependent DNA polymerase in virions of Rous sarcoma virus. *Nature* **226:** 1211–1213.

Thierry-Mieg D, Thierry-Mieg J. 2006. AceView: A comprehensive cDNA-supported gene and transcripts annotation. *Genome Biol* (Suppl 1) **7:** S12.1–S12.14.

Trapnell C, Pachter L, Salzberg SL. 2009. TopHat: Discovering splice junctions with RNA-seq. *Bioinformatics* **25:** 1105–1111.

Trapnell C, Williams BA, Pertea G, Mortazavi A, Kwan G, van Baren MJ, Salzberg SL, Wold BJ, Pachter L. 2010. Transcript assembly and quantification by RNA-seq reveals unannotated transcripts and isoform switching during cell differentiation. *Nat Biotechnol* **28:** 511–515.

Verma IM, Temple GF, Fan H, Baltimore D. 1972. In vitro synthesis of DNA complementary to rabbit reticulocyte 10S RNA. *Nat New Biol* **235:** 163–167.

Wang ET, Sandberg R, Luo S, Khrebtukova I, Zhang L, Mayr C, Kingsmore SF, Schroth GP, Burge CB. 2008. Alternative isoform regulation in human tissue transcriptomes. *Nature* **456:** 470–476.

Zhulidov PA, Bogdanova EA, Shcheglov AS, Vagner LL, Khaspekov GL, Kozhemyako VB, Matz MV, Meleshkevitch E, Moroz LL, Lukyanov SA, Shagin DA. 2004. Simple cDNA normalization using Kamchatka crab duplex-specific nuclease. *Nucleic Acids Res* **32:** e37. doi: 10.1093/nar/gnh031.

网 络 资 源

http://main.g2.bx.psu.edu/u/jeremy/p/galaxy-ran-seq-analysis-exercise Galaxy RNA-seq 数据分析练习

http://wiki.g2.bx.psu.edu/Admin/Cloud Galaxy 云项目

http://www.illumina.com/documents/seminars/presentations/2010-06_sq_03_lakdawalla_transcriptome_sequencing.pdf 对 RNA-seq 数据使用 DSN 标准化的 Illumina 的预备数据

http://www.ncbi.nlm.nih.gov/IEB/Research/Acembly/index.html?human AceView 基因，国家生物技术信息中心

11

元基因组学

Alexander Alekseyenko 和 Stuart M. Brown

第二代测序技术激发了微生物学的研究浪潮，尤其是大规模测序可以提供关于细菌群落组成和代谢能力的详细信息。这可以应用于环境微生物学，研究在盐水（Venter et al. 2004）、土壤或极端环境如酸性矿污水中的细菌，或者是研究和人体相关的细菌。据估计人体内有大约 10^{14} 个细菌，比人体本身细胞个数多 10 倍。这些细菌具有高度多样性，如典型的人类肠道中寄生了 1000 种不同的细菌。这些细菌（“元基因组”）的基因总数大约比人类基因组基因数多 100 倍，使得它们具有很大的代谢多样性。

美国国立卫生研究院（National Institutes of Health，NIH）对人体相关的细菌格外感兴趣，因为它们可能是引发疾病的病原菌或疾病的生物标志。NIH 在 2007 年发起了**人类微生物菌落项目**（Human Microbiome Project，HMP），利用 NGS 技术研究更多的和人体相关的微生物群落（Turnbaugh at al. 2007）。HMP 有 4 个主要目标：

- 确定是否所有个体共有一个核心的人类微生物组
- 了解人类微生物组的变化是否与人类健康的变化相关
- 开发实现这些目标所需要的新技术和生物信息学工具
- 阐明人类微生物组研究引发的伦理、法律和社会影响

HMP 的这些广义目标衍生出一系列明确的实验目的，包括：①对寄生在人体特定位置的微生物的调查（图 11.1）；②对人体内部细菌的基因组成分和代谢能力的功能性研究；③微生物对人类疾病贡献的评估；④复杂的微生物群体与人体寄主间相互作用机制的研究。目前在进行中的（2012 年）部分微生物组计划包括以下内容：

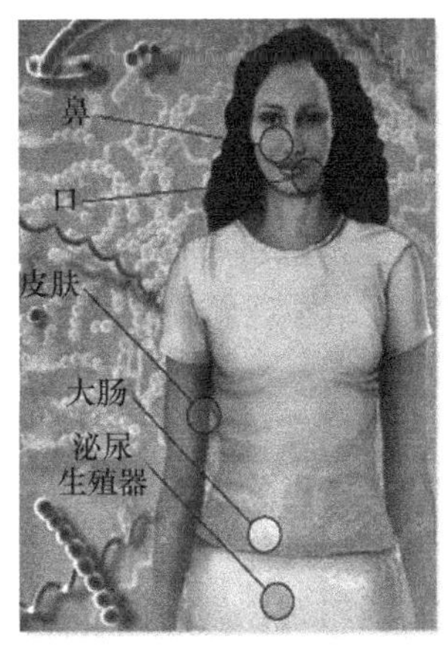

图 11.1　人类微生物菌落项目（http://commonfund.nih.gov/hmp/index.aspx）

- 抗生素对于肥胖的作用（Cho et al. 2012）
- 银屑病相关的重要微生物（Blaser et al. 2010）
- 前肠腺癌的微生物标记（Yang et al. 2010）
- 重症婴幼儿龋的微生物标记
- 雌激素引发的恶性肿瘤中微生物组的作用
- 肠道微生物组在新生儿免疫发育中的作用

第二代 DNA 测序（NGS）技术

在第二代技术发展之前，微生物种群的研究受到取样和鉴定方法的限制。传统微生物学依赖于培养、平板稀释、显微镜和染色相结合使用来鉴定和计数样本中的微生物。这些方法仅能研究在特定培养环境下生长良好的微生物。基于 PCR 技术方法的发展使得对非培养的微生物的发现和定量成为可能，但单个基因片段的**克隆**和 **Sanger 测序**仍然费力且昂贵。而对 PCR 扩增子的第二代测序实现了微生物种群快速和低成本的深度取样，这种基于 PCR 的方法实现了对非培养的微生物的研究。NGS **元基因组学**研究实现了对大量样本的分析，使研究人员解决了诸如不同人类种群内的微生物多样性或随时间变化的微生物多样性等问题。

目前大多数元基因组学研究都是使用以下两种基础方法之一：利用单基因（通常为 16S rDNA）扩增测序及分类信息学的方法对微生物进行调查和计数；使用**鸟枪法**对元基因组测序及一系列的信息学方法，包括**从头组装**、基因鉴定和物种鉴定。自 2012 年起，扩增子测序的方法得到了很大改进和更广泛的应用。

人类微生物菌落项目使用了基于“通用”PCR 引物的扩增子测序方法，该引物的靶标为 **16S 核糖体 DNA** 的基因。这个基因是核糖体的一个必要组成，并且存在于所有已知的细菌基因组中。16S 核糖体基因的序列由高度保守区域和不保守区域构成，高度保守区适合用于多物种 PCR 引物的设计，不保守区的序列可以用于在具有一定意义的分类学水平上区分不同的细菌物种（图 11.2）。人类微生物菌落项目中已经挑选了若干组 16S 引物，其产生的扩增子长度为 300~500 bp。这些扩增的片段通常使用 **Roche 454 基因组测序仪**进行测序，该测序仪产生的读长约 400 bp。这些较长的 read 可以获得充分的分类学信息用于鉴定细菌物种。由于短的 read 可能是来源于不同物种所产生的测序模板，所以不能通过组装拼到一起。454 测序仪一次就可以产生约 100 万 read，这些产出可以根据连接到每个片段上的测序接头的条形码进行区分，所以测序仪单次运行就可以对几十个样本进行测序。最初的基准研究显示发现新物种需要 10 000 个片段，所以这是每个样本的目标产量。值得注意的是，并不是每个对应给定 PCR 扩增的 16S 片段序列都可以分配到物种水平，也有可能会被分配到高一级分类水平上。而且 16S 序列的数量并不等同于细菌细胞的数量。有些细菌有多拷贝的 16S 基因（在单个细菌基因组中已经发现最多有 15 个拷贝），而这些多拷贝的序列可能一致或不同。而所谓的通用 16S PCR 引物对扩增序列有不同的偏好，所以使用一组引物发现的物种丰度（或其他分类单元）与使用其他引物发现的结果不具可比性。

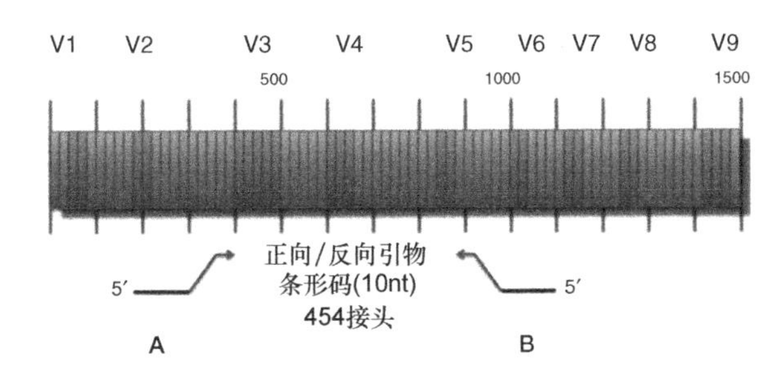

图 11.2 16S rRNA 的高变异度区域（V1~V9）的位置，以及扩增子文库制备的引物设计

数 据 分 析

16S 元基因组学研究的数据分析包括测序数据的净化和过滤、16S 序列的分类学分析和样本聚类（Wooley at al. 2010）。454 测序仪的碱基读取有其特有的错误模式，如多聚区域的插入缺失错误。很短的序列（<200 bp）很可能会导致人工误差，通常直接去除。序列 3′端的测序错误率通常更高些，因此，处理所有 **read** 时通常有一个标准化的切除 3′端序列的过程。由于 454 测序仪产出 read 上的每个碱基位点都有测序质量分值，低质量的区域可以被屏蔽掉。PCR 过程会产生一些人工的产物如嵌合体（试管内两个不同模板分子的重组产物），这些人工产物可以使用软件进行识别并删除，这类软件有 ChimeraSlayer（Haas et al. 2011）、UCHIME（Edgar et al. 2011）或 Perseus（http://code.google.com/p/ampliconnoise）（Quince et al. 2011）。

PCR 扩增的 16S 序列的分类学分析可以通过将每个序列比对到数据库中与其最近缘的**参照序列**上，或通过**多序列比对**和系统发生树完成。使用最广泛的 16S 序列参照数据库有核糖体数据库项目（Ribosomal Database Project，RDP；http://www.cme.msu.edu）（Cole et al. 2009）、Lawrence Berkeley 实验室的 Greengenes 数据库（http://greengenes.lbl.gov）（DeSantis et al. 2006）和 NCBI 的 **GenBank** 中的微生物基因组部分（http://www.ncbi.nlm.nih.gov/genomes.lproks.cgi?view=1）。人类微生物菌落项目在数据分析与协调中心（http://hmpdacc.org）有其自己的 16S 数据库。但是并不总能够将一个 16S 序列指定到唯一一个物种。人类微生物菌落项目是使用分类学方法在种属或更高的分类学水平上确定最佳匹配，而不是提供一个低统计显著性的匹配或一个比对到几个不同的数据库的模糊匹配。

在不使用参照数据库时，一组 16S 序列（或其他多物种的扩增子）可以通过相互比对并聚类成运算分类单元（OTU）。运算分类单元可以严格基于特定数量的序列相似度（如 3%的序列差异），或基于系统发生关系（邻接法、最大似然法或贝叶斯进化模型）来确定。构建系统发生树的软件包括 PHYLIP（http://evolution.genetics.washington.edu/phylip.html）（Felsenstein 1989）、FastTree（http://microbesonline.org/fasttree）（Price et al. 2010）、BEAST（http://beast.bio.ed.ac.uk）（Drummond et al. 2012）和 MrBayes（http://mrbayes.csit.fsu.edu）（Ronquist et al. 2012）。然后，样本根据共有的 OTU 的数目进行聚类，这样也可以查询到样本中物种的富集度和多样性。即使当样本根据所有的序列或 OTU 聚类并没有发现显著差异，也可以并有必要使用一个简单的超几何检验来鉴定占优势的个体类群，当对个体类群或 OTU 进行统计测试时，要注意多重检验的控制。

软件 UniFrac（Lozupone et al. 2011）中使用了另一种对样本聚类的方法。UniFrac 使用研究中所有样本的全部序列构建单一系统发生树。样本对间距离是通过计算一对样本共有的和非共有的 OTU 树的跨分支长得到，其公式为：（非共有的分支长度总和）/（共有与非共有的分支长度总和）。这等于是两个样本间的距离就是分支长度中非共有的分支长所占的比例（图 11.3）。

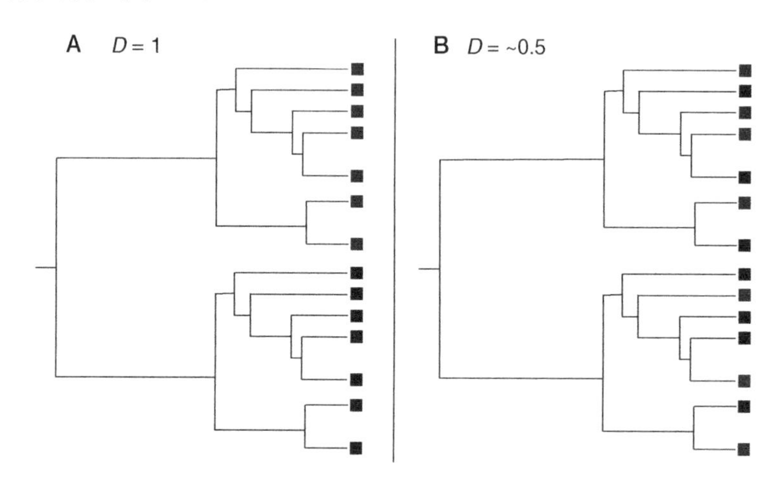

图 11.3　在系统演化树中用唯一的分支长度测量的、来源于两个不同样本（红色和蓝色的方块）的 16S read 之间的距离（另见彩图）

（A）两个样本中没有共同的或相近的物种，UniFrac 距离=1。（B）两个样本中有关系相近的物种，但是可以找到唯一的分支长度，UniFrac 距离=0.5

与其去搜集各种不同的专用软件，不如使用一个综合的用于**元基因组学**研究的工具包更为实用。QIIME（Quantitative Insights Into Microbial Ecology，微生物生态学定量分析软件包）是使用最为广泛的工具包（http://qiime.sourceforge.net）。QIIME 包含了 PyNAST 比对、系统发生树的构建、分类分配、挑选 OTU 及使用主坐标分析（Principal Coordinate Analysis，PCoA）进行聚类和可视化。QIIME 还包含了人类微生物菌落项目及其他项目中用于自动完成元基因组学分析的标准分析流程的脚本。QIIME 以虚拟机的形式发布，可以安装到 VirtualBox 平台上，这是一个可以在 Windows、Macitosh、Linux 和 Solaris 计算机上运行的开源的免费虚拟操作系统。在 VirtualBox 上安装 QIIME 的用户可以得到一个稳定的工作平台环境及最少的软件安装和不兼容的问题。mothur 是另一个开源的、可扩展的软件项目，用于满足微生物生态群落的生物信息学研究需求（Schloss et al. 2009）。它的功能模块有 DOTUR、SONS、TreeClimber、s-libshuff、UniFrac 及计算和可视化工具。mothur 发布了 Macintosh、Windows 和 Linux 上的可执行版本和源代码（http://www.mothur.org/wiki/Main_Page）。

教　程

网页（http://qiime.org/tutorials/tutorial.html）上有一个使用教程，包括 VirtualBox 和 QIIME 的安装，以及使用标准的 QIIME 工具和脚本对 454 HMP 数据集（Crawford et al. 2009）的标准分析。

- 创建一个比对定位文件，这是项目元数据的集合
- 根据条形码将序列分开
- read 的质量分析和过滤低质量的数据
- 将序列聚类到 OTU，并根据分类特征分配各 OTU
- 描述性的分析（丰度、多样性、丰富度）
- PCoA

参 考 文 献

Blaser MJ, Methe B, Strober B, Perez Perez GI, Brown S, Alekseyenko A. 2010. Evaluation of the cutaneous microbiome in psoriasis. *Nature Precedings* doi: 10.1038/npre.2010.5276.1.

Cho I, Yamanishi S, Cox L, Methé BA, Zavadil J, Li K, Gao Z, Raju K, Teitler I, Li H, et al. 2012. Antiobiotics in early life alter the murine colonic microbiome and adiposity. *Nature* **488:** 621–626.

Cole JR, Wang Q, Cardenas E, Fish J, Chai B, Farris RJ, Kulam-Syed-Mohideen AS, McGarrell DM, Marsh T, Garrity GM, Tiedje JM. 2009. The Ribosomal Database Project: Improved alignments and new tools for rRNA analysis. *Nucleic Acids Res* **37:** D141–D145.

Crawford PA, Crowley JR, Sambandam N, Muegge BD, Costello EK, Hamady M, Knight R, Gordon JI. 2009. Regulation of myocardial ketone body metabolism by the gut microbiota during nutrient deprivation. *Proc Natl Acad Sci* **106:** 11276–11281.

DeSantis TZ, Hugenholtz P, Larsen N, Rojas M, Brodie EL, Keller K, Huber T, Dalevi D, Hu P, Andersen GL. 2006. greengenes, a chimera-checked 16S rRNA Gene Database and workbench compatible with ARB. *Appl Environ Microbiol* **72:** 5069–5072.

Drummond AJ, Suchard MA, Xie D, Rambaut A. 2012. Bayesian phylogenetics with BEAUti and the BEAST 1.7. *Mol Biol Evol* **29:** 1969–1973.

Edgar RC, Haas BJ, Clemente JC, Quince C, Knight R. 2011. UCHIME improves sensitivity and speed of chimera detection. *Bioinformatics* **27:** 2194–2200.

Felsenstein J. 1989. PHYLIP—Phylogeny Inference Package (Version 3.2). *Cladistics* **5:** 164–166.

Haas BJ, Gevers D, Earl AM, Feldgarden M, Ward DV, Giannoukos G, Ciulla D, Tabbaa D, Highlander SK, Sodergren E, et al. 2011. Chimeric 16S rRNA sequence formation and detection in Sanger and 454-pyrosequenced PCR amplicons. *Genome Res* **21:** 494–504.

Lozupone C, Lladser ME, Knights D, Stombaugh J, Knight R. 2011. UniFrac: An effective distance metric for microbial community comparison. *ISME J* **5:** 169–172.

Price MN, Dehal PS, Arkin AP. 2010. FastTree 2—Approximately maximum-likelihood trees for large alignments. *PLoS ONE* **5:** e9490. doi: 10.1371/journal.pone.0009490.

Quince C, Lanzen A, Davenport RJ, Turnbaugh PJ. 2011. Removing noise from pyrosequenced amplicons. *BMC Bioinformatics* **12:** 38. doi: 10.1186/1471-2105-12-38.

Ronquist F, Teslenko M, van der Mark P, Ayres DL, Darling A, Höhna S, Larget B, Liu L, Suchard MA, Huelsenbeck JP. 2012. MrBayes 3.2: Efficient Bayesian phylogenetic inference and model choice across a large model space. *Syst Biol* **61:** 539–542.

Schloss PD, Westcott SL, Ryabin T, Hall JR, Hartmann M, Hollister EB, Lesniewski RA, Oakley BB, Parks DH, Robinson CJ, et al. 2009. Introducing mothur: Open-source, platform-independent, community-supported software for describing and comparing microbial communities. *Appl Environ Microbiol* **75:** 7537–7541.

Turnbaugh PJ, Ley RE, Hamady M, Fraser-Liggett CM, Knight R, Gordon JI. 2007. The Human Microbiome Project. *Nature* **449:** 804–810.

Venter JC, Remington K, Heidelberg JF, Smith HO, Rusch D, Eisen JA, Wu D, Paulsen I, Nelson KE, Nelson W, et al. 2004. Environmental genome shotgun sequencing of the Sargasso Sea. *Science* **304:** 66–74.

Wooley JC, Godzik A, Friedberg I. 2010. A primer on metagenomics. *PLoS Comput Biol* **6:** e1000667. doi: 10.1371/journal.pcbi.1000667.

Yang L, Oberdorf WE, Gerz E, Parsons T, Shah P, Bedi S, Nossa CW, Brown SM, Chen Y, Liu M, et al. 2010. Foregut microtome in development of esophageal adenocarcinoma. *Nature Precedings* doi: 10.1038/npre.2010.5026.1.

网 络 资 源

http://beast.bio.ed.ac.un　BEAST
http://code.google.com/p/ampliconnoise　Perseus
http://commonfund.nih.gov/hmp/index.aspx　人类微生物菌落项目主页
http://evolution.genetics.washington.edu/phylip.html　PHYLIP
http://greengenes.lbl.gov　Lawrence Berkeley 实验室的绿色基因
http://hmpdacc.org　数据分析和协作中心的 HMP 通用 16S 数据库
http://microbesonline.org/fasttree　FastTree
http://mrbayes.csit.fsu.edu　MrBayes
http://qiime.org/tutorials/tutorial.html　QIIME 教程
http://qiime.sourceforge.net　QIIME（微生物生态学定量解读）软件包
http://www.cme.msu.edu　核糖体数据库项目
http://www.mothur.org/wiki/Main_Page　mothur
http://www.ncbi.nlm.nih.gov/genomes.lproks.cgi?view=1　NCBI GenBank 的微生物基因组部分

12

DNA 测序信息学中的高性能计算

Efstratios Efstathiadis 和 Eric R. Peskin

自 21 世纪以来，我们见证了信息技术与科学的交叉——被称为信息科学——的发展，这在一定程度上是由高通量实验设备（如基因组测序仪、质谱仪、数字扫描仪等）产生的庞大数字化数据所推动的。目前，第二代测序（NGS）仪器单次测序通量可达到数十亿 DNA **read**，对应于数千亿个字节的原始测序数据。随着第二代测序数据数量和规模的迅速增加，数据及对其进行处理所需资源的多样性和复杂性也越来越高。对各种形式多样、来源不一的数据集的预处理、管理和分析使得数据的整合与挖掘成为一个超越了很多科学家计算机技能且极具挑战性的任务。为了执行大规模数据分析和高效挖掘，需要将多种工具完美结合和信息的高度整合。

工 作 流 程

工作流程（Romano 2008；Deelman et al. 2009；Goble and De Roure 2009）提供了一个系统化、自动化的方法，以获取并整合大量的资源，同时对各种不同的数据集和应用进行分析。设计工作流程的主要目的是在标准化的环境中实现数据分析过程。工作流程的主要优势如下。

• 高度有效性：作为一个自动化的步骤，工作流程化可以让生物学家从常规和重复的工作中解放出来，如数据的获取、转移和存档。透过底层细节，工作流程可以让更多的科学家来访问数据资源和执行复杂的流程。

• 最优实践性：工作流程可以由专家设计和验证，然后与大量用户共享使用。

• 可再现性：随着时间推移，分析过程可以被重复和验证。

• 可重用性：处理过程的中间结果可以被重复使用或被编辑。

• 可追溯性：工作流程执行过程的分析环境透明。

在开发和执行第二代测序数据的分析流程系统时，工作流程描述多步处理过程，协同处理多项任务，并且为待处理数据的多样性提供了灵活性。在这个复杂的分析过程中的每一个任务代表了一个计算过程（如运行一个程序）的执行，任务按顺序与其他任务连接起来，这样可以在每个任务执行的先决条件满足后执行该任务，从而完成一个完整连贯的处理过程。这样任务的例子有：数据转移、数据压缩、执行数据库查询、将 read 定位到**参照基因组**、文件格式之间的转换、提交一个任务到资源管理器。根据预先设定好的模式，一个任务的输出紧接着下一个任务的输入，这样很好地协调了数据源与分析工具之间短暂的数据流。

工作流程中使用的是广泛应用并经验证为目前可行的最佳的分析方法，这样可以简化对第二代测序仪器产生的大量数据集的分析与阐释。第二代测序技术的工作流程必须要能适应新应用、新算法及在第二代测序技术背景下快速出现的计算方法。高度定制化的工作流程可以让研究人员定制其常用的分析流程，修改并整合已有的工作流程及将其与合作者共享。工作流程集成在线服务使科学家无需安装和操作这些程序就可以使用复杂的应用程序，从而方便他们能使用到最好的而不仅仅是他们熟悉的软件。

Taverna（http://www.taverna.org.uk/）（Hull et al. 2006）是一个可扩展的开源的工作流程管理系统，用于设计和执行工作流程。该系统通过安排一系列的服务用于支持分析基因组数据的工作流程。该系统使用一种功能强大且灵活的语言来描述复杂的工作流程，如迭代和其他很容易理解的语言结构。Taverna 提供了一个通用外部插件框架和一个便携式批处理系统（PBS）插件，前者造就了一系列集成了网络服务、网格服务、数据库、命令行工具、Java 应用程序和文库的编程框架，而后者使得工作流程可以在高性能计算集群上执行。使用图形用户界面，用户可以通过连接处理过程来创建工作流程。尽管 Taverna 工作流程是计算学科学家创造出来的，但是最终的工作流程的处理过程都被封装在内部而只有入口，并且是在一个 Taverna 服务器上执行，这使得计算背景、技术资源及其他支持有限的科学家也可以对公共和私人的数据进行高复杂度的分析。Taverna Workbench——一个自由的、安装简便的、支持大多数流行的计算机平台的桌面应用软件——提供了一个友好的用户环境来创建、编辑及运行工作流程。

Taverna 整合了 *Bio*Catalogue（http://www.biocatalogue.org/）（Bhagat et al. 2010）和 myExperiment（http://www.myexperiment.org/）（Goble et al. 2010）的界面。*Bio*Catalogue 提供了一个生命科学的网络服务目录，其服务可以通过提供者注册、科学家发现、使用描述和标签进行注释并监控以检查各种多变的服务的可行性与功能。myExperiment 是一个工作流程的仓库，工作流程的开发者可以私有存储或者允许公共访问其工作流程。myExperiment 可以作为一个社会性的网站，围绕工作流程构建社交网络。它收集评论意见、评级评价、推荐建议及新工作流程和已有的工作流程的结合。或者，组织可以利用 myExperiment 的特征和优势来建立他们自己本地的 myExperiment 服务器，用于内部工作流程的共享。Taverna 的插件包可以搜索 myExperiment 中的工作流程并将其导入正在开发的工作流程。

网站入口为研究者提供了获取很多预定义的工作流程及在易用的环境中制定工作流程的途径，从而使研究者从开发工作流程的负担中解放出来。此外，入口允许用户存储元数据的执行过程及相关的结果。Galaxy（http://galaxyproject.org）是一个流行的基于网络的开源基因组工作平台，它支持用户对基因组数据进行整合性计算分析。它提供了一个交互式的网络界面（http://usegalaxy.org/）用于获取基因组数据，并且提供了一个在分析数据时获取和应用计算工具的统一方法（Blankenberg et al. 2010；Goecks et al. 2010）。用户可以从很多已建立的数据仓库导入数据或上传他们自己的数据集到工作空间中。Galaxy 支持计算生物学实验的完整周期，其提供的功能如下。

- 通过网络界面为研究者提供了大量计算工具，工具包含于一个完整分析链中，因此科学家不需要编程经验就可以将其运行。如果可以构建一个网络工具或通过命令行调用，可以将常用（用任何语言编写的）工具与分析链中其余的工具整合在一起。

• 当用户使用 Galaxy（数据、程序、参数）进行分析时，可以自动获取元数据，包括每一份确保每个步骤可重复性的必要信息。与自动提供的元数据一起，用户提供的元数据，如注释（关于每一步分析步骤的注解）和标注（标记），都保存在历史记录中。用户可以创建、复制版本历史记录，使得整个分析流程都具有可重复性。

• 分析的历史记录起到创建能在不同数据组上重复运行（使用同样的工具和同样的参数）的工作流程的简单方法的作用。通过使用工作流程编辑器的图像界面，用户可以从草稿开始创建工作流程。Galaxy 通过使用户用一种很有意义的方式（通过提供共享数据组、历史记录和工作流程的途径，以及通过授权用户对其实验的每一级细节进行交流）共享并交流其实验结果，促进其透明化，这样其他人可以观察、重复并扩展他们的实验。

除了公共服务器（http://usegalaxy.org/）之外，Galaxy 作为独立的程序安装包可以在外部的网络服务器上进行部署和配置，该外部的网络服务器相对研究者的地址（Galaxy 实体）是本地的，当大数据集需要上传到分析链中时，这一特征将非常有用。Galaxy 可以与任何分布式资源管理应用 API（Distributed Resource Management Application API，DRMAA；API，应用程序编程接口，Application Programming Interface）兼容的资源管理器系统连接以使用计算机集群来运行任务，如 Sun 网格引擎计算机集群软件（Sun Grid Engine，SGE）和便携式批处理系统（Portable Batch System，PBS）。在 2011 年的 Galaxy 交流会议上，Illumina 提出了第一个使用 Galaxy 平台运行其专有的第二代分析软件（CASAVA）工作流程的测试结果（空位分析）。一个机构可以有效使用 Galaxy 作为一个通向本地存储包含数据、软件、计算能力及经验证的最佳实践流程的方便接口。

Taverna 工作流程可以作为常用工具并入 Galaxy，这样便结合了两个框架的特征：Galaxy 简单、统一的生物信息学工具及 Taverna 功能强大的工作流程表述（Karasavvas et al. 2011）。给定一个 Taverna 工作流程并可以使用 Taverna 服务器的话，Galaxy 工具生成器便可以生成 XML 格式的配置文件并在 Galaxy 服务器上处理可以部署的（目前需要手工安装该工具）文件。所有在 myExpcriment 上可行的 Taverna2 公共工作流程提供了 Galaxy 工具生成器，只需要在工作流程网页描述页面简单地点击“以 Galaxy 工具格式下载工作流程”选项即可。Taverna2 工作流程文件（.t2fow）中的命令行也可以调用生成器来创建包含 Galaxy 工具配置和处理文件的压缩文件。

Galaxy Cloudman 使用自动配置的 Galaxy 可以完成安装、运行及度量云资源。Galaxy 和需要 Galaxy 的工具已经被打包为一个位于亚马逊网络服务（Amazon Web Services，AWS）的虚拟机（Virtual Machine，VM）图像。该虚拟机很容易实例化提供同其他 Galaxy 实例相同的功能。最新的亚马逊机器映像（Amazon Machine Image，AMI）的名字和 ID 可以在 http://usegalaxy.org/cloud 找到。

由美国国家自然科学基金（NSF）资助的**极限科学与工程发现环境**（Extreme Science and Engineering Discovery Environment，XSEDE；https://www.xsede.org/web/guest/data-transfers）项目是 TeraGrid 项目的一个后继项目，TeraGrid 项目在美国支持了数个超级计算机和高端的可视化与数据分析资源。这些资源由数个称为服务提供者（SP）的合作机构提供。该项目整合了先进的数字资源和服务，使其更容易使用，此特点帮助增加了使用该资源的研究者的数目。XSEDE 是由美国国家科学基金支持的很多美国研究机构的合作项目。

软件工具包

对本地数据集（由本地的仪器产生或其他地方下载而来的）进行复杂的分析可能需要特殊应用的工作流程，涉及直接调用本地安装的工具，使得用户能灵活性改变输入参数。一些可免费获得的共同开发的开源工具包，如 BioPerl（Stajich et al. 2002）、Biopython（Cock et al. 2009）、BioJava（Holland et al. 2008）及 Bioconductor（Gentleman et al. 2004），这些都是最好的、功能齐全的编程或脚本语言，这使得应用的发展转向大范围的测序项目。这样的工具需要一定级别的编程或脚本撰写专家来充分利用其潜力，通常并不适合于一般水平的生物学家，尽管已经尽可能地向用户隐藏了技术细节。

BioPerl（http://www/bioperl.org）是一个由一系列可重复利用的 Perl 模块（独立的代码段和相关的数据）组成的工具包，Perl 模块使得用户可以自行开发生物信息工作流程。用户可以编写跨平台的脚本，利用 Perl 的强大功能将复杂的生物信息任务减少到只有几行代码。Perl 的正则表达式用于解析 **GenBank** 和 **BLAST** 的输出报告。数据库连接的模块用于提交从档案文件库中查询和检索数据的请求。Perl 可以灵活地处理庞大数量的数据，这使其对处理高通量测序仪产出的数据非常有帮助。BioPerl 是一个面向对象的工具包，其多个模块需相互依赖得以完成一个任务。模块组在一起组成的包，如核心包是其他所有包所必需的，而运行包则包含封装器来执行普通的生物信息应用程序。Perl 综合档案网（Comprehensive Perl Archive Network，CPAN）（http://www.cpan.org）提供了大量组织好的、可免费获得的、已通过测试的模块和脚本，以及在线的文档和教程。

Bioconductor（http://www.bioconductor.org/）是一个为分析生命科学领域统计数据提供大量 R 语言包（http://www.r-project.org/）的开源项目，如**微阵列**和基因组分析。Bioconductor 基于 R 语言编程环境的强大功能，它提供高级统计分析途径、高质量数字程序、数据可视化及转换工具，其目的是能够支持高级的基于序列的分析操作，如整合不同的基因组资源和转换序列相关的文件类型。很多 Bioconductor 的程序包对高通量测序任务是免费的，如 *ShortRead*（Morgan et al. 2009）用于支持普通或高级的测序操作（修整、转换和**比对**）、*Biostring* 用于比对和模式匹配，SAMtools 的界面（*Rsamtools*）、read 存档（*SRAdb* 程序包）的界面及**染色质免疫共沉淀测序**（**ChIP-seq**）和相关工作的活动。处理测序数据和一系列资源的示例工作流程可以在网站 http://www.bioconductor.org/help/workflows/high-throughput-sequencing/上找到。类似于 Perl，R 综合档案网（Comprehensive R Archive Network，CRAN）（http:// cran.at.r-project.org）在互联网和 FTP 服务器提供了大量的代码和文件的镜像。此外，已开发的亚马逊机器映像（Amazon Machine Image，AMI）用来优化 Bioconductor 在亚马逊弹性计算云（Amazon Elastic Compute Cloud，EC2）上运行的测序任务分析，当然前提是预先装载 R 和一些 Bioconductor（及 CRAN）的程序包（http://www.bioconductor.org/help/bioconductor-cloud-ami/）。然而 BioPerl 更适合处理大批量的测序数据并提供测序数据库的接口，Bioconductor 适合于统计分析而不太适合大量数据集并且其缺少字节码编译器。

版本控制

当开发定制解决方案时，修正控制系统被证明为非常具有合作性的工具，因为这让软件共享和协同开发变得更容易。修正或版本控制系统或源代码管理系统（Source Code Management，SCM）是指管理软件、脚本、文档及组成一个软件包的所有其他文件中的改变及追溯修正的历史记录。修正控制概念的中心是*repository*（资源库），其中聚集了所有重要的项目文件。

有一些在最流行的平台上免费的SCM系统，如git、Mercurial、Bazzar、subversion和并发版本管理系统（Concurrent Versions System，CVS）。第一代SCM既可存在于本地单个服务器（RCS）上，也可提供一个中心<资源>库用以进行若干个项目并通过网络构建一个客户-服务器结构。经授权的用户可以进入这个中心<资源>库来检查程序包并上传想要改变的部分。大多数现有的版本控制系统都是分布式的（分散的），也就是说没有“特殊的”中心<资源>库。开发者复制整个<资源>库，包括他们本地服务器上所有项目的修改及项目开发历史。项目修改作为分支输入开发者的资源库，这些分支可以与本地开发的分支合并。分布式系统是很有益的，因为开发的过程并不基于网络连接，而改变只需要提交到本地的资源库而不是远程资源库。此外，因为来自开发者的改变提交到不同的服务器上，它们不会被很慢的网络连接速度及中心<资源>库超载影响，这样就有更好的负载平衡。而且，它们消除了单点故障，而这正是集中式资源库的一大弊端。

git（http://git-scm.com）是一个快速、稳定、开源的版本控制系统，实现小的或大的项目的分布式开发的最优化。它最初被开发出来是为了代替BitKeeper以使Linux核心得以发展。作为一个分布式的版本控制系统，git并不依赖于中心服务器或网络连接或故障停机时间。因此，每个开发者并不需要一个专门的账号来向如CVS和subversion中的中心资源库提交修改程序。修正控制系统并不仅仅是为有很多开发者参与的写了成千上万行代码的大项目设计的。它们更容易理解、使用和安装，并且提供了很好的文档，这使得新用户也很容易上手。即使小的工作流程的开发也可以从这样的工具中大获裨益。

数据存储

一系列的技术创新使得第二代测序仪的效率比第一代测序技术提高了好几个数量级。自2005年起，当第一批第二代测序仪上市以后，每几个月测序的产出量就翻一番，远超过了计算能力（近似于摩尔定律）和硬盘存储容量的增长速度（近似于克莱德法则）（Kryder's law，Kahn 2011）。据估计在过去的4年中测序仪生产量的增长因子是1000，而计算能力的增长因子大约为4。

使用目前的第二代测序技术，全基因组测序需要30×以上的**覆盖度**。这样级别的覆盖度是很有必要的，原因如下：短read的不均匀分布可能会多次覆盖基因组中的某些区域，而另一些区域可能根本没被覆盖；重复序列及很难测序的区域需要额外的覆盖度；而且多重覆盖度有助于识别测序误差。每一个碱基对应的质量分值也很大程度上增加了需要存储的数据文件的大小。基因组测序的成本正在以比数据存储成本快几倍的速度减少，很可能在不久后对 DNA 一个碱基测序的成本将会比存储在硬盘上的成本更少。以 Illumina 的 HiSeq 2000 测序系统为例，其可以在一周内对 2000 亿个（200 GB）碱基对进行测序，该测序量相对于人类基因组的 30 亿个碱基对的覆盖度为 60×。如今一个第二代测序仪的数据产出量对 21 世纪初而言是数量非常庞大的测序数据，那时使用传统的 **Sanger 测序**技术需要花几年的时间来完成人类基因组测序。与此同时，直线下降的测序成本使得全球范围内的小实验室和学术机构也能够购买并使用数目不断增加的第二代测序仪，从而产出了大量的测序数据，使得第二代测序技术成为生命科学中最为数据密集型的领域之一。获得的数据集必须从测序仪上拷贝下来并存储于复杂的数据存储系统，再由支持复杂计算工作流程的计算机集群进行分析与存档，这些使得数据存储设备和**高性能计算**（high-performance computing，HPC）集群成为每一个支持第二代测序技术的 IT 设施的必要组成部分。

直到最近，第二代测序仪的原始输出数据还是二进制图片的格式，这导致每次运行都会产生数千亿字节的图像数据，从而需要大量的数据空间用于转移与存储原始数据。而最近的第二代测序仪已经整合了图像分析与碱基读取的功能，并能够实时对图像数据进行处理与删除，并在上游流程中加入对数据的压缩操作。测序仪的原始输出数据，包括那些使用光学技术的、正在从很大的图像文件变为信号强度文件、读出的碱基和质量分值。此外，基于非光学技术的新一代第二代测序仪正在崭露头角，产生数据格式也是各式各样的。由于测序仪持续发展，接下来的分析对于存储的需求也在不断增加。尽管仪器的预计输出根据 read 的长度（碱基对的数目）、read 的数目和类型（单末端的和**双末端**的）及研究的类型（**RNA-seq**、ChIP-seq、**从头测序**、发现 SNP 位点等）可以很容易计算出来，但是考虑到数据类型的多样性（包括不同的特征和不同的数据分析软件）及元数据和中间结果，二级分析对存储的需求还很难预测。

二级（下游）分析包括一些 CPU 和数据密集型的任务，如将**短 read** 定位到参照基因组上、**组装**过程（从头测序）、去除重复比对等。例如，我们考虑从 IlluminaHiSeq 2000 测序仪上运行一次双末端测序的 8 个流通池通道中获取并比对的一批老鼠基因组测序数据（read）的数据量。使用序列和变异的一致性评估（Consensus Assessment of Sequence and Variation，CASAVA）（Illumina 2011a；2011b）总共生成了 14 个 FASTQ（Cock et al. 2010）文件，每个文件包含了 1.2 亿（120×10^6）read，每条 read 长 51 bp。在运行一次双末端测序时，每个通道会得到两个 **FASTQ 文件**，而每个 FASTQ 文件会占用 20 GB 的硬盘空间。在这个例子中测序的总量大约为参照（老鼠）基因组的 5×覆盖度，这是一个很低水平的测序覆盖度。然后这些 read 通过 SAMtools（Li et al. 2009）和 Burrows-Wheeler Aligner（BWA）（Li and Durbin 2009）比对到老鼠参照基因组上。序列比对/定位（Sequence Alignment/Map，SAM）的文本文件包含了使用 BWA **序列比对**软件产生的 read 比对信息，该文件的大小通常大于 50 GB。对应的二进制格式的 **BAM 文件**约 15 GB，分类排序好的 BAM 文件约 10 GB。产生两个包含了后缀数组坐标（文件后缀名是.sai）的中间文件，每个文件占用 3.5 GB。在 BWA 中，对一个短的核苷酸 read 的定位就是对匹配这个短 read 的染色体的子串搜索后缀数组区间。总而言之，这个课题中仅比对部分产生的数据总量就接近 1 TB，而且需要几天来完成。

一个典型的测序实验室应包括共享的数据存储系统，这不仅是为仪器的测序产出，也是二级分析中产生的中间数据和结果所需要的。一个实验室可能会运行几种来自不同生产商的测序仪器，每种测序仪生成的数据的特征、格式和占用大小都不尽相同。运行多重的实验可能会对共享计算资源的网络存储系统（如高性能计算的 Linux 集群）同时写入大量的数据。这个高性能计算集群是一个共享的资源，用于进行大多数并行批处理任务中计算密集型的数据分析。通过网络文件系统（NFS）或通用网络文件系统（CIFS）在不同资源之间共享的存储系统可以消除转移和重复备份大数据集的必要。一个共享的存储系统可以使每个研究者监控实验运行状态、评估分析结果或运行额外的分析并在本地工作站进行可视化。它为基于网络的分析工具、工作台、工作流程执行工具和诸如 Galaxy deployment 与 Genome Browsers 等的可视化工具提供了数据接口。实验室信息管理系统（Laboratory Information Management System，LIMS）可以作为一个提供单个界面用于追溯样本、测试和结果时需要存储的测序结果获取的方法。以上功能组合的工作量显然是混合的且不可预测的。第二代测序数据管理的挑战不仅仅是提供必要的数据存储空间（千万亿字节的数据存储量对于一些存储生产商而言是没有问题的），还要应付不断改变的数据集和访问模式的多样性和复杂性。但是研究的需求在快速改变，正如测序仪器的输出、应用程序的代码和工作流程一样；而且发生改变的频率比用于支持存储的 IT 设备的更新频率更快。

为第二代测序实验室选择数据存储系统没有最优的解决方法。合适的解决方法是因地制宜地使用针对性的方案。需要的数据存储空间和系统类型取决于测序仪及其支持服务的数量、测序仪被使用的情况及实验室专门从事项目的类型。能够很清楚地知道数据产出率、数据传输率和数据接口类型（客户的类型和数目、输入输出模式等）的需求将会是很有帮助的。小的实验室也许会决定使用一个基于磁盘阵列（RAID）的**网络附加存储**（Network Attached Storage，NAS）系统作为基本的数据存储系统。而另一方面，有很多测序仪器的实验室则会部署高扩展性的、多层次的、集中的文件系统，该系统同时应具有自动的数据复制和备份功能。在选择支持第二代测序数据存储系统时有一些需要考虑的事项：

• 信息技术人员和研究者间要紧密合作才能知道什么数据需要存储、归档和备份。此外，知道什么服务（Taverna、Galaxy、LIMS、GBrowse 等）需要使用数据及如何提供这些服务是很重要的。需要对用户进行关于数据存储成本的培训，并且参与设定预期。他们需要理解数据存储的负面经济效应：随着数据存储空间的增加，每千万亿字节的成本也增加，因为需要对数据的冗余、保护、实用性、多重的数据接口路径、归档、电源、冷却、储存区、专用的网络设备等执行额外的机制来协调。研究者（存储的消费者）和存储供应商之间关于提供一个大的数据存储系统要花费什么并不一致。按照今天的标准，1 TB 字节的数据存储量并不是很大，而且花费不到 100 美元就能在任何办公用品商店的柜台买到。只有一台小型第二代测序仪的实验室为了节约开销可以在试验台上使用便携式的 USB 硬盘驱动（HDD）。但是，这样没有结构化的系统不能简单地找出驱动失败或在线网络使用权的原因，而且数据管理变得不可行而被放弃。

• 价格和性能（读/写）在每一个领域都是选择数据存储系统的重要因素。选择的系统必须满足生产能力的需求而且必须在预算之内。稳定性和冗余性也是重要的因素，因为一些测序仪要求在一次运行中对数据存储系统有可靠的连续访问权限。

• 数据存储系统必须为最流行的操作系统（Linux、Windows、Mac OS）提供客户端，并且在网络上对两种服务器——通过通用网际文件系统（Common Internet File System，CIFS）连接的 Windows 服务器、通过网络文件系统（Network File System，NFS）的基于 Linux 的 Mac OSX 服务器——都可以访问。例如，Illumina GA Ⅱx 和 HiSeq 2000 测序系统操控一个运行在 Windows 操作系统上的控制 PC，Windows 操作系统需要通过 CIFS 才能对数据存储系统直接访问。另一方面，Linux 集群需要通过 NFS 访问共享的文件系统。

• 如果预算允许多层的存储系统会有很多好处。第一层为生产需求提供最快、最可靠和最稳定的存储。这是测序仪输出结果首先存储和高性能计算集群分析数据的地方。第二层由比较慢的硬盘组成，用于不是经常访问的数据集。第三层可以由磁带提供。大多数分层系统可以根据预先确定的方案（如根据文件的最后一次访问时间）自动地将文件从一层移到另一层。

• 数据存储系统必须和现有基础设施相适应。必须考虑现有企业网络的带宽和流量，从测序仪到存储设备的网络路径，再到数据中心空间及电力供应。能源优化方案应予以考虑。大型存储系统可能会占用几个机架的空间并消耗几千瓦的功率，其散热系统需要大量的交流电。系统的电源和冷却成本应该加入总的拥有成本。

• 小的本地支持小组的实验室往往依靠供应商的支持，由供应商对数据存储系统进行安装、配置、维护和故障排除。从已知的可靠的供应商那里选择一个系统是有好处的。例如，对于并行文件系统，系统可能因为设计和配置不好而运行不佳。运行小元数据文件存储于 RAID5 或 6 阵列的并行文件系统时，访问元数据文件的响应很差。向同行咨询他们对其存储系统供应商可靠性的经验和看法，始终是一个很好的主意。

• 存储系统的可扩展性很重要。备份大型数据存储系统是一个真正的挑战。部分预算应分配给备份。考虑测序的价格正在下降，重复实验可能比存储数据和恢复丢失的数据更具有实效性。

集中式数据存储系统简化，并在某些情况下消除了将数据存储在本地实验室或机构内的必要性，数据集可以在不需要移动或复制的情况下支持多项服务。在 UNIX 系统环境中，符号链接（*symlinks*）可提供几种不同数据访问服务。数据集可以在本地网络内的服务器之间通过 CIFS 和 NFS 共享而不需要复制，从而减少了网络流量和存储需求。不能直接访问共享存储系统的服务器需要在本地网络中传输数据，有大量保证数据方便、安全的传输工具，如安全复制（*scp*）、*rsync* 和 *sftp*。一些工具也有图形界面的版本（*Winscp*、针对 Windows 的 *Filezilla*、针对 Mac OSX 的 *Fugu*）。这些工具可以对验证步骤或整个过程进行加密，通过网络发送加密信息，在最常见的平台上都有这些工具的客户端。数据集可以频繁地从 web 服务器下载，无论是使用 web 浏览器或命令行工具，如 *curl* 和 *wget*。

通过互联网与其他研究人员在远程站点共享大型数据集更具挑战性，因为这涉及防火墙、复杂的安全性和网络不可靠性等问题。数据共享是协同科研中的重要一步，通过允许对科学成果进行独立测试和验证增加了科学过程的透明度。美国国立卫生研究院宣布在将研究转为改善健康的知识和产品的过程中数据共享是必不可少的。一些基金资助机构有支持数据共享的政策，鼓励研究者让他们的数据可为大众所用。例如，《自然》、《科学》和《癌症研究》等期刊则有督促作者在相关资料库存入特定类型的数据并要求文稿提交时需提供存放序列的序列号的政策。BioSharing（http://biosharing.org/）给出了基金资助机构的数据共享政策的列表。虽然政策到位，并且有相应技术对其支持，数据共享仍然缺乏明确的实施机制，其应用未经测试（Savage and Vickers 2009）。

局域网中数据传输的常用工具具有一定的局限性，它们不适用于广域网络中的数据传输。能源科学网络拥有基于传输控制协议（TCP）工具的内部缓冲区限制的丰富信息（http://fasterdata.es.net/fasterdata/say-no-to-scp/）。GridFTP（Allcock 2005）是标准的文件传输协议（FTP）的延伸，其通过网格计算来解决此类限制。它是 Globus 工具包（http://www.globus.org/）的一部分，该套工具能使分布式的计算能力、存储资源、科学仪器及其他工具形成网络，并通过网络使它们安全地在企业、机构和地理区域共享。GridFTP 的主要特点包括：在一个单一的源和目标之间并行使用多个数据流（提高一个单一的数据流对应的总带宽），采用 X509 证书进行身份验证和加密、第三方转让、部分文件传输、容错和重启、自动整体系统性能（TPC）优化和基于用户数据包协议（UDP）的文件传输（提供基于 TCP 传输的数倍速度）。然而，对于研究人员来说重要的是数据传输透明和简单。研究人员一般不具备 IT 专业知识来制定、执行、监督和重新启动大型文件传输。*GlobusOnline*（http://www.globusonline.org/）是一个易于使用的基于网格的工具，托管于亚马逊网络服务云，其文件传输速度数倍于 *scp* 和 *sftp*。

测序数据量以越来越快的速度增长，分析这些测序数据所需的计算资源也随之增长。数据分析和知识提取步骤往往比运行测序仪器更费时和更昂贵。测序成本下降的速度比摩尔定律更快，与测序相比，测序数据进行分析的相对成本不断增加。**高性能计算**（HPC）集群可以提供所需的计算能力来运行深入的分析流程。一些 NGS 代码的扩展性很好并得益于多线程处理。然而，并行代码需要很大的工作量，Amdahl 法则限制了其性能的改进。随着 NVIDIA 推出的统一计算设备架构（Compute Unified Device Architecture，CUDA），图形处理单元（GPU）已变得更容易编程化，导致一些生物信息学应用程序可以使用 GPU 功能，如 BarraCUDA（Klus et al. 2012）和 SOAP3（Liu et al. 2012）。

高性能计算集群由大量通过专用的、私人的、高速网络相互连接的节点组成，用来传输信息和数据并行任务处理。公用软件包安装在所有节点，从而使集群分区像一个单一的、统一的资源。大多数 HPC 集群采用 Linux 操作系统，用户通过公用或企业网络登录到头节点，以交互方式来进行编辑、编译、调试和提交作业及传输数据，而计算节点便是执行程序的实际工作者，其具有多个 CPU 和数十亿字节的内存（RAM）。节点的配置（体系结构、处理内核个数、存储器大小、访问速度）需考虑应用要求，这是一个需要精心设计的重要部分。集群管理工具运用软件捆绑集群管理器来监控集群的使用率和运行状况。为了消除不必要的数据传输，NGS 仪器直接通过一个高带宽地连接到一个共享数据存储系统的网络写入数据。例如，Illumina 公司的 HiSeq2000 测序系统（Illumina 2010）的 PC 机和数据存储系统之间直接采用了 1 GB（千兆）的网络连接。因此，HPC 集群计算节点可立即访问收集到的数据。

资源管理器（有时被称为工作负载管理或简单称为批处理系统）是运行第二代测序工作流程的一个重要组成部分。它是一个通过将任务需求与可用的计算资源相匹配，来管理集群上任务的中间设备。用户提交的任务根据调度机制［公平共享、先入先出队列

（FIFO）等］进行安排。资源管理器将可用的资源基于公共特征（如包括大内存节点的高端内存队列或任务可以运行很长一段时间的长队列）分为重叠队列。有一些批处理系统（一些可以允许用户定制其调度机制模块），包括从企业级的到免费的及定制开发的批处理系统，其支持的各种特征包括：支持并行任务（通常基于 MPI）；存档点（保存一个任务的当前状态，这样在出现系统崩溃时损失的部分仅仅是从最后一个存档点开始的）；进程转移（将一个任务从一个节点转移到另一个节点而不需要重启这个任务）；支持混合集群（一个包含了各种计算机构架、资源和操作系统的集群）；支持多集群；将分布式的集群在逻辑上绑定到一个共享资源上的能力；以及云计算适应性（动态地调整来自外部供应商的节点的能力，基于改变工作量的需求以使其可以满足最高需要）。资源管理器监控每个任务，可以发送关于一个任务状态的通知和警告并保持日志记录。通过处理这些日志记录可以达到了解任务运行情况的目的。一些系统提供了工具，用于对日志记录进行浏览，并提取每个用户或每个用户组任务的账目信息，如使用的节点时总数等。日志记录也可以发送给供应商或用于故障检查。

通常的方法是用户通过安全外壳（ssh）访问集群的前端节点，使用一种基于 ssh 密钥的双因素认证。这种双因素认证是基于用户知道的（口令通行码）和用户私有的（私人密钥）。为了在集群上运行一个任务，用户需要写一个带有标记的脚本，该标记包括需要执行的应用程序和向批处理系统提供特殊的指令，如当任务开始和结束时发送一封电子邮件通知、请求特殊的资源（如在计算节点上可用的一个最小数量的内存）及指定一个特殊的批处理系统队列。通常数据在文件系统上，通过 NFS 在集群上所有节点都可用。但是，为了获得更好的输入输出（IO）性能并在任务完成时将数据输出，用户可能会选择在任务开始之前将输入数据和参照数据置于一个节点的本地“可擦除”硬盘上。通过将数据置于工作节点的本地硬盘，节约网络带宽占用并提高了 IO 性能。在这些情况下，文件的放置是一个独立于工作流程的任务，并且包含于任务提交脚本中。用户的任务通过一个简单的命令（如一个 qsub 命令）提交，而调度程序会根据调度机制来安排用户的任务。用户可以使用诸如 qstat 的命令来检查任务的状态。

编程的通用**图形处理单元**（general purpose graphics processing unit，GPGPU）为传统的高性能计算架构提供了一个功能强大、高能效和有成本效益的选择。图像处理芯片以固定功能的 PC 显卡启动，但是因为它们的速度、内存带宽及成本的特征，它们很快被利用于非图形处理的应用中，正如为科学和工程计算的通用计算平台那样（见 Egri et al. 2007 中的例子）。引进了 CUDA、NVIDIA 的软件和硬件构架，使得 NVIDIA 的 GPU 可以加速用高级编程语言编写的应用程序，促进了在通用计算过程中 GPU 的使用，这使得很多程序比在多核 CPU 的系统上运行得更快。尽管 CPU 包含了一些快速且高功能的核心，但 GPU 也包含了很多（几百）基本核心。此外，GPU 提供了快速的内存读取。因此，可以使用大量处理器的高度并行应用程序在使用了标准 CPU 后，可以看到很显著的性能提升。在 GPU 程序设计模型中，GPU 和多核的 CPU 在一个混合结构中共同工作。在这个构架中，CPU 核心（“主核心”）执行应用程序中串行的部分，而需要大量计算的部分则独立出来由 GPU 运行使之加速。CUDA 结构由大量处理器聚在一起形成的微处理器和若干级别的内存组成。全局的设备内存可以由所有处理器访问，但是有个相对较高的延迟，鉴于此，每一个微处理器有一小部分的内存是由所有线程共享的。共享内存的速度比设备内存快几个数量级。此外，每一个活动的线程配有若干个自有的寄存器，此寄存器不能在线程之间共享。

一些生物信息学的工具显示，在流程中计算密集部分使用 GPU 后有明显的加速。在 BGI，使用 GPU 的 SOAP、SOAP3 的版本在将 read 比对到参照 DNA 序列上时，其运行速度比只用 CPU 的版本的软件快 10~16 倍。可以使用 GPU 的 SOAPsnp 版本——GSNP 显示其提升的系数为 7。GPU-BLAST（Vouzis and Sahinidis 2011）报告显示加速了 3~4 倍。Parallel META 程序——一个基于 GPU 和多核心 CPU 的用于分析微生物群落基因组信息的流程——报告显示其运行速度相比于传统的**元基因组学**数据分析方法快了 15 倍（Su et al. 2011）。在网站 http://www.nvidia.com/object/bio_info_life_sciences. html 上有一个可以使用 GPU 加速的生物信息学工具软件的列表。

Bio Workbench 提供了一系列有 GPU 端口的生物信息学工具，这些工具甚至可以部署于桌面的工作站。有些云端供应商也提供 GPU 的实例，使得在互联网上也可以进行 GPU 计算。提供 GPU 实例的云端供应商列示于 NVIDIA 的网站上。

尽管用 GPU 卡很容易访问到服务器，但是 GPU 编程并不容易。部署这些工具所需要的库的安装和配置虽然相对简单，但是 GPU 移植需要严谨的开发工作。GPU 编程还有许多挑战。主 CPU 和 GPU 设备直接的交互很慢，因为它使用串行总线。这使得通过串行总线从 GPU 存入和获得数据都很困难。节点间网络的带宽也是一个问题。不同于 CPU，GPU 并没有大的缓存，Amdahl 法则也适用于 GPU。一些涉及大量矩阵计算和高度并行的数字任务的应用程序的报告显示，与只使用 CPU 实现相比，使用 GPU 可以增加数倍的性能。因此，对 GPU 进行代码移植和开发新代码一般仅限于有专门的 GPU 编程专家的信息学中心。幸运的是，几个常用的生物信息学软件包已经移植到 GPU 并且可以免费获取，如 BarraCUDA、SOAP3、GPU-BLAST 等。

随着 GPU 编程的简单方法的采用，如今高级的高性能计算构架通常使用混合的系统，该系统中 CPU 仍然用于执行串行的部分，而大量的并行部分则由 GPU 执行。目前功能最强大的一些集群由包含 GPU 卡的节点组成。2011 年 11 月版的前 500 列表（http://www.top500.org/）中列出的功能最强大的 5 台超级计算机中就有 3 台配备了 GPU 卡，它们分别是：Tianhe-1A（2.57 PetaFLOPS，在表中排名第二，安装于中国）、Dawning（1.27，第四，中国）和 TSUBAME2.0（1.19，第五，日本）。第二代测序的流程已经移植到以上的超级计算机中，如 Yutaka Akiyama（GPU 技术会议，亚洲，2011）所描述的，一个元基因组分析流程已经移植到 TSUBAME2.0 上以 2520 个 GPU 每小时 6000 万条 read（75bp）的速度在分析。

尽管很多测序实验室已经部署了功能强大的计算资源，但是有时也会有紧急需要在短时间内（“爆发”模式）进行大量计算的能力，而这可能是在本地达不到的。例如，当测序仪运行完成时或者当计划书中提交的截止日期快到时，本地可用资源可能被占用，而需要紧急执行的任务可能会被卡在很长一批队列之后。一些实验室在考虑这种情况后，最终配置超量节点，这导致大多数时间都闲置的资源带来超量成本。在这种情况下，答案可能是进行云计算，根据需求配置资源并对其付费。一些云端供应商经营大型的数据中心，在其中部署了大型的计算和数据存储资源，并可以通过规模经营和虚拟化的灵活性以一个有竞争力的价格出租出去赚取租金。虚拟化是一个允许实体资源，如服务器进行细分并管理几个离散的服务器，每一个在主机上使用部分组分，以可靠的方式和细微的展示，使得服务器看起来比它实际的要大（Babcock 2010）。云资源的用户只为他们使用的资源付费（账单到期即付模式）。一旦资源不需要了，它们就被释放出来。供应商会权衡用户购买并维护（电源、冷却、数据中心空间等）一个类似的本地设备的成本，以一个合理的有竞争力的价格提供该资源服务。这样用户也避免了对不需要的计算资源超额支付的风险。

需要紧急访问资源来执行计算密集型生物信息流程或将服务提交到互联网上的远程用户可以通过一个云端供应商，如亚马逊网络服务（Amazon Web Services，AWS）、Microsoft Azure云计算平台、Rackspace云计算中心——的用户友好的网络界面来访问并预备他们需要的资源。一般第一步是选择一个供应商已有的机器映像，最好是一个安装有生物信息学工具的映像。一旦虚拟机实例化，就可以像一台实体服务器一样运转并进行访问。云端模式的一个优势是其灵活性，用户可以根据需要灵活地扩展或收缩他们使用的资源。它提供了一种无限的可用资源，有几种工具可以帮助生物信息学家使用一批预安装的系统简单地部署虚拟机的整个集群。例如，StarCluster（http://web.mit.edu/stardev/cluster）是一个开源的集群计算工具包，它简化了在AWS弹性计算云（Elastic Compute Cloud，EC2）上建立、配置和运行一群虚拟机的过程。

在云端可以找到很多以各种形式存在的生物信息学工具。类似Galaxy的工具可能会以软件即服务（Software-as-a-Service，SaaS）的形式出现，用户可以远程访问这些工具，就像互联网上的一个服务一样，不需要对其在本地进行安装和维护。一些工具以灵活的易于部署的虚拟机的形式出现，如CloVR（Angiuoli et al. 2011），然而一些生物信息服务公司，如DNAnexus（http://dnanexus.com），已经构建了一个围绕云端的商业模式。一些工具使用MapReduce编程模型引入并行计算，该模型最初由谷歌开发，用于处理大批量网络数据（Dean and Ghemawat 2004）。大数据集可以分布于数千个处理器，每个处理器并行地对不同的数据集运行相同的计算。MapReduce框架提供了并行化、数据分布和容错性，对用户隐藏了细节，而用户只需要提供一个映射的任务和一个简化的任务。映射的任务看作是输入一个功能和一组值，并产生一组中间的键值对。接下来是一系列中间步骤（如拷贝、分组、混排），简化任务将同一键对应的值合并到一起。Hadoop是一个阿帕奇软件基金会对MapReduce框架的开源的实现，可以部署于计算节点集群。它已经被大量生物信息学项目使用：CloudBurst（Schatz 2009）、CloudBLAST（Matsunaga et al. 2008）、Crossbow（Langmead et al. 2009）和Myrna（Langmead et al. 2011）。

但是，要使云计算适用于基因组学还有很多困难（Armbrust et al. 2009；Schatz et al. 2010），下面将会讨论。

数 据 传 输

将非常大的数据集传输到云资源或从云资源转移下来存在大量的障碍。为了能够使用云资源来分析数据，必须首先把数据上传到云端，而且结果可能还需要下载到用户的本地机器上。取决于数据集的大小和网络速度，数据的传输可能会花费大量的时间，甚至可能比产生这个数据所花费的时间还长。对于某些情况（Stein 2010），这是将基因组数据移动到云端的最大的障碍。公共互联网的速度可能会把数据的上传速度限制在 5~10 MB/s。一些云端的供应商会对上传和下载数据收费，每传输 1 TB 字节的成本可能超过 100 美元。针对数据传输的成本和潜在因素，云端的供应商也会提供通过夜间邮递服务来机械运送硬盘的方法，以取代通过网络上传数据（一种有时称为“Netflix 云计算”的服务）。Armbrust 等（2009）指出，由于远程计算的成本/性能比率的增长速度比互联网的带宽增长速度快很多，通过夜间邮递来运送硬盘的方法在将来可能会变得更有吸引力。亚马逊网络服务（Amazon Web Services）集中了很多本地化的大公共数据集（GenBank、1000 基因组、Ensembl）的拷贝，因此用户可以增加他们实例的数量，并对大数据集进行即时访问，而不需要浪费时间和对数据上传付费。此外，谷歌最近宣布了在他们的云端建立短读段存档数据库（Short Read Archive，SRA）并让其对外公开。

数据存储成本

数据长期存储的成本是另一个难题，大数据集需要保留在云端存储很长一段时间，会产生一笔很大的开销。在某些情况下，存储数据的成本比分析数据的计算资源的成本还高。在云端对数据归档是一个很昂贵的解决方案。大多数云端供应商提供了在线计算器来精确估计在他们的资源上上传和存储数据的成本。

数 据 安 全

数据安全是另一个潜在的障碍。尽管数据安全技术已经很成熟，如防火墙、文件加密系统、网络包的过滤和监控及多因素的安全认证，这些技术也都可以应用在云端，但是很多机构并不倾向于将敏感的机密数据存储在公共的云端。受美国健康保险携带和责任法案（HIPAA）或类似管理条案管制的，并且可以合法审计的数据集必须保存在内部的数据存储系统中。

服务中断和数据安全

云端供应商采取了很多措施来排除单点故障，并且已经取得了很长的正常运行时间和服务的可用性，这是内部的本地数据中心所无法比拟的。然而，AWS S3（简单存储服务）最近的一次服务中断和云端供应商否认的服务攻击使得消费者需要对云端服务中断事件采取额外的措施。

缺乏标准化的 API

由于缺乏标准，从一个云端供应商转到另一个云端供应商的方法并不明确。这使得从一个供应商转到另一个供应商（由于很差的服务质量、成本或该供应商停业）或同时使用多个云端供应商的服务并不是很容易。

尽管云计算是一个很有趣的扩大分析能力的方法，但是测序成本下降的速度远比我们对第二代测序数据存储和分析能力的增长要快得多。即使不考虑我们在发展本地或云端资源时的投资，计算成本将会作为使用第二代测序技术的总成本的一部分而持续增长。真正的解决办法一定来源于软件开发和算法改进上。

致　谢

感谢英国曼彻斯特大学的 Carole Goble 和 Taverna 团队阅读并修正本章节中关于 Taverna 工作流程的部分。特别感谢 Dave Clements 和 Galaxy 团队修正本章节中关于 Galaxy 项目的部分，同时感谢 Kostas Karasavvas 关于 Galaxy 项目对 Taverna 工作流程整合的评论和交流。同时也要特别感谢 Yasmine Kieso 阅读并修正本章节中一些内容，感谢 George 和 Pavlos Symeonidis 提供了暑期几个月免费的无限量的互联网访问权限。

参 考 文 献

Allcock W. 2005. The Globus striped gridFTP framework and server. *Proceedings of the 2005 ACM/IEEE SC/05 Conference on Supercomputing*. November 12–18, 2005, Seattle, WA, pp. 54–64. doi: 10.1109/SC.2005.72.

Angiuoli SV, Matalka M, Gussman G, Galens K, Vangala M, Riley DR, Arze C, White JR, White O, Fricke WF. 2011. CloVR: A virtual machine for automated and portable sequence analysis from the desktop using cloud computing. *BMC Bioinformatics* **12**: 356.

Armbrust M, Fox A, Griffith R, Joseph AD, Katz RH, Knowinski A, Lee G, Patterson DA, Rabkin A, Stoica I, Zaharia M. 2009. *Above the clouds: A Berkeley view of cloud computing*. Technical Report No. UCB/EECS-2009-28. Electrical Engineering and Computer Sciences, University of California, Berkeley.

Babcock C. 2010. *Management strategies for the cloud revolution: How cloud computing is transforming business and why you can't be left behind*. McGraw-Hill, New York.

Bhagat J, Tanoh F, Nzuobontane E, Laurent T, Orlowski J, Roos M, Wolstencroft K, Aleksejevs S, Stevens R, Pettifer S, et al. 2010. BioCatalogue: A universal catalogue of web services for the life sciences. *Nucleic Acids Res* **38**: W689–W694.

Blankenberg D, Von Kuster G, Coraor N, Ananda G, Lazarus R, Mangan M, Nekrutenko A, Taylor J. 2010. Galaxy: A Web-based genome analysis tool for experimentalists. *Curr Protoc Mol Biol* **89**: 19.10.1–19.10.21.

Cock PJ, Antao T, Chang JT, Chapman BA, Cox CJ, Dalke A, Friedberg I, Hamelryck T, Kauff F, Wilczynski B, de Hoon MJ. 2009. Biopython: Freely available Python tools for computational molecular biology and bioinformatics. *Bioinformatics* **25**: 1422–1423.

Cock PJ, Fields JC, Goto N, Heuer LM, Rice MP. 2010. The Sanger FASTQ file format for sequences with quality scores, and the Solexa/Illumina FASTQ variants. *Nucleic Acids Res* **38**: 1767–1771.

Dean J, Ghemawat S. 2004. MapReduce: Simplified data processing on large clusters. In *Proceedings of the 6th Symposium on Operating System Design and Implementation*, December 2004. Usenix Association, San Francisco.

Deelman E, Gannon D, Shields MS, Taylor I. 2009. Workflows and e-Science: An overview of workflow system features and capabilities. *Future Gener Comput Syst* **25**: 528–540.

Egri GI, Fodor Z, Hoelbling C, Katz SD, Nogradi D, Szabo KK. 2007. Lattice QCD as a video game. *Comput Phys Commun* **177**: 631–642.

Gentleman RC, Carey VJ, Bates DM, Bolstad B, Dettling M, Dudoit S, Ellis B, Gautier L, Ge Y,

Gentry J, et al. 2004. Bioconductor: Open software development for computational biology and bioinformatics. *Genome Biol* **5:** R80. doi: 10.1186/gb-2004-5-10-r80.

Goble C, De Roure D. 2009. The impact of workflow tools on data-centric research. In *The fourth paradigm: Data-intensive scientific discovery* (ed. Hey T, et al.), Part 3, pp. 137–145. Microsoft Research, Redmond, WA.

Goble CA, Bhagat J, Aleksejevs S, Cruickshank D, Michaelides D, Newman D, Borkum M, Bechhofer S, Roos M, Li P, De Roure D. 2010. myExperiment: A repository and social network for the sharing of bioinformatics workflows. *Nucleic Acids Res* **38:** W677–W682.

Goecks J, Nekrutenko A, Taylor J; The Galaxy Team. 2010. Galaxy: A comprehensive approach for supporting accessible, reproducible, and transparent computational research in the life sciences. *Genome Biol* **11:** R86. doi: 10.1186/gb-2010-11-8-r86.

Holland RCG, Down T, Pocock M, Prlić A, Huen D, James K, Foisy S, Dräger A, Yates A, Heuer M, Schreiber MJ. 2008. BioJava: An open-source framework for bioinformatics. *Bioinformatics* **24:** 2096–2097.

Hull D, Wolstencroft K, Stevens R, Goble C, Pocock M, Li P, Oinn T. 2006. Taverna: A tool for building and running workflows of services. *Nucleic Acids Res* **34:** 729–732.

Illumina. 2010. HiSeq sequencing system: Site preparation guide. Illumina proprietary catalog # SY0940-1003, Part # 15006407. Rev D June 2010. Illumina, Inc., San Diego.

Illumina. 2011a. CASAVA v1.8 user guide, Illumina proprietary, Part # 15011196. Rev B, May 2011. Illumina, Inc., San Diego.

Illumina. 2011b. Improved accuracy for ELAND and variant calling. Technical note no. 770-2011-005. Illumina, Inc., San Diego.

Kahn SD. 2011. On the future of genomic data. *Science* **331:** 728–729.

Karasavvas K, Chichester K, Cruickshank D, Haines R, Fellows R, Roos M. 2011. Enacting Taverna workflows through Galaxy. In *12th Annual Bioinformatics Open Source Conference, BOSC 2011*, July 15–16, Vienna, Austria.

Klus P, Lam S, Lyberg D, Cheung MS, Pullan G, McFarlane I, Yeo GSH, Lam BYH. 2012. BarraCUDA—A fast short read sequence aligner using graphics processing units. *BMC Res Notes* **5:** 27.

Langmead B, Schatz MC, Lin J, Pop M, Salzberg SL. 2009. Searching for SNPs with cloud computing. *Genome Biol* **10:** R134. doi: 10.1186/gb-2009-10-11-r134.

Langmead B, Hansen K, Leek J. 2011. Cloud-scale RNA-sequencing differential expression analysis with Myrna. *Genome Biol* **11:** R83. doi: 10.1186/gb-2010-11-8-r83.

Li H, Durbin R. 2009. Fast and accurate short read alignment with Burrows–Wheeler Transform. *Bioinformatics* **25:** 1754–1760.

Li H, Handsaker B, Wysoker A, Fennell T, Ruan J, Homer N, Marth G, Abecasis G, Durbin R; 1000 Genome Project Data Processing Subgroup. 2009. The Sequence Alignment/Map (SAM) format and SAMtools. *Bioinformatics* **25:** 2078–2079.

Liu CM, Lam TW, Wong T, Wu E, Yiu SM, Li Z, Luo R, Wang B, Yu C, Chu X, et al. 2012. SOAP3: Ultra-fast GPU-based parallel alignment tool for short reads. *Bioinformatics* **28:** 878–879.

Matsunaga A, Tsugawa M, Fortes J. 2008. CloudBLAST: Combining MapReduce and virtualization on distributed resources for bioinformatics applications. *IEEE 4th International Conference on eScience*, December 1–12, pp. 222–229, Indianapolis, IN.

Morgan M, Andres S, Lawrence M, Aboyoun P, Pages H, Gentleman R. 2009. ShortRead: A Bioconductor package for input, quality assessment and exploration of high-throughput sequence data. *Bioinformatics* **25:** 2607–2608.

Romano P. 2008. Automation of in-silico data analysis processes through workflow management systems. *Brief Bioinform* **9:** 55–68.

Savage CJ, Vickers AJ. 2009. Empirical study of data sharing by authors publishing in PLoS Journals. *PLoS ONE* **4:** e7078. doi: 10.1371/journal.pone.0007078.

Schatz MC. 2009. CloudBurst: Highly sensitive read mapping with MapReduce. *Bioinformatics* **25:** 1363–1369.

Schatz MC, Langmead B, Salzberg SL. 2010. Cloud computing and the DNA data race. *Nat Biotechnol* **20:** 691–693.

Stajich JE, Block D, Boulez K, Brenner SE, Chervitz SA, Dagdigian C, Fuellen G, Gilbert JGR, Korf I, Lapp H, et al. 2002. The BioPerl toolkit: Perl modules for the life sciences. *Genome Res* **12:** 1611–1618.

Stein LD. 2010. The case for cloud computing in genome informatics. *Genome Biol* **11:** 207. doi: 10.1186/gb-2010-11-5-207.

Su X, Xu J, Ning K. 2011. Parallel-META: A high-performance computational pipeline for metagenomic data analysis. In *Proceedings of the IEEE International Conference on Systems Biology*, September 2–4, 2011, pp. 173–178.

Vouzis PD, Sahinidis NV. 2011. GPU-BLAST: Using graphics processors to accelerate protein sequence alignment. *Bioinformatics* **27:** 182–188.

网 络 资 源

http://biosharing.org/ BioSharing 主页

http://cran.at.r-project.org R 综合档案网（CRAN）在 web 和 FTP 服务器上提供的代码和文档的镜像

http://dnanexus.com 一家生物信息服务公司 DNAnexus 的主页

http://fasterdata.es.net/fasterdata/say-no-to-scp/ 能源科学网络的主页

http://galaxyproject.org Galaxy 是一个开源的基于网络的基因组工作平台，允许用户对基因组数据进行综合的计算分析

http://git-scm.com git 是一个快速的开源的版本控制系统

http://web.mit.edu/stardev/cluster StarCluster 是一个开源的聚类计算工具包

http://www.biocatalogue.org/ *Bio*Catalogue 提供了一个生命科学的网络服务目录，曼彻斯特大学和欧洲生物信息学中心

http://www.bioconductor.org/ Bioconductor 是一个开源的软件，提供了分析和解释高通量基因组数据的工具

http://www.bioconductor.org/help/bioconductor-cloud-ami/ Bioconductor 云端主页

http://www.bioconductor.org/help/workflows/high-throughput-sequencing/ Bioconductor 测序数据

http://www.bioperl.org BioPerl 是一个由一系列 Perl 模块组成的用于开发生物信息学应用程序的 Perl 脚本的工具包

http://www.cpan.org Perl 综合档案网主页

http://www.globus.org/ Globus 是一个开源的 Grid 软件

http://www.myexperiment.org/ myExperiment 使发现、使用和共享科学工作流程及其他研究项目变得简单。曼彻斯特大学和南安普顿大学

http://www.nvidia.com/object/bio_info_life_sciences.html 能利用 NVIDIA GPU 的生物信息学工具列表

http://www.r-project.org/ R 是一个由 WU Wein 开发的用于统计计算和图形化的免费软件环境

http://www.taverna.org.uk/ Taverna 的主页。用于设计和执行科学工作流程的一套工具

http://www.globusonline.org/ 亚马逊网络服务云提供的一个很容易使用的基于网格的工具，可以将文件传输的速度提高到比 *scp* 和 *sftp* 快几倍

http://www.xsede.org/web/guest/data-transfers 极限科学与工程发现环境的数据传输和管理的页面

术 语 表

16S 核糖体 DNA（16S ribosomal DNA，rDNA）（第 11 章）：16SrRNA 是细菌核糖体的一种结构组分（30S 小亚基的一部分）。16SrDNA 是编码这种 RNA 分子的基因。由于它在蛋白合成中的核心作用，该基因在所有原核生物中高度保守。其中有部分 16S 基因极端保守，因此可以使用一个“通用”PCR 引物集来扩增几乎所有原核生物的这个基因。该基因也包含可以用来进行细菌分类鉴定的多态性区域。16S rDNA 序列的扩增和分类鉴定是元基因组分析中被广泛使用的一种方法。

算法（Algorithm）（第 2 章）：解决问题的方法步骤（一份配方）。在生物信息学中，算法是指一系列用于计算的明确定义的指令。算法可以表述为用任何软件语言编写的计算机指令，可以在任何计算机平台上作为程序实现。

比对（Alignment）（第 3 章）：见序列比对。

比对算法（Alignment algorithm）（第 3 章）：见序列比对。

等位基因（Allele）（第 8 章）：在遗传学中，一个等位基因是指同一基因的不同可选形式，如眼睛颜色可以是蓝色或棕色。然而，在基因组测序中，一个等位基因是指出现在任意染色体上任意位置的一个序列变异体的一种形式，也可以理解为任何一个定位到基因组上的序列变异体，不管它是否影响表型，甚至根本就不在基因里。有些情况下，“等位基因”也可以被说成是“基因型”。

扩增子（Amplicon）（第 11 章）：一个扩增子是靶标生物（或生物群）DNA 上的一个特殊区段或位点，长 200~1000 bp，通过聚合酶链反应（polymerase chain reaction，PCR）可复制几百万次。单一靶点的扩增子（也就是一对 PCR 引物的一次反应）可以从 DNA 模板的混合物中获取，如从患者血液中提取的人类免疫缺陷病毒（HIV）颗粒或者从医学或环境样本中分离的全部细菌 DNA。随后的深入测序提供了关于跨种群的不同 DNA 模板靶标位点变异体的详细信息。许多不同 DNA 样本的许多不同 PCR 引物产生的扩增子可以在一台 NGS 机器上整合到一轮 DNA 测序反应中（在多重条形码技术的帮助下）。

组装（Assemble）（第 2 章）：见序列组装。

组装（Assembly）（第 7 章）：见序列组装。

BAM 文件（BAM file）（第 3 章）：BAM 是一种采用 BZGF 压缩及索引的二进制序列文件格式。BAM 是 SAM（Sequence Alignment/Map，序列比对/定位）格式的二进制压缩版本，其包含的信息有：NGS 数据集中的每条 read 及其在参考基因组上的比对位点，read 相比于参考基因组的变异，定位质量，以及表示 Phred 质量分值的 ASCⅡ字符串中的序列质量字符串。

BED 文件（BED file）（第 3 章）：BED 是一种非常简单的文本文件格式，列出了 read 在参考基因组上的位置信息，包括染色体编号、起始和终止位点。NGS 数据可以用 BED 格式表示，但只包含它们在参考基因组中的位置，不包括序列变异或碱基质量的信息。

BLAST（The Basic Local Alignment Tool）（第 2 章）：由 Altschul 及 NCBI 其他生物信息学家发明的基于局部比对算法的搜索工具，为科学家提供了一种在 GenBank 数据库中进行基于相似性的序列搜索的高效方法。BLAST 利用一种基于数据库哈希表的启发式算法来加速相似性搜索，但它不保证找到任意两条序列之间的最佳比对结果。BLAST 被普遍认为是使用最广泛的生物信息学软件。

Burrows–Wheeler 变换（Burrows-Wheeler transformation，BWT）（第 4 章）：BWT 是在一个重叠子串的图表数据结构（又称后缀树）中将参考基因组建立索引（及压缩）的一种方法。只需使用计算机将一个特定的参考基因组生成这种图表，然后就可以存储并在将多个 NGS 数据集比对到这个基因组时重复使用。当数据包含成串重复序列时 BWT 方法特别有效，如在真核生物基因组中，它通过压缩重复字符串的所有拷贝来降低基因组复杂度。BWT 对于将 NGS read 比对到参考基因组非常有效，因为 read 通常与参考基因组之间完全匹配或只有少数的错配。当 read 中出现很多错配和插入缺失时，BWT 方法的效果很差，因为必须在后缀树中描绘很多可变换的路线。采用 BWT 方法的高引用 NGS 比对软件包括 BWA、Bowtie 和 SOAP2。

毛细管 DNA 测序（Capillary DNA sequencing）（第 1 章）：这是生命科技应用生物系统公司（Life Technologies Applied Biosystems）制造的 DNA 测序仪中使用的一种方法。该技术是在 Sanger 测序技术的基础上改进而来的，其创新点包括：荧光标记染色终止子的应用（或染色引物），循环测序的化学方法，以及在包含聚丙烯酰胺凝胶的单个毛细管中进行单个样本的电泳。毛细管中应用高电压促使循环测序反应生成的 DNA 片段穿过聚合物并且根据大小分离。通过荧光检测器确定片段大小，并且自动读取每个样本序列的组成碱基。

ChIP-seq（第 9 章）：染色质免疫共沉淀（chromatin immunoprecipitation）测序用 NGS 鉴定与特殊蛋白结合的 DNA 片段，特殊蛋白包括转录因子和被修饰的组蛋白亚基等。组织样本或培养细胞用甲醛处理后，可以产生 DNA 和蛋白质的共价交联。DNA 被纯化并切割成 200~300 bp 的短片段，然后用一种特殊的抗体进行免疫沉淀。切断共价交联，DNA 片段在 NGS 仪器（通常是 Illumina）上测序。read 被定位到参考基因组，蛋白质结合位点会被检测出来，这些位点就是基因组上成簇的被定位 read 所处的位置。

克隆（Cloning）（第 1 章）：在 DNA 测序中，DNA 克隆指从靶标生物的基因组中分离单个纯化的 DNA 片段，并产生这个 DNA 片段的几百万个拷贝。这个片段通常被插入一种克隆载体，如一个质粒，形成一种重组的 DNA 分子，然后在细菌细胞中扩增。克隆需要大量时间及手工实验工作，也产生了传统 Sanger 测序的瓶颈。

一致性序列（Consensus sequence）（第 2 章）：当两个或多个 DNA 序列比对时，重叠的部分可以合并得到一段一致性序列。在所有重叠序列都是相同碱基的位点（多重比对中的一个单一列），那个碱基就是一致性位点。在重叠序列中存在的不一致情况的位点，会采用不同的规则来生成一致性序列。一个简单的常用规则采用列中使用最普遍的字母作为一致性位点。任何比对碱基中存在不匹配的位点可以写为字母 N 以标示为“未知的”。还可以使用一组 IUPAC 模糊编码（YRWSKMDVHB）来指定一致性位点中占据单个位点的不同 DNA 碱基。

重叠群（Contig）（第 1 章）：一段连续延伸的 DNA 序列，即将多重覆盖 read 的组装成单一一致性序列的结果。由一个完整系列的 read 重叠而成，对应基因组上一段连续的不含空位的区域。

覆盖度（Coverage）（第 1 章）：一个测序项目中，比对到靶标基因组上特定碱基位点上的 read 数，或者靶标基因组上比对到所有位点上的平均 read 数。

de Bruijn 有向图（de Bruijn graph）（第 5 章）：这是一个使用重叠片段（如 read）拼接成一条长序列（如一个基因组）的图论方法。de Bruijn 有向图是由一系列固定长度（*k*-mer）的唯一子串组成，其中包括了所有可能的子串并且只出现一次。基因组组装中，read 被分割成所有可能的 *k*-mer，而相互重叠的 *k*-mer 在图中通过边来连接。read 只需要一次映射到图中即可，从而大大减少了基因组组装的计算复杂度。

从头组装（*de novo* assembly）（第 5 章）：见从头测序。

从头测序（*de novo* sequencing）（第 5 章）：对一个新的、以前未测序过的生物或 DNA 片段进行基因组测序。或者指在不使用已知参考序列的前提下利用序列重叠的方法对一个基因组（或测序数据集）进行组装。当被测基因组与参考基因组有明显的突变和/或结构变异时，对一个已知基因组进行从头测序是非常有用的。

二倍体（Diploid）（第 8 章）：一个细胞或生物体的每个染色体都包含两份拷贝，分别从双亲遗传获得。

DNA 片段（DNA fragment）（第 1 章）：一小段 DNA 分子，通常是由物理或化学方法打断更大的 DNA 分子得到的。第二代测序仪可以同时测定许多 DNA 片段的序列。

外显子（Exon）（第 10 章）：基因的一部分，经过转录和剪切形成最终的信使 RNA（mRNA）。外显子包括蛋白质编码序列及上游和下游的非翻译区（3′端 UTR 和 5′端 UTR）。外显子被内含子隔开，内含子也会被 RNA 聚合酶转录，但在转录后被剪切掉从而不会存在于成熟的 mRNA 中。

FASTA 格式（FASTA format）（第 3 章）：一种 DNA 和蛋白质序列文件的简单文本格式，由 William Pearson 在开发他的 FASTA 比对软件时一同开发出来。该格式的唯一标题行以“>”标号开头，接着是序列标识符。该文本格式中第一行都是标题行，第一个换行符后的任何文本都被视为序列部分。如果文件中有多条序列，则在第一条序列结束后继续按该格式添加标题行和序列即可。

FASTQ 文件（FASTQ file）（第 3 章）：一种第二代测序数据文本格式，包含 DNA 序列和每个碱基的测序质量信息。每条序列由一行包含该序列唯一标识符的标题行及一行 DNA 碱基（GATC）组成，类似于 FASTA 格式。接下来两行也属于该序列，由另一个标题行和一行 ASCⅡ码组成，该 ASCⅡ码表示 read 中每个碱基的 Phred 质量分值，因此其长度等于 DNA 序列中碱基个数。

片段组装（Fragment assembly）（第 4 章）：为了得到一个完整的基因组序列或者大的 DNA 片段，必须将短的 read 合并起来。在 Sanger 测序项目中，通过寻找 read 之间的重叠部分并且使用相似性方法比对产生一致性序列，用于生成重叠群（contig）。最终组装出对应靶标 DNA 的一个完整系列的 contig。但是在第二代测序中，有太多的 read 需要搜索它们之间的重叠部分（一个指数复杂度问题）。已经开发出从头组装第二代测序数据的新算法，如 de Bruijn 有向图，一种将所有 read 映射到一个由短 *k*-mer 序列组成的通用矩阵上的方法（一个线性复杂度问题）。

基因库（GenBank）（第 2 章）：由美国国家生物技术信息中心（NCBI）——美国国家医学图书馆的一个部门——维护的 DNA 和蛋白质序列数据的国际存档。GenBank 是由 NCBI 维护的一个更大的在线科学数据库的一部分，该在线数据库包含了已发表的科学文献的 PubMed 在线数据库、基因表达、序列变异、分类学、化学、人类遗传学等多方面数据，以及很多使用这些数据的软件工具。

杂合子（Heterozygote）（第 8 章）：人类和大多数其他真核生物都是二倍体，这意味着其每一个体细胞中都携带了两份拷贝的染色体。因此每个个体都携带了两份拷贝的基因，分别来源于其双亲。如果某个基因的两份拷贝不相同（如不同的等位基因），那么这个人就被称为这个基因的杂合子。纯合子则具有两份完全一样的基因拷贝。在基因组测序中，每条染色体的每个碱基可以被看为一个单独的数据位点，因此每个碱基位点在基因型上都可以被定义为杂合子或纯合子。

高性能计算（High-performance computing，HPC）（第 12 章）：高性能计算（HPC）为那些超出台式机处理能力和处理容量的工作提供了计算资源和解决方案。这些大型计算资源包括由大量处理器组成的可以运行高端并行程序的超级计算机。HPC 的设计各不相同，但通常包括多核处理器、单个计算设备或节点上的多个 CPU、图形处理器（GPU），以及由高速网络系统连接的多个节点组成的计算集群。目前最强大的超级计算机可以在 1 s 内运行数千万亿（10^{15}）次计算（petaflop）。超级计算机系统构架的趋势是越来越小的并行处理单元，这样可以节省能量（并减少产热），加快信息传递速度，并且可以使用共享缓存中的数据。

组蛋白（Histone）（第 9 章）：在真核细胞中，染色体中的 DNA 被一系列缠绕于其周围的被称为**组蛋白**的蛋白质组织起来并受其保护。组蛋白由 6 种不同的蛋白质组成（H1、H2A、H2B、H3、H4、H5）。每种组蛋白的两个拷贝结合在一起可以形成一个线轴结构。DNA 在组蛋白核心上缠绕 1.65 圈，形成一个 147 bp 长的被称为**核小体**的单元。甲基化及其他组蛋白修饰可以影响 DNA 的结构和功能（表观遗传学）。

人类基因组计划（Human Genome Project，HGP）（第 1 章）：由美国能源部和国家卫生研究院统筹的人类全基因组测序国际项目，其参与者包括来自中国、法国、德国、英国、日本和美国的一共 20 家测序中心。伴随着人类所有染色体的高精度遗传图谱的发展，该项目于 1990 年正式启动，美国国会也正式下拨了研究经费。该项目分两个阶段正式完成，基因组“草图”完成于 2000 年，基因组“完成图”完成于 2003 年。2003 年完成的基因组图谱每 10 000 个碱基中碱基错误少于 1 个（99.99%的准确率），平均 contig 长度大于 27 Mbp，并且在所有染色体的基因区覆盖率达 99%。此外，人类基因组计划极大地推动了 DNA 测序技术的发展，找到了 300 多万人类 SNP，促进了对大肠杆菌、果蝇和其他模式生物的基因组测序。

人类微生物菌落项目（Human Microbiome Project，HMP）（第 11 章）：由美国国立卫生研究院统筹的测序并解析和人体相关的微生物（细菌和病毒）的研究项目，其首要目的是找出人体内部和外部不同部位存在的微生物的情况，确定健康人体中这些微生物的正常变化范围，并研究这些微生物种群的变化与疾病的关系。

Illumina 测序（Illumina sequencing）（第 1 章）：由 Solexa 公司研发，再由 Illumina 股份有限公司获得的第二代测序方法。该方法使用“边合成边测序”的化学方法，对数百万约 300-bp 长度的 DNA 模板分子同时进行测序。很多样本准备的实验流程是由 Illumina 公司提供的，包括全基因组测序（采用随机打断基因组 DNA 的方法）、RNA 测序，以及对特异性寡聚核苷酸杂交所捕获的片段进行测序。Illumina 通过不断更新，大幅度改善了其测序系统，在每一个阶段 Illumina 商业测序仪的测序量通常都占该年测序总量中的最高份额，并且平均每美元的测序量也是最高的，这使得 Illumina 在第二代测序市场中占据了统治地位。Illumina 销售的测序仪包括 Genome Analyzer（GA、GA Ⅱ、GA Ⅱ x）、HiSeq 和 MiSeq。在不同的时期及不同的实验流程下，Illumina 测序仪产出的第二代 read（包括双末端 read）长度有 25 bp、36 bp、50 bp、75 bp、100 bp 及 150 bp。

插入缺失（Indel）（第 8 章）：一条 DNA 序列相比于另一条 DNA 序列中的插入或缺失。插入缺失可能是 DNA 测序错误的产物、比对错误的产物，或者是一条序列相对于另一条序列的真实突变，如一个患者的 DNA 相对于参考基因组序列的突变。在第二代测序中，通过与参考基因组的比对可以在 read 中检测到插入缺失。当对一个样本（如一个患者的基因组）进行多种检测并发现插入缺失具有足够的覆盖度和质量时，则这个插入缺失很可能确实是基因组差异造成的，而不是由测序或者比对的错误造成的。

内含子（Intron）（第 10 章）：在一个基因的初始转录物中被剪切掉的、在最终的信使 RNA（mRNA）中不包含的那部分基因。内含子将外显子分隔开，而外显子是一个基因中的编码蛋白质的部分。

***k*tup，*k*-tuple 或 *k*-mer（*k*tup，*k*-tuple，or *k*-mer）（第 2 章）**：由 DNA 符号（GATC）组成的一个短字段，被作为算法中的一个元素。一条 read 可以分解成若干个更小的片段（重叠或非重叠的字段）。字段的长度称为 *k*tup 大小。这是一种在多个 read 之间或者 read 与参考基因组之间非常快速且精准地查找共有字段的方法。在计算机软件中，字段匹配方法可以使用哈希表或其他数据结构，这比直接操作用长的文本字符串表示的 read 更有效率。

末端配对测序（Mate-pair sequencing）（第 1 章）：末端配对测序类似于双末端测序，但是末端配对测序中作为测序模板的 DNA 片段要长很多（1000~10 000 bp）。为了在诸如 Illumina 的第二代测序平台上对这些长模板片段进行测序，需要做一些额外的样本预处理步骤。在长片段的两端加上连接接头，然后将该片段环化。将环状的 DNA 分子打断以产生新的大小适合的 DNA 片段，用于构建测序文库（200~300 bp）。从这组被打断的片段中，仅选出包含连接接头的片段。这些被选出的片段包含原始长片段的两个末端。在新片段的两端加上新的引物，然后进行标准的双末端测序。这样测序得到的 read 映射到基因组上后，其方向与标准的双末端测序是相反的（指向外侧而不是指向里侧）。末端配对测序的方法在从头测序中对 contig 的连接、检测易位和大的缺失（结构变异）能起到很有价值的作用。

元基因组学（Metagenomics）（第 11 章）：研究在环境和医学样本中存在的完整微生物种群。通常是对从环境样本中提取的 DNA 直接进行 PCR（使用通用的 16S 引物），进行一个分类学调查。通过鸟枪法对这些样本中的所有 DNA 测序后，对这些微生物 DNA 编码的基因进行分类学和功能鉴定。

微阵列/基因芯片（Microarray）（第 10 章）：附着在一个固体表面上，如玻璃片上，以网格模式微观分布的一系列特殊的寡聚核苷酸探针。探针中包含了来自已知基因的序列。微阵列通过与从实验样本中提取的标记 RNA 进行杂交，研究基因表达情况，然后测量每个位点的信号强度。微阵列也可以用于基因分型研究，方法是创造出一系列与序列变异造成的等位基因相匹配的探针，来鉴定基因型。

多重比对（Multiple alignment）（第 5 章）：将 3 个或更多的序列（DNA、RNA 或蛋白质）排列成一系列行文本的计算方法，以最大限度显示重叠位置的一致性，同时最小化错配和空位。这一组比对序列的结果也被称为一个多重比对。多重比对可以用于研究进化信息，如在不同的生物体中同一个基因的特定位置碱基的保守性，或者一组基因间调控模体的保守性。在第二代测序技术中，多重比对方法用于减少已经通过双序列比对映射到参考基因组上某个区域的重叠 read，从而使其整合为单条一致性序列；多重比对还有助于将多组片段组装方法产生的重叠 read 从头组装成一个新基因组。

第二代（DNA）测序[Next-generation（DNA）sequencing，NGS]技术（第 1 章）：在单次化学反应中同时对几千（甚至几百万）DNA 模板进行测序的 DNA 测序技术。每个模板分子附着在固体表面上一个相对独立的位置，然后通过扩增来放大信号强度。向测序引物添加互补的核苷酸碱基，与该事件的信号检测相耦合，以并行确定所有模板的序列。

双末端测序（Pair-end sequencing）（第 1 章）：获取 DNA 片段模板两个末端的 read 的技术。当 contig 包含了来自单个模板片段两端的 read 时，即使没有 read 间的重叠，也可以利用双末端测序把 contig 连接起来，极大地提高了从头测序的应用。双末端测序也可以提高 read 比对到参考基因组上重复 DNA 区域的定位结果（并检测这些位置的序列结构变异）。如果一对双末端测序中的一个 read 包含重复序列，但另一个 read 定位在基因组唯一的位置，那么两个 read 都可以被定位。

双末端读段（Pair-end read）（第 1 章）：见双末端测序。

Phred 分值（Phred score）（第 2 章）：Phred 软件是由 Phil Green 及其同事在人类基因组计划中为了提高 ABI 测序仪（使用荧光标记的 Sanger 测序法）的碱基读取准确性而开发的。Phred 为每个测序碱基赋予了一个质量分值，该分值等价于该碱基位点出现测序错误的概率。Phred 分值是测序错误概率的对数（以 10 为底）的相反数，因此一个准确度为 99%的碱基对应的 Phred 分值为 20。尽管对测序错误概率的估计方法不尽相同（有些正确性存在疑问），但 Phred 分值已经被所有第二代测序仪生产商接受，并用于评估测序质量。

柏松分布（Poisson distribution）（第 1 章）：一种随机概率的分布，其期望值等于方差。该分布描述了在单位时间或空间内发生概率相等的小概率事件。在第二代测序技术中，从打断的基因组 DNA 中获得的 read 常被假定为基因组上服从柏松分布。

焦磷酸测序（Pyrosequencing）（第 1 章）：Nyrén 与其同事在 1996 年开发的一种 DNA 测序方法，该方法在 DNA 模板复制时直接检测每一个新加上的核苷酸碱基。当三磷酸核苷酸共价连接到增长的复制链上时会释放一个三磷酸盐，该方法会检测由这个三磷酸盐驱动的发光化学反应所发出的光。每一轮的独立反应混合物中只加入一种碱基，但是并不使用终止子，因此一系列相同碱基（一种同聚物）可以产生多重的共价连接并放出更强的光信号。这一化学反应用于 Roche 454 测序仪。

参考基因组（Reference genome）（第 4 章）：一个生物物种的基因组（所有染色体）中所有 DNA 的准确的一致性序列。由于参考基因组是由多种不同的数据来源综合产生，偶尔会有更新，因此参考基因组的每一个具体的例子都有各自的版本号。

参考序列（Reference sequence）（第 3 章）：正式认可的、官方的已知基因组、基因或人工合成的 DNA 序列。参考序列通常存储于公共数据库中，一般会对其指定一个编号或者简称，如人类基因组 hg19。由第二代测序仪产出的测序数据可以通过比对到参考序列（如果有的话）上来评估其准确度并寻找突变位点。

重复 DNA（Repetitive DNA）（第 4 章）：在一个生物体的基因组中出现了很多次完全一样的重复的 DNA 序列。一些重复 DNA 元件出现于基因组中具有重要生物学性质的位置，如着丝粒和染色体端粒。其他重复元件，如转座子，与病毒很类似，会将其自身复制到基因组的很多其他位置上。另一种重复元件是简单的序列重复，包含了 1 个、2 个或 3 个碱基的线性重复，如 CAGcagCAGcag…。一个只包含重复序列的短 read 可能会比对到基因组的很多不同的位置，这会给从头组装基因组、将序列片段比对到参考基因组及很多相关应用造成困难。

核糖体 DNA（Ribosomal DNA，rDNA）（第 10 章）：所有真核生物基因组中都具有多份拷贝的编码核糖体 RNA（rRNA）的基因。在大多数真核细胞中，rDNA 基因存在于一系列相同的串联重复序列中，包括编码 18S rRNA、5.8S rRNAS 和 28S rRNA 的基因序列。在人类基因组中，总共有 300~400 个 rDNA 重复序列分别位于 13 号、14 号、15 号、21 号和 22 号染色体的某些区域。这些区域构成了核仁。编码 5S rRNA 的串联重复序列则位于独立的其他区域。rRNA 是构成核糖体的一个组分，不会被翻译成蛋白质。rRNA 基因的转录水平很高，其表达量占细胞中所有 RNA 的 80%以上。RNA 测序方法中通常包括了纯化的步骤，以去除 rRNA 或者从蛋白质编码基因中富集 mRNA。

核糖体 RNA（Ribosomal RNA，rRNA）（第 10 章）：见核糖体 DNA。

RNA-seq（第 10 章）：对细胞中的 RNA 进行测序，通常作为检测基因表达水平的方法，但也可用于检测被转录基因中的结构变异、可变剪切、基因融合及等位基因特异性的表达。对于新基因组，RNA-seq 可以作为验证表达区域（编码序列）正确性的实验证据，可以将外显子映射到 contig 和 scaffold。

Roche 454 基因组测序仪（Rochc 454 Genome Sequencer）（第 1 章）：454 生命科学公司（随后被 Roche 收购）于 2004 年开发的 DNA 测序仪，这是第一台可以一次对很多模板进行大量平行测序的商业测序仪。相比于使用 Sanger 化学法测序，这种第二代测序仪在增加测序产出（同时减少花费）方面至少提高了 3 个数量级，但是其产出的 read 更短。454 测序仪使用小磁珠来分离每一个 DNA 分子模板，使用乳化 PCR 系统对这些模板进行扩增，然后将磁珠置于一种包含数百万个小孔的平板（每个小孔一个磁珠）上进行测序。454 使用焦磷酸测序法，这种方法很少出现碱基替代错误，但是无法准确测量 DNA 同聚物的长度，即在处理 DNA 同聚物时容易引入插入/缺失的测序错误。

SAM/BAM（第 3 章）：见 BAM 文件。

Sanger 测序法（Sanger sequencing method）（第 1 章）：Frederick Sanger 于 1975 年开发的对克隆纯化 DNA 片段进行核酸序列测定的方法。该方法要求将 DNA 变性为单

链分子，然后同一段短的寡聚核苷酸测序引物退火结合为一条链，用 DNA 聚合酶延伸该引物，每一次连上一种新的互补脱氧核苷酸，生成该链的一份拷贝。在反应中加入少量的双脱氧核苷酸，可以使聚合酶终止反应，产生被截短的 DNA 拷贝。在一次反应中只添加一种类型的双脱氧核苷酸，所有特定长度的片段都会以相同的碱基终止反应。4 个使用不同双脱氧核苷酸（ddG、ddA、ddT 和 ddC）的反应分别进行，然后将这 4 个反应的产物加入聚丙烯酰胺凝胶的 4 条相邻泳道中进行电泳。从片段的长度可以得出真实序列，因为片段长度的位置正对应着被双脱氧核苷酸终止的位置（该位点的碱基类型就是双脱氧核苷酸终止子的类型）。

序列比对（Sequence alignment）（第 4 章）：在一条序列（文本符号代表 DNA 或蛋白质等聚合物序列）中搜索与另一条序列连续的最佳匹配的算法。通常序列比对方法要平衡序列空位与错配，用户可以自行调整这两种比对特征的相对分值。

序列组装（Sequence assembly）（第 5 章）：在一组序列片段中寻找一致（或接近一致）的重复字符串并将其连接成更长序列的计算过程。

序列片段（Sequence fragment）（第 1 章）：代表 DNA（或 RNA）序列一部分的一个短的文本字符串。第二代测序仪产生的短 read 就是从 DNA 片段中读取的序列片段。

序列变异（Sequence variant）（第 4 章）：两个比对序列间特殊位点的不同之处。变异包括单核苷酸多态性（single-nucleotide polymorphism，SNP）、插入和缺失、拷贝数变异，以及结构重排。在第二代测序技术中，将 read 比对到参考基因组上后可以发现序列变异。发现的变异可能是在单个 read 中找到一个错配的碱基，也可以通过变异检测软件使用多种数据资源加以验证。

合成测序（Sequencing by synthesis）（第 1 章）：Illumina 用于描述其第二代测序仪（Illumina Genome Analyzer、HiSeq、MiSeq）中使用的化学方法的术语。该生化反应涉及一个单链的模板分子、一种测序引物和 DNA 聚合酶，DNA 聚合酶将核苷酸一个接一个地加到与模板互补的 DNA 链上。每种碱基类型（GATC）的核苷酸都是通过独立反应添加到模板上的，并且每次合成反应都伴随发光，光线可以通过数码相机检测。每个核苷酸都被一个可逆终止子修饰，这样每个模板只能添加一个核苷酸。每次反应只对每个模板加入一种碱基 G、A、T 或 C，在一轮 4 次反应后，将终止子移除，这样就可以向所有模板添加下一个碱基。不断重复 4 种碱基的合成反应与移除终止子这一循环，就可以得到预期的读长。

测序引物（Sequencing primer）（第 1 章）：与待测序的 DNA 片段（模板）的起始部分互补的一小段单链寡聚核苷酸。在测序时，引物与 DNA 模板退火结合，然后 DNA 聚合酶添加核苷酸以延伸引物，形成一条与模板分子互补的新 DNA 链。没有引物，DNA 聚合酶就不能合成新的 DNA。在传统的 Sanger 测序中，测序引物与用于克隆的质粒载体互补；在第二代测序中，引物与连接到 DNA 片段模板两端的接头互补。

序列读段、短读段（Sequencing read，short read）（第 1 章）：当通过 Sanger 测序或第二代测序等实验方法获得 DNA 序列时，其数据是来自单个模板分子的一串核苷酸碱基（由字符 G、A、T 和 C 表示）。这一串字符称为一个 read。read 的长度由测序技术决定。Sanger 的 read 通常为 500~800 个碱基长，Roche 454 的 read 为 200~400 个碱基，Illumina 的 read 则是 25~200 个碱基（取决于测序仪的机型、试剂盒及其他变量）。由第二代测序仪产出的 read 通常被称为短 read。

SFF（Standard Flowgram Format）文件（SFF file）（第 1 章）：由 Roche 454 开发的用于存储其第二代测序仪产出的测序数据的一种文件格式。SFF 文件同时包含了每个碱基的序列及质量信息。该格式最初为 Roche 公司专有，但已经被标准化并与国际序列数据库合作公开。SFF 是一种二进制格式，需要定制软件才能对其读取或转换为可读的文本格式。

鸟枪法测序（Shotgun sequencing）（第 1 章）：一种对新的或未知的 DNA 进行测序的策略。将目标 DNA 的很多拷贝打断成随机片段，然后在这些片段的两端加上引物，建立一个测序文库。通过高通量的方法对文库进行测序，得到很多从原始目标 DNA 中随机取样得到的 DNA read。使用序列组装算法，通过搜索 read 之间的重叠部分来重新构建目标 DNA。这种方法可以应用于诸如柯斯质粒和 BAC 克隆等小序列，或者应用于全基因组。

Smith-Waterman 比对（Smith-Waterman alignment）（第 2 章）：一个基于动态规划算法的严格最优的双序列比对方法。该方法总是找出两条序列之间的最优比对，但速度慢且计算资源要求非常高，因为这种方法是对一个包含所有可能比对情况的矩阵进行运算，考虑所有可能的空位和错配。该矩阵的大小与用于比对的序列长度的平方呈比例，这就需要巨大的内存量和大量的 CPU 时间来对基因组大小的序列进行处理。

SOLiD 测序（SOLiD sequencing）（第 1 章）：生命科技公司的应用生物部从 Agencourt Personal Genomics 生物技术公司收购了 SOLiD（Supported Oligo Ligation Detection，寡聚物连接检测测序）技术，并于 2007 年发布了其第一台商业版本的第二代测序仪。该技术与任何其他 Sanger 或第二代测序方法存在本质区别，它使用短的荧光标记寡聚核苷酸与测序引物之间的连接进行测序，而不是利用 DNA 聚合酶在复制 DNA 模板时测序。序列一次被检测两个碱基，然后基于两个重叠的寡聚核苷酸对碱基进行读取。原始的测序数据文件使用“颜色间隔”系统，这与所有其他的测序系统产生的碱基读取方式都不同，并且需要其特有的信息学软件来处理。这个系统有些很有趣的内置纠错算法，但在用户手中并没有把其高精确度完全发挥出来。该系统的测序产出量与 Illumina 第二代测序仪类似。

变异检测（Variant detection）（第 8 章）：第二代测序被频繁用于鉴定来自患者个体或实验生物体的 DNA 样本中的突变。测序可以在全基因组规模进行；可以以表达基因为靶标进行 RNA 测序；可以对使用已知序列探针杂交所捕获的靶标特异性外显子区域进行外显子组捕获测序；或者对基因的扩增子或其他感兴趣的区域进行测序。在所有的这些例子中，都可以通过将第二代 read 比对到参考基因组上来检测序列变异，然后鉴定 read 与参考基因组之间的差异。变异检测算法必须区分随机测序错误、错误比对造成的差异和目标生物体基因组中真正的变异。碱基质量分值、比对质量分值、覆盖度深度、等位基因变异频率及邻近序列中变异或插入缺失的存在等多重因素都可以进行不同的组合，以用于甄别真的变异位点和假阳性位点。最近的算法还利用了机器学习方法，使用基因型数据或来自不同患者/生物体中的大量样本（在同一台第二代测序仪上使用同样的样本准备方法进行平行测序）对计算机进行模拟学习。

索　　引

C

D

E

F

G

H

I

J

K

L

M

N

O

P

Q

R

S

T

U

V

W

X

Y

Z